冶金工业出版社

普通高等教育"十四五"规划教材

通风除尘与净化

主　编　李建龙
副主编　黄　珊　吴代赦

U0315489

北　京
冶　金　工　业　出　版　社
2025

内 容 提 要

本书共分十一章,系统阐述了通风除尘与净化的基本理论与技术,内容涉及作业场所空气、空气流动基本原理、通风阻力、通风动力、通风设施、通风系统、粉尘及其性质、除尘装置、粉尘综合控制、空气洁净技术、有害气体净化。

本书可作为环境工程、安全工程、建筑与能源等专业本科教学用书,也可供相关专业技术人员及管理人员阅读参考。

图书在版编目(CIP)数据

通风除尘与净化/李建龙主编 .—北京:冶金工业出版社,2022.8
(2025.3 重印)
普通高等教育"十四五"规划教材
ISBN 978-7-5024-9202-1

Ⅰ.①通… Ⅱ.①李… Ⅲ.①通风除尘—高等学校—教材 ②空气净化—高等学校—教材 Ⅳ.①TU834.6 ②X51

中国版本图书馆 CIP 数据核字(2022)第 115836 号

通风除尘与净化

出版发行	冶金工业出版社	**电 话**	(010)64027926
地 址	北京市东城区嵩祝院北巷 39 号	**邮 编**	100009
网 址	www.mip1953.com	**电子信箱**	service@ mip1953.com

责任编辑 卢 敏 张佳丽 美术编辑 彭子赫 版式设计 郑小利
责任校对 石 静 责任印制 禹 蕊

北京建宏印刷有限公司印刷
2022 年 8 月第 1 版,2025 年 3 月第 2 次印刷
787mm×1092mm 1/16;16 印张;388 千字;246 页
定价 42.00 元

投稿电话 (010)64027932 投稿信箱 tougao@cnmip.com.cn
营销中心电话 (010)64044283
冶金工业出版社天猫旗舰店 yjgycbs.tmall.com
(本书如有印装质量问题,本社营销中心负责退换)

前　　言

随着工业生产的快速发展和人们生活水平的不断提高，工业有害物控制技术标准在改善作业场所环境、保障作业人员健康、提高生产效率等方面的要求越加严格。通风除尘与净化技术分为通风、除尘、净化三部分。通风的主要任务是合理组织气流，控制有害气体、粉尘、余热和余湿，创造适宜的作业环境。除尘的目的是对作业场所空气中所含粉尘的控制与净化，以保障作业安全与卫生。气体净化主要针对的是有害气体，通过物理化学方法去除通风进气或出气中的有害气体部分。

本书提炼和整合了通风、除尘和净化等专业课程的精华，吸纳了相关领域的最新研究成果，以培养学生实践能力和创新能力为重点，优化章节编排，明确基本概念，清晰逻辑分析，兼顾科学性与前瞻性，具有广泛适用性，使学生易于学习和理解。

本书第一篇主要由李建龙编写，第二篇由李建龙、吴代赦编写，第三篇由黄珊编写，最后由李建龙统稿。

由于作者水平有限，书中不妥之处恳请批评指正。

作　者
2022 年 2 月

目　录

第一篇　通　风

第二篇　除　　尘

第三篇　净　　化

第一篇 通 风

1 作业场所空气

▶▶▶▶▶▶▶▶▶▶▶▶▶▶▶▶▶▶▶▶▶▶▶▶▶▶▶▶▶▶▶▶▶▶▶▶▶▶

本章学习目标

1. 熟悉作业场所空气及其典型有害气体理化性质；
2. 了解空气基本物理参数的内涵；
3. 了解温度、湿度、风速、气压对人体生理的影响；
4. 掌握工业通风的目的和工业通风的分类。

▶▶▶▶▶▶▶▶▶▶▶▶▶▶▶▶▶▶▶▶▶▶▶▶▶▶▶▶▶▶▶▶▶▶▶▶▶▶

作业场所的空气由于受到各种环境因素和生产过程的影响，与一般大气空气在成分和质量上有区别。通风是维持作业场所空气质量符合要求的重要技术手段，以供给人员呼吸，排除各种有害气体和粉尘，创造良好环境。

1.1 空气的基本性质

1.1.1 大气主要成分及其基本性质

大气是指环绕地球的全部空气的总和。大气由干燥清洁的空气、水蒸气和各种杂质组成，因此，大气属于湿空气。大气中的各种杂质是由自然过程和人类活动排到大气中的各种悬浮微粒和气态物质组成的，所占比例很小。虽然水蒸气含量也很小，但是水蒸气含量的变化对湿空气的物理性质和状态的影响是非常显著的。干燥清洁空气是大气最主要的成分，其构成包括氮气、氧气、稀有气体（氦、氖、氩、氪、氙、氡）、二氧化碳和其他一些微量气体，组成成分比较稳定，典型干燥清洁空气的化学组成见表 1-1。

大气中的氧气（O_2）、氮气（N_2）及二氧化碳（CO_2）的基本性质如下。

1.1.1.1 氧气（O_2）

氧气是维持人体正常生理机能所需要的气体。人类在生命活动过程中，必须不断吸入

2

表 1-1　干燥清洁空气的组成

气体名称	分子量	体积比/%	气体名称	分子量	体积比/10^{-6}
氮气（N_2）	28.01	78.084±0.004	氖气（Ne）	20.18	1.8
氧气（O_2）	32.00	20.946±0.002	氦气（He）	4.003	5.2
氩气（Ar）	39.94	0.934±0.001	甲烷（CH_4）	16.04	1.2
二氧化碳（CO_2）	44.01	0.033±0.001	氪气（Kr）	83.80	0.5
			氢气（H_2）	2.016	0.5
			氙气（Xe）	131.20	0.08
			二氧化氮（NO_2）	46.05	0.02
			臭氧（O_3）	48.00	0.01~0.04

氧气，呼出二氧化碳。人体维持正常生命过程所需的氧气量，取决于人的体质、精神状态和劳动强度等。当空气中的氧浓度降低时，人体就可能产生不良的生理反应，出现种种不适的症状：氧的体积分数为 17% 时，人静止时无影响，工作时能引起喘息和呼吸困难；降到 15% 时，人呼吸及心跳急促，耳鸣目眩，感觉和判断能力降低，失去劳动能力；达到 10%~12% 时，人将失去理智，时间稍长有生命危险；达到 6%~8% 时，人将失去知觉，呼吸停止，如不及时抢救几分钟内可能导致死亡。

1.1.1.2　氮气（N_2）

氮气是新鲜空气中的主要成分，它无色、无味、无臭，相对密度为 0.97，不助燃，也不能供人呼吸。在正常情况下，氮对人体无害，但有限空间内积存大量的氮气，氧浓度相对减小，也可使人因缺氧而窒息。利用氮气的惰性，可将其用于防灭火和防止气体及粉尘爆炸。

1.1.1.3　二氧化碳（CO_2）

二氧化碳是无色、略带酸味的气体，相对密度为 1.52，是一种较重的气体，很难与空气均匀混合，故常积存在作业场所的底部，在静止的空气中有明显的分界。二氧化碳不助燃，也不能供人呼吸，可溶于水，生成碳酸，使水溶液呈弱酸性，对眼、鼻、喉黏膜有刺激作用。

1.1.2　空气的基本物理状态参数

1.1.2.1　温度

温度是描述物体冷热状态的物理量。测量温度的标尺简称温标。热力学绝对温标用 T 表示，单位为 K（Kelvin）。热力学温标规定纯水三相点温度（即气、液、固三相平衡态时的温度）为基本定点，定义为 273.15K，每 1K 为三相点温度的 1/273.15。

国际单位制还规定摄氏（Celsius）温标为实用温标，用 t 表示，单位为摄氏度，符号为 ℃。摄氏温标的每 1℃ 与热力学温标的每 1K 完全相同，它们之间的关系为：

$$T = 273.15 + t \tag{1-1}$$

1.1.2.2　压强

空气作用在物体上会产生压力，而单位面积上产生的压力称为压强，一般指空气的静压，用符号 P 表示。压强是空气分子热运动对器壁碰撞的宏观表现，其大小取决于在重力场中的位置（相对高度）、空气温度、湿度（相对湿度）和气体成分等参数。单位面积上空气的压力用压强表示，根据物理学的分子运动理论，空气的压强为：

$$P = \frac{2}{3}n\left(\frac{1}{2}mv^2\right)$$ (1-2)

式中　n——单位体积内的空气分子数；

$\frac{1}{2}mv^2$——分子平移运动的平均动能。

上式阐述了气体压强的本质，是气体分子运动的基本公式之一。由式可知空气的压强是单位体积内空气分子不规则热运动产生的总动能的三分之二转化为对外做功的机械能。因此，空气压强的大小可以用仪表测定。

压强的单位为 Pa（帕斯卡，$1Pa = 1N/m^2$），压力较大时可采用 kPa（$1kPa = 10^3Pa$）、MPa（$1MPa = 10^3kPa = 10^6Pa$）。

在地球引力场中的大气由于受分子热运动和地球重力场引力的综合作用，空气的压强在不同标高处其大小是不同的；也就是说空气压强还是位置的函数，服从玻耳兹曼分布规律：$P = p_0\exp\left(-\frac{ugz}{R_0t}\right)$（式中，$u$ 为空气的摩尔质量，28.97kg/kmol；g 为重力加速度，m/s^2；z 为海拔高度，m，海平面以上为正，反之为负；R_0 为通用气体常数；T 为空气的绝对温度，K；p_0 为海平面处的大气压，Pa）。在同一水平面、不大的范围内，可以认为空气压强是相同的；但空气压强与气象条件等因素也有关（主要是温度），如安徽淮南地区一昼夜内空气压强的变化为 0.27~0.40kPa；一年中的空气压强变化可高达 4~5.3kPa。

1.1.2.3　密度、比容

空气和其他物质一样具有质量。单位体积空气所具有的质量称为空气的密度，用符号 ρ 表示。空气可以看作是均质流体，故：

$$\rho = \frac{m}{V}$$ (1-3)

式中　ρ——空气的密度，kg/m^3；

　　　m——空气的质量，kg；

　　　V——空气的体积，m^3。

一般地说，当空气的温度和压力改变时，其体积会发生变化。所以空气的密度是随温度、压力而变化的，从而可以得出空气的密度是空间点坐标和时间的函数，如在大气压 p_0 为 101325Pa、气温为 0℃（273.15K）时，干空气的密度 ρ_0 为 1.293kg/m^3。

湿空气的密度为 $1m^3$ 空气中所含干空气质量和水蒸气质量之和：

$$\rho = \rho_d + \rho_v$$ (1-4)

式中　ρ_d——$1m^3$ 空气中干空气的质量，kg/m^3；

　　　ρ_v——$1m^3$ 空气中水蒸气的质量，kg/m^3。

由气体状态方程和道尔顿分压定律可以得出湿空气的密度计算公式：

$$\rho = 0.003484 \frac{p}{273 + t}\left(1 - \frac{0.378\varphi p_{\mathrm{s}}}{P}\right) \tag{1-5}$$

式中　P——空气的压强，Pa；

　　　t——空气的温度，℃；

　　　p_{s}——温度 t 时饱和水蒸气的分压，Pa；

　　　φ——相对湿度，用小数表示。

空气的比容是指单位质量空气所占有的体积，用符号 $\nu(\mathrm{m}^3/\mathrm{kg})$ 表示，比容和密度互为倒数，它们是一个状态参数的两种表达方式。则：

$$\nu = \frac{V}{m} = \frac{1}{\rho} \tag{1-6}$$

在工业通风中，空气流经复杂的通风网络时，其温度和压力将会发生一系列的变化，这些变化都将引起空气密度的变化。在不同的系统其变化规律是不同的。在实际应用中，应考虑什么情况下可以忽略密度的这种变化，而在什么条件下又不可忽略。

1.1.2.4　黏性

当流体层间发生相对运动时，在流体内部两个流体分层的接触面上，便产生黏性阻力（内摩擦力）以阻止相对运动，流体具有的这一性质，称作流体的黏性。例如，空气在管道内做层流流动时，管壁附近的流速较小，向管道轴线方向流速逐渐增大（图 1-1）。在垂直流动方向上，设有厚度为 $\mathrm{d}y(\mathrm{m})$，速度为 $u(\mathrm{m/s})$ 速度增量为 $\mathrm{d}u(\mathrm{m/s})$ 的流体分层，在流动方向上的速度梯度为 $\mathrm{d}u/\mathrm{d}y(\mathrm{s}^{-1})$，由牛顿内摩擦定律得：

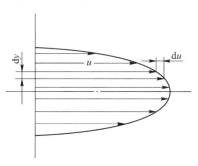

图 1-1　层流速度分布

$$F = \mu \cdot S \frac{\mathrm{d}u}{\mathrm{d}y} \tag{1-7}$$

式中　F——内摩擦力，N；

　　　S——流层之间的接触面积，m^2；

　　　μ——动力黏度（或称绝对黏度），Pa·s。

由上式可知，当流体处于静止状态或流层间无相对运动时，$\mathrm{d}u/\mathrm{d}y = 0$，则 $F = 0$。在工业通风中还常用运动黏度，用符号 $\nu(\mathrm{m}^2/\mathrm{s})$ 表示：

$$\nu = \frac{u}{\rho} \tag{1-8}$$

温度是影响流体黏性的主要因素之一，但对气体和液体的影响不同。气体的黏性随温度的升高而增大；液体的黏性随温度的升高而减小，如图 1-2 所示。

在实际应用中，压力对流体的黏性影响很小，可以忽略。由式（1-8）可知，对可压缩流体，运动黏度 ν 和密度 ρ 有关，即 ν 和压力有关，因此在考虑流体的可压缩性时常采用动力黏度 μ 而不采用运动黏度。

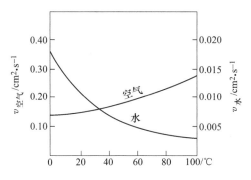

图 1-2　液体的黏性随温度的变化

1.1.2.5　湿度

空气的湿度表示空气中所含水蒸气量的多少或潮湿程度，表示空气湿度的方法有绝对湿度、相对湿度和含湿量三种。

A　绝对湿度

每立方米空气中所含水蒸气的质量叫空气的绝对湿度，其单位与密度单位相同，其值等于水蒸气在其分压力与温度下的密度，用符号 ρ_v 表示：

$$\rho_v = \frac{m_v}{V} \tag{1-9}$$

式中　m_v——水蒸气的质量，kg；

　　　V——空气的体积，m^3。

在一定的温度和压力下，单位体积空气所能容纳的水蒸气量是有极限的，超过这一极限值，多余的水蒸气就会凝结出来。这种含有极限值水蒸气的湿空气叫饱和空气，其所含的水蒸气量叫饱和湿度，用 ρ_s 表示；此时的水蒸气分压叫饱和水蒸气压，用 p_s 表示。绝对湿度虽然反映了空气中实际所含水蒸气量的大小，但不能反映空气的干湿程度。

B　相对湿度

单位体积空气中实际含有的水蒸气量（ρ_v）与其同温度下的饱和水蒸气含量（ρ_s）之比称为空气的相对湿度，可用下式表示：

$$\varphi = \frac{\rho_v}{\rho_s} \tag{1-10}$$

φ 值可以用小数表示，也可以用百分数表示。其大小反映了空气接近饱和的程度，故也称之为饱和度。φ 值小表示空气干燥，吸收水分的能力强；反之，φ 值大则空气潮湿，吸收水分的能力弱。$\varphi=0$ 即为干空气，$\varphi=1$ 即为饱和空气。水分向空气中蒸发得快慢和相对湿度直接相关。

不饱和空气随温度的下降其相对湿度逐渐增大。冷却达到 $\varphi=1$ 时的温度称为露点。再继续冷却，空气中的水蒸气就会因过饱和而凝结成水珠。反之，当空气温度升高时，空气的相对湿度将会减小。

C 含湿量

含有1kg干空气的湿空气中所含水蒸气的质量称为空气的含湿量（d），可用下式计算：

$$d = \frac{\rho_v}{\rho_d} \tag{1-11}$$

将 $\rho_v = \dfrac{\varphi p_s}{461T}$，$\rho_d = \dfrac{P - \varphi p_s}{287T}$ 代入式（1-11）得：

$$d = 0.622\frac{\varphi p_s}{p - \varphi p_s}$$

式中符号意义同前。

1.1.2.6 焓

焓是一个复合的状态参数，它是内能 u 和压力功 pV 之和，焓也称热焓。湿空气的焓是以1kg干空气作为基础而表示的，它是1kg干空气的焓（i_d）和与之混合的 d kg 水蒸气的焓（i_v）的总和，用符号 i 表示，单位为 kJ/kg（干空气），即：

$$i = i_d + di_v \tag{1-12}$$

式中 i_d——1kg干空气的焓；

i_v——1kg水蒸气的焓。

将干空气和水蒸气的焓值代入式（1-12），可得湿空气的焓为：

$$i = 1.0045t + d(2501 + 1.85t) \tag{1-13}$$

在实际应用中，可使用焓湿图读取对应条件下的焓值。

在工业通风和空气调节工程中，对空气的加热或冷却，一般都是在定压条件下进行的。所以，空气处理过程中吸收或放出的热量，均可用过程前后的焓差来计算。

1.1.3 作业场所主要有害气体理化性质及其危害

大气进入作业场所后，作业场所的有关物质将与大气混合，故其成分和性质将产生一系列的变化。如氧气浓度降低，二氧化碳浓度增加，混入各种有毒、有害气体和粉尘，空气的状态参数（温度、湿度、压力等）发生改变等。

根据气体（蒸气）类有害物质对人体危害的特征，一般可将其分为麻醉性、窒息性、刺激性、腐蚀性四类。下面介绍几种常见气体（蒸气）理化性质及其对人体的危害。

1.1.3.1 一氧化碳（CO）

一氧化碳是一种无色、无味、无臭的气体，相对密度为0.97，微溶于水，能与空气均匀地混合。一氧化碳能燃烧，当空气中一氧化碳浓度在13%~75%时有爆炸的危险；浓度达0.4%时，在很短时间内人就会失去知觉，抢救不及时就会中毒死亡。一氧化碳与人体血液中血红素的亲和力比氧大150~300倍。一旦一氧化碳进入人体后，首先就与血液中的血红素相结合，使血红素失去输氧的功能，从而造成人体血液"窒息"。一氧化碳中毒最显著的特征是中毒者黏膜和皮肤均呈樱桃红色。中枢神经系统对缺氧最敏感。缺氧引起水肿、颅内压增高，同时造成脑血液循环障碍，部分重症CO中毒患者，在昏迷苏醒后，经过 2 天至 2 个月的假愈期,出现一系列神经精神障碍等迟发性脑病。CO 多数为燃烧、爆炸时的产物或来自煤气的泄漏。

1.1.3.2　二氧化硫（SO_2）

二氧化硫是一种无色、有强烈硫黄味的气体,易溶于水,对眼睛有强烈刺激作用。二氧化硫遇水后生成硫酸,对眼睛和呼吸器官有腐蚀作用,能引起喉咙和支气管发炎,呼吸麻痹,严重时引起肺水肿。当空气中二氧化硫浓度为 0.0005% 时,嗅觉器官能闻到刺激味;空气中二氧化硫浓度为 0.002% 时,有强烈的刺激,可引起头痛和喉痛;空气中二氧化硫浓度为 0.05% 时,可引起急性支气管炎和肺水肿,短期间内即导致人体死亡。SO_2 主要来自含硫矿物氧化、燃烧,金属矿物的焙烧,毛和丝的漂白,化学纸浆和制酸等生产过程,含硫矿层也会涌出 SO_2。

1.1.3.3　硫化氢（H_2S）

硫化氢无色、微甜,有浓烈的臭鸡蛋味,硫化氢能燃烧,空气中硫化氢浓度为 4.3%~45.5% 时有爆炸危险。硫化氢有剧毒,有强烈的刺激作用,不但能引起鼻炎、气管炎和肺水肿,而且还能阻碍生物的氧化过程,使人体缺氧。当空气中硫化氢浓度较低时,主要以腐蚀刺激作用为主,当浓度较高时能引起人体迅速昏迷或死亡,腐蚀刺激作用往往不明显。

1.1.3.4　氮氧化物（NO_x）

氮氧化物主要是指一氧化氮（NO）和二氧化氮（NO_2）,来源于燃料的燃烧及化工、电镀等生产过程。二氧化氮是一种褐红色的气体,有强烈的刺激气味,相对密度为 1.59,易溶于水。二氧化氮溶于水后生成腐蚀性很强的硝酸,对眼睛、呼吸道黏膜和肺部组织有强烈的刺激及腐蚀作用,严重时可引起肺水肿。二氧化氮中毒有潜伏期,有的经过 6~24h 后发作,中毒者指头出现黄色斑点,并出现严重的咳嗽、头痛、呕吐甚至死亡。NO 对人体的生理影响还不十分清楚,它与血红蛋白的亲和力比 CO 还要大几百倍。如果动物与高浓度的 NO 相接触,可出现中枢神经病变。

1.1.3.5　甲烷（CH_4）

甲烷为无色、无味、无臭的气体,对空气的相对密度为 0.55,扩散性较空气高 1.6 倍。甲烷在空气中具有一定浓度并遇到高温（650~700℃）时能引起爆炸,如煤矿中经常发生的瓦斯爆炸事故,其爆炸气体中的主要成分就是甲烷。

1.1.3.6　苯（C_6H_6）

苯属芳香烃类化合物,在常温下为无色透明带特殊芳香味的无色液体,极易挥发,熔点 5.51℃,沸点 80.1℃,相对密度为 0.879,微溶于水,易溶于酒精、乙酸、氯仿、丙酮等,苯的闪点为 10~12℃,易引起燃烧爆炸。苯在工业上用途很广,作为原料用于燃料工业和农药生产,作为溶剂和黏合剂用于造漆、喷漆、制药、制鞋及苯加工业、家具制造业等。苯蒸气主要产生于焦炉煤气及上述行业的生产过程。苯进入人体的途径是从呼吸道或从皮肤表面渗入。苯刺激黏膜、皮肤,出现痒疹、脱脂性皮炎、湿疹等;短时间内吸入大量苯蒸气可引起急性中毒，急性苯中毒主要表现为中枢神经系统的麻醉作用，轻者表现为神志恍惚、兴奋、步态不稳、头晕、头痛、恶心、呕吐等，重者可出现意识模糊、昏迷或抽搐，甚至导致呼吸、心跳停止；长期接触低浓度的苯可引起慢性中毒，主要是对神经系统和造血系统的损害，表现为头晕、头痛、失眠、多梦、乏力、健忘、白血球持续减少、血小板减少而出现出血倾向。

1.1.3.7　氰化物

氰化物种类很多，比较常见的有氢氰酸、氰酸盐类、腈类、氰甲酸酯类、氯化氰、溴化氰等。氰化物是一种剧毒物质，以氰化氢（HCN）毒性最大。在其他氰化物中，凡能在空气或者组织中放出氰化氢或氰离子的，都具有与氰化氢相仿的毒性作用。氰化物主要以氰化氢气体或氰化物盐类粉尘形态经呼吸道进入人体内而引起中毒，高浓度时也可经皮肤少量吸收而引起中毒，其急性中毒表现为中枢神经缺氧，呼吸困难，胸部压迫感，血压升高，心律不齐，瞳孔逐渐散大，眼球突出，皮肤黏膜呈鲜红色，全身肌肉松弛，感觉和反射消失，呼吸慢以至停止。

1.1.3.8　甲醛（HCHO）

甲醛又称蚁酸，是无色、有强烈刺激性气味的气体，相对密度为 1.06，略重于空气。几乎所有的人造板材，某些装饰布、装饰纸、涂料和许多新家具都可释放出甲醛，因此它和苯是现代房屋装修中经常出现的有害气体。空气中的甲醛对人的皮肤、结膜、呼吸道黏膜等有刺激作用，它也可经呼吸道吸收。甲醛在体内可转变为甲酸，有一定的麻醉作用。甲醛浓度高的居室中有明显的刺激性气味，可导致流泪、头晕、头痛、乏力、视物模糊等症状，检查可见结膜、咽部明显充血，部分患者听诊呼吸音粗糙或有干性啰音。较重者可有持续咳嗽、声音嘶哑、胸痛、呼吸困难等症状。

1.1.4　空气各物理参数对人体生理的影响

空气物理参数中的温度、湿度、空气流速及气压等综合状态对人体生理影响是较大的。如作业环境中的温度和湿度过高、气压及空气流速过低，则作业人员将感到非常不舒服，而影响工作效率。

1.1.4.1　温度

空气温度对人体对流散热起着主要作用。当气温低于体温时，对流和辐射是人体的主要散热方式，温差越大，对流散热量越多；当气温等于体温时，对流散热完全停止，蒸发成了人体的主要散热方式；当气温高于体温时，人体依靠对流不仅不能散热，反而要从外界吸热，这时蒸发几乎成为人体唯一的散热方式。

1.1.4.2　湿度

相对湿度影响人体蒸发散热的效果。随着气温的升高，蒸发散热的作用越来越强。当气温较高时，人体主要依靠蒸发散热来维持人体热平衡。此时若相对湿度较大，汗液就难于蒸发，不能起到蒸发散热的作用，人体就会感到闷热，因为只有在汗液蒸发过程中才能带走较多的热量。当气温较低时，若相对湿度较大，又由于空气潮湿增强了导热，会加剧空气对人体的冷感。

1.1.4.3　风速

风速影响人体的对流散热和蒸发散热的效果。对流换热强度随风速而增大。当气温低于体温时，风速越大，对流散热量也越大；当气温高于体温时，风速越大，对流散热量也越大，同时蒸发散热、散湿的效果也随风速的增大而增强。如有风的天气，晾衣服干得快就是这个道理。

1.1.4.4　空气压力

高气压对人体的影响，在不同阶段表现不同。在加压过程中，可引起耳充塞感、耳鸣、头晕等，甚至造成鼓膜破裂。在高气压作业条件下，欲恢复到常压状态时，需要有个减压过程。在减压过程中，如果减压过速，会使人体组织和血液中产生大量气泡，造成血液循环障碍和组织损伤。

低气压作业对人体的影响主要是指由于缺氧而引起的损害。如高原病就是发生于高原低氧环境下的一种特发性疾病。根据发病的快慢以及发病的特征表现，临床上将高原病分为急性高原病和慢性高原病两大类；急性高原病又分为急性高原反应、高原肺水肿和高原脑水肿三种类型；慢性高原病又分为高原心脏病、高原红细胞增多症和高原血压异常三种类型。

1.2　工业场所有害因素控制标准

工作场所指劳动者进行职业活动的全部地点，工作地点指劳动者从事职业活动或进行生产管理过程而经常或定时停留的地点。为了保障作业人员和其他相关人员的身体健康安全，既要控制工作场所范围的有害因素低于规定限值，又应对排放危害因素作出相应控制标准。

我国现行职业安全卫生标准主要有《工业企业设计卫生标准》（GBZ1—2010）和《工作场所有害因素职业接触限值》（GBZ2—2019），它们是工业企业设计及预防性和经常性监督检查、监测的依据。其中，《工作场所有害因素职业接触限值　第1部分：化学有害因素》中的职业接触限值，是劳动者在职业活动过程中长期反复接触某种或多种职业性有害因素，不会引起绝大多数接触者不良健康效应的容许接触水平。化学有害因素的职业接触限值分为时间加权平均容许浓度（PC-TWA）、短时间接触容许浓度（PC-STEL）和最高容许浓度（MAC）三类。时间加权平均容许浓度指以时间为权数规定的8h工作日、40h工作周的平均容许接触浓度。短时间接触容许浓度指在实际测得的8h工作日、40h工作周平均接触浓度遵守PC-TWA的前提下，容许劳动者短时间（15min）接触的加权平均浓度。最高容许浓度指工作地点在一个工作日内、任何时间、工作地点的化学有毒因素均不应超过的浓度。

峰接触浓度指在最短的可分析的时间段内（不超过15min）确定的空气中特定物质的最大或峰值浓度。对于接触具有PC-TWA但尚未制定PC-STEL的化学有害因素，应使用峰接触浓度控制短时间的接触。在遵守PC-TWA的前提下，容许在一个工作日内发生的任何一次短时间（15min）超出PC-TWA水平的最大接触浓度。接触水平指应用标准检测方法检测得到的劳动者在职业活动中特定时间段内实际接触工作场所职业性有害因素的浓度或强度。职业接触限值比值指劳动者接触某种职业性有害因素的实际接触水平与该因素相应职业接触限值的比值。当劳动者接触两种以上化学有害因素时，每一种化学有害因素的实际测量值与其对应职业接触限值的比值之和，称为混合接触比值。

在评价工作场所职业卫生状况或劳动者个人接触水平时，应正确运用 PC-TWA、PC-STEL 或 MAC，并按照有关标准的规定进行空气采样、监测。PC-TWA 是评价劳动者接触水平和工作场所职业卫生状况的主要指标。职业病危害控制效果评价、定期的职业病危害评价、系统接触评估，或因生产工艺、原材料、设备等发生改变需要对工作场所职业病危害程度重新进行评估时，尤应着重进行 TWA 的检测、评价。

个体检测是测定 TWA 的比较理想的方法，能较好地反映劳动者个体实际接触水平和工作场所卫生状况，是评价化学有害因素职业接触的主要检测方法。定点检测也是测定 TWA 的一种方法，主要反映工作场所空气中化学有害因素的浓度，也反映劳动者的个体接触水平。应用定点检测方法测定 TWA 时，应采集一个工作日内某一工作地点、各时段的样品，按各时段的持续接触时间与其测得的相应浓度乘积之和除以 8，得出一个工作日的接触化学有害因素的时间加权平均接触浓度（C_{TWA}）。可按式（1-14）计算。

$$C_{TWA} = \frac{C_1 T_1 + C_2 T_2 + \cdots + C_n T_n}{8} \qquad (1-14)$$

式中，C_{TWA} 为 8h 时间加权平均接触浓度，mg/m^3；8 为一个工作日的标准工作时间，h，工作时间大于 1h 但小于 8h 者，原则上仍以 8h 计；$C_1 \sim C_n$ 为 $T_1 \sim T_n$ 时间段测得的相应空气中化学有害因素的浓度；$T_1 \sim T_n$ 为 $C_1 \sim C_n$ 浓度下劳动者相应接触的时间。

环境排放标准用于作业场所限制毒害物质对外排放的数量，其表示形式大致可以分为三种形式：（1）按数量产品的排放量（kg/t 产品或 kg/kcal 热量或 kg/J 等，根据产品的性质确定），这种形式的规定是严格的，考虑了设备的能力、产量的大小，因而也是比较合理的，采用的国家比较多；（2）按排出气体中的有害物浓度（mg/m^3），目前大多数国家采用这种标准，有害物浓度可直接通过测定获得而不需经过换算；（3）按单位时间的排放量（kg/h），采用这种标准需要根据设备的能力进行划分（否则对大设备不利），因而显得烦琐，采用的国家不多。

排放标准是在卫生标准的基础上制定的，我国在原有的基础上，颁布了《大气污染物综合排放标准》（GB 16297）及其他不同行业的相应标准。不同行业的相应标准的要求比《大气污染物综合排放标准》中的规定更为严格。在实际工作中，对已制定行业标准的生产部门，应以行业标准为准。

1.3 工业通风概述

1.3.1 工业通风的目的

通风净化是实现职业安全卫生标准和环境排放标准的重要措施。所谓通风，泛指空气流动，通风系统是指促使空气流动的动力、风路及其相关构筑物的组合体。而工业通风是指将外界的新鲜空气送入有限空间内，同时将有限空间内的废气排至外界。有限空间可以指建筑物、隧道、地下巷道、硐室，甚至容器等。

工业通风的方法可以实现将局部地点或整个车间不符合卫生的污染空气直接或经过净化排至室外，将新鲜空气或经过净化符合卫生标准的空气送入室内。工业通风的对象是作业场所中达不到职业卫生标准的污浊空气，若污浊空气也达不到环境排放标准，则需要将该污浊空气排至室外之前进行净化处理。

工业通风的目的主要有三个方面：一是稀释或排除生产过程产生的有毒有害、易燃易爆气体及其粉尘，保障工业安全生产；二是给作业场所送入充足的新鲜空气，供作业人员呼吸；三是调节作业场所的温湿度等气象条件，为人员和机器设备提供适宜的作业环境。

1.3.2　工业通风的分类

工业通风方法较多，主要按下面三种进行分类。

1.3.2.1　按照通风的作用范围

按照通风的作用范围，可以分为局部通风和全面通风。

（1）局部通风和全面通风是针对指定的空间而言的。在指定的空间内，对整个空间均进行通风换气的方法称为全面通风，对子区域或局部地点进行通风换气的方法称为局部通风。如一座有不同生产工序的大型厂房，对整个厂房或绝大多数空间均进行通风换气的方法，称为全面通风；对其中部分空间进行通风换气的方法称为局部通风。再如一幢有许多房间的高层建筑，对整幢建筑所有房间或绝大多数房间进行通风换气的方法，称为全面通风；对其中部分房间进行通风换气的方法称为局部通风。还如一个矿井，对整个矿井或绝大多数空间均进行通风换气的方法，称为全面通风，对其中部分巷道或硐室进行通风换气的方法称为局部通风。

（2）全面通风一般用于整个空间均需要通风换气的场合。局部通风一般用于全面通风未能达到安全、卫生要求的局部地点，或没有必要全面通风的区域，如对于操作人员少、面积大的车间，用全面通风改善整个车间的空气环境，既困难又不经济，而且也无此必要，这时可用局部通风机向局部工作地点送风，在局部地点造成良好的空气环境。炼钢、铸造等高温车间经常采用这种通风方法。应当指出，在工业通风系统中，有不少场合往往是局部通风与全面通风结合使用，如矿井生产。

1.3.2.2　按照通风动力

按通风动力，可以分为机械通风、自然通风、自然-机械联合通风。

（1）机械通风。机械通风是指依靠通风机械设备作用使空气流动，造成有限空间通风换气的方法。由于通风机械设备产生的风量和风压可根据需要确定，易于控制有限空间内的气流方向和速度，对进风和回风进行必要的处理，使有限空间空气达到所要求的参数，因此，机械通风方法应用广泛。机械通风系统的缺点是需要消耗电能以维持通风机运转，通风机和风道等设备要占用一定建筑面积和空间，工程造价相对较高，维护费用相对高，安装和管理也相对复杂。据介绍，一般工业场所的风机耗电量达厂区总耗电量20%。

（2）自然通风。自然通风是指自然因素作用而形成的通风现象，即由于有限空间内外空气的密度差、大气运动、大气压力差等自然因素引起有限空间内外空气能量差，促使有限空间内的气体流动并与大气交换的现象。锅炉或电厂中的烟囱就是一例，它是依靠烟囱内外空气的密度差引起有限空间内外空气能差后，促使烟囱的气体流动并与大气交换。自然通风在很多情况下是有益的，如在建筑通风换气中，它不需要消耗机械动力，节约能源，使用管理简单，也不存在噪声问题；同时，在适宜的条件下又能获得很大的通风换气量。如产生大量余热的车间，可完成通风降温除湿（改善作业地点气象参数）和通风换气（改善有限空间空气质状态，如增加新鲜空气、排除各种毒害及爆炸气体等）两大功能，是一种经济的通风方式。

然而，自然通风也有不利的方面。一是自然进入有限空间的空气很难预先进行处理，同样从有限空间排出的污浊空气也无法进行净化处理；二是由于风压和热压均会受到自然条件的约束，换气很难人为控制，通风效果不稳定；三是某些情况下自然通风对安全不利，如建筑物发生火灾时，室内温度高于室外温度，建筑物内的各种竖井成为拔火拔烟的垂直通道和火灾垂直蔓延的主要途径，助长了火势，扩大了灾情，如果燃烧条件具备，整个大楼顷刻间便可能形成一片火海。

（3）自然-机械联合通风。它是指自然因素和机械设备联合作用而形成的通风现象，即在利用自然因素作用而形成空气流动的区域再通过通风机械设备使得空气按人为方向流动。自然-机械联合通风方法中，有时自然因素和通风机械设备共同促使空气按人为方向流动，有时自然因素会阻碍空气按人为方向流动，在通风设计时应当考虑到这一点。

1.3.2.3 按照通风机械设备工作方法

按通风机械设备工作方法，可以分为抽出式通风、压入式通风、混合式通风。

（1）抽出式通风。通风机械设备产生负压后，待通风换气区域的污浊空气由通风机械设备吸出并送至外界，这种通风方法称为抽出式通风。其特征是，通风换气区域的空气压力低于区域外，通风设备的入口布置在通风换气区域，通风设备的出口位于排气侧。在地面通风中，抽出式通风也称为排风，或称为吸风。

（2）压入式通风。将通风机械设备提供的大于外界压力的空气送入通风换气区域的通风方法称为压入式通风。其特征是，通风换气区域的空气压力大于区域外面，通风设备的出口直接通往需换气区域，通风设备的入口位于新鲜空气区域。在地面通风中，压入式通风也称为送风。

（3）混合式通风。混合式通风是压入式和抽出式两种通风方法的联合运用，兼有压入式和抽出式特点。压入式通风设备将大于外界压力的新鲜空气送入通风换气区域，抽出式通风设备将通风换气区域的污浊空气吸出并送至外界。

思考题及习题

1-1 试述干洁空气中氧气、氮气、二氧化碳的所占比例及其基本性质。

1-2 试述 CO、SO_2、H_2S、NO_x、C_6H_6 的理化性质及其对人体的危害。

1-3　描述空气湿度的方法有哪几种？请简述。

1-4　试推导湿空气密度的计算公式。

1-5　对人体生理有显著影响的空气物理参数有哪些？请简述。

1-6　化学有害因素的职业接触限值有几类表示方法？

1-7　简述工业通风的目的，工业通风可分哪几类？

2 空气流动基本原理

本章学习目标
1. 掌握风流的静压能、位压、动压能和全压的概念及相应关系；
2. 掌握空气流动的连续性方程和能量方程。

空气流动的基本理论主要研究空气沿风道流动过程中宏观力学参数的变化规律以及能量的转换关系。本章将讨论空气在流动过程中所具有的能量（压力）及其能量的变化。根据热力学第一定律和能量守恒及转换定律，结合通风系统风流流动的特点，推导了空气流动过程中的能量方程，介绍了能量方程在通风中的应用。

2.1　风流的压力

通风系统中任一断面上的能量（机械能）都由静压能、动压能和位能三部分组成。假设从风流中任取一质量为 m，速度为 u，相对高度为 Z，大气压力为 p 的控制体。现在用外力对该控制体做多少功使其运动来衡量这三种机械能的大小。

2.1.1　静压能

由分子运动理论可知，无论空气是处于静止还是流动状态，空气的分子无时无刻不在做无秩序的热运动。这种由分子热运动产生的分子动能的一部分转化过来的能量，并且能够对外做功的机械能叫静压能，用 E_p 表示。

如图 2-1 所示，有一两端开口的水平管道，断面积为 A，在其中放入体积为 V，质量为 m 的单元流体，使其从左向右流动，即使不考虑摩擦阻力，由于管道中存在压力 p，单元体的运动就会有阻力，因此必须施加一个力 F 克服这个阻力，单元体才会运动。当该力使单元体移动一段距离 S 后，该力 F 就做了功。

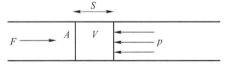

图 2-1　管道内对滑块做的流动功

为平衡管道内的压力，施加的力为：

$$F = pA \tag{2-1}$$

做功为：

$$W = E_p = pAS \tag{2-2}$$

但 AS 是流体的体积 V，所以：

$$W = E_p = pV \tag{2-3}$$

根据密度的定义：

$$\rho = m/V \tag{2-4}$$

或者

$$V = m/\rho \tag{2-5}$$

则对该单元体做的流动功为：

$$W = E_p = pm/\rho \tag{2-6}$$

或者，对单位质量流体做的功为：

$$W = E_p = P/\rho \tag{2-7}$$

当流体在管道中连续流动时，压力就必须对流体连续做功，此时的压力就称作压能，所做的功为流动功。上式就是单位质量流体的静压能表达式。

静压能的特点：（1）风流中任一一点的静压各向同值，且垂直于作用面；（2）无论静止的空气还是流动的空气都具有静压能；（3）风流静压的大小（可以用仪表测量）反映了单位体积风流所具有的能够对外做功的静压能的多少。

2.1.2　动压能

当空气流动时，除了位能和静压能外，还有空气定向运动的动压能，用 E_v 表示。如果我们对一个质量为 m 的物体施加大小为 F 的外力，使其从静止以加速度 a 做匀加速运动，在 t 时刻速度达到 v，则其平均速度为：

$$(0 + v)/2 = v/2 \tag{2-8}$$

此时，物体运动的距离 L 为：

$$L = \frac{v}{2} \times t = \frac{vt}{2} \tag{2-9}$$

根据加速度 a 的定义：

$$a = \frac{v}{t} \tag{2-10}$$

施加的外力：

$$F = m \times \frac{v}{t} = \frac{mv}{t} \tag{2-11}$$

所以，使物体从静止加速到速度 v，外力对其做的功为：

$$W = E_v = \frac{mv}{t} \times \frac{v}{2} \times t = \frac{mv^2}{2} \tag{2-12}$$

这就是质量为 m 的物体所具有的动能为 $mv^2/2$。

动压能的特点主要有：（1）只有做定向流动的空气才具有动压能，因此动压能具有方向性；（2）动压能总是大于零，垂直流动方向的作用面所承受的动压能最大（即流动方向上的动压能真值），当作用面与流动方向有夹角时，其感受到的动压能值将小于动压能真值，当作用面平行流动方向时，其感受的动压能为零，因此在测量动压能时，应使感压孔垂直于运动方向；（3）在同一流动断面上，因风速分布的不均匀性，各点的风速不相等，所以其动压能值不等；（4）某断面动压即为该断面平均风速计算值。

2.1.3　位能

物体在地球重力场中因受地球引力的作用，由于相对位置不同而具有的一种能量叫重力位能，简称位能，又称为势能，用 E_{p0} 表示。任何标高都可用作位能的基准面。在通风系统中，不同的地点标高不同，则位能不一样。假设质量为 m 的物体位于基准面上，其势能为 0，当我们施加其一个能克服重力向上的力 F，向上运动。

$$F = mg \tag{2-13}$$

式中　g——重力加速度，$g = 9.8\mathrm{m/s^2}$。

当向上移动到高于基准面 $Z(\mathrm{m})$ 时，做的功为：

$$W = E_{p0} = mgZ \tag{2-14}$$

这就给出了物体在 Z 高度上的位能。

单位体积风流对于某一基准面而具有的位能，称为位压 h_Z。位压具有的特点包括：（1）位压是相对某一基准面具有的能量，在讨论位压时，必须首先选定基准面，一般应将基准面选在所研究系统风流流经的最低水平面；（2）位压是一种潜在的能量，常说某处的位能是对某一基准面而言，它在本处对外无力的效应，即不呈现压力，不能像静压那样用仪表进行直接测量，只能通过测定高差及空气柱的平均密度来计算。

2.1.4　风流点压力及其相互关系

2.1.4.1　风流点压力

风流的点压力是指在井巷和通风管道风流中某个点的压力，就其形成的特征来说，可分为静压、动压和全压（风流中某一点的静压和动压之和称为全压）。根据压力的两种计算基准，某点 i 的静压又分为绝对静压（p_i）和相对静压（h_i），同理，全压也可分绝对全压（p_{ti}）和相对全压（h_{ti}）。

常用 U 型水柱计度量压力差或相对压力。如在图 2-2 的通风管道中，（a）图为压入式通风，在压入式通风时，风筒中任一点 i 的相对全压能 h_{ti} 恒为正值，所以称之为正压通风，（b）图为抽出式通风，在抽出式通风时，除风筒的风流入口断面的相对全压为零外，风筒内任一点 i 的相对全压 h_{ti} 恒为负值，故又称为负压通风。

在风筒中，断面上的风速分布是不均匀的，一般中心风速大，随距中心距离增大而减小。因此，在断面上相对全压 h_{ti} 是变化的。

无论是压入式还是抽出式，其绝对全压均可用下式表示：

$$p_{ti} = p_i + h_{vi} \tag{2-15}$$

式中　p_{ti}——风流中 i 点的绝对全压，Pa；

　　　p_i——风流中 i 点的绝对静压，Pa；

　　　h_{vi}——风流中 i 点动压，Pa。

由于 $h_v > 0$，故由式（2-15）可得，风流中任一点（无论是压入式还是抽出式）的绝

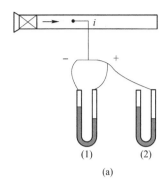 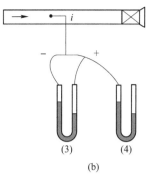

图 2-2　压入式(a)和抽出式(b)通风管道中压力示意图
((1)~(4)分别是 4 个 U 型水柱计)

对全压恒大于其绝对静压：

$$p_{ti} > p_i \qquad (2\text{-}16)$$

风流中任一点的相对全压为：

$$h_{ti} = p_{ti} - p_{0i} \qquad (2\text{-}17)$$

式中　p_{0i}——当时当地与风道中 i 点同标高的大气压，Pa。

在压入式风道中（$p_{ti} > p_{0i}$）　　　$h_{ti} = p_{ti} - p_{0i} > 0$

在抽出式风道中（$p_{ti} < p_{0i}$）　　　$h_{ti} = p_{ti} - p_{0i} < 0$

由此可见，风流中任一点的相对全压有正负之分，它与通风方式有关。而对于风流中任一点的相对静压，其正负不仅与通风方式有关，还与风流流经的管道断面变化有关。在抽出式通风中其相对静压总是小于零（负值）；在压入式通风中，一般情况下，其相对静压是大于零（正值），但在一些特殊的地点其相对静压可能出现小于零（负值）的情况，如在通风机出口的扩散器中的相对静压一般应为负值，对此在学习中应给予注意。

2.1.4.2　风流点压力的测定

测定风流点压力的常用仪器是压差计和皮托管。

压差计是度量压力差或相对压力的仪器。测定较大压差时，常用 U 型水柱计；测值较小或要求测定精度较高时，则用各种倾斜压差计或补偿式微压计；现在，一些先进的电子微压计正在进入通风测定中。

皮托管是一种测压管，它是承受和传递压力的工具。它由两个同心管（一般为圆形）组成，其结构如图 2-3 所示。尖端孔口 a 与标着（＋）号的接头相通，侧壁小孔 b 与标着（－）号的接头相通。

测压时，将皮托管插入风筒，如图 2-4 所示。将皮托管尖端孔口 a 在 i 点正对风流，侧壁孔口 b 平行于风流方向，只感受 i 点的绝对静压 p_i，故称为静压孔；端孔 a 除了感受 p_i 的作用外，还受该点的动压 h_{vi} 的作用，即感受 i 点的全压 p_{ti}，因此称之为全压孔。用胶皮管分别将皮托管的

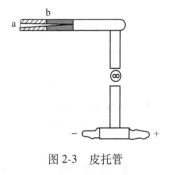

图 2-3　皮托管

（＋）、（－）接头连至压差计上，即可测定 i 点的点压力。如图 2-5 所示的连接，测定的是 i

点的动压；如果将皮托管（+）接头与压差计断开，这时测定的是 i 点的相对静压；如果将皮托管（−）接头与压差计断开，这时测定的是 i 点的相对全压。

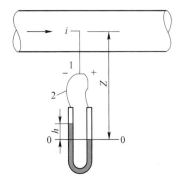 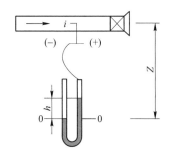

图 2-4　点压力测定　　　　　　　　　图 2-5　抽出式通风的相对静压测定

下面以图 2-5 所示的抽出式通风风筒中 i 点的相对静压测定为例，说明风流点压力的测定原理。皮托管的（−）接头用胶皮管连在 U 型水柱计上，水柱计的压差为 h。以水柱计的等压面 0—0 为基准面。设 i 点至基准面的高度为 z，胶皮管内的空气平均密度为 ρ_{m}，胶皮管外的空气平均密度为 ρ_{m}'；与 i 点同标高的大气压 p_0。则水柱计等压面 0—0 两侧的受力分别为：

水柱计左边等压面上受到的力：　　　　　$p_{0i} + \rho_{\mathrm{m}}gz$

水柱计右边等压面上受到的力：　　　　　$p_i + \rho_{\mathrm{m}}'g(z - h) + h$

由等压面的定义得：

$$p_{0i} + \rho_{\mathrm{m}}gz = p_i + \rho_{\mathrm{m}}'g(z - h) + h$$

设 $\rho_{\mathrm{m}} = \rho_{\mathrm{m}}'$，且忽略 $\rho_{\mathrm{m}}'gh$ 这一微小量，经整理得：

$$h = p_i - p_{0i}$$

由此可见，这样测定的 h 值就是 i 点的相对静压 h_i。试问在测定中，水柱计的放置位置是否对测值 h 有影响，请读者考虑。

同理可以证明相对全压、动压及压入式通风时的情况。请读者自己证明。

2.1.4.3　风流点压力的相互关系

由上面讨论可知，风流中任一点 i 的动压、绝对静压和绝对全压的关系为：

$$h_{vi} = p_{ti} - p_i \tag{2-18}$$

h_{vi}、h_i 和 h_{ti} 三者之间的关系为：

$$h_{ti} = h_i + h_{vi} \tag{2-19}$$

由式（2-19）可知，无论是压入式还是抽出式通风，任一点风流的相对全压总是等于相对静压与动压的代数和。

对于抽出式通风，式（2-19）可以写成：

$$h_{ti}(-) = h_i(-) + h_{vi} \tag{2-20}$$

在实际应用中，习惯取 h_{ti}、h_i 的绝对值，则：

$$|h_{ti}| = |h_i| - h_{vi} ; \qquad |h_{ti}| < |h_i| \tag{2-21}$$

图 2-6 清楚地表示出不同通风方式时，风流中某点各种压力之间的相互关系。

例 2-1 图 2-6（a）中压入式通风风筒中某点 i 的 $h_i = 1200\text{Pa}$，$h_{vi} = 200\text{Pa}$，风筒外与 i 点同标高的 $p_{0i} = 101332\text{Pa}$，求：

（1）i 点的绝对静压 p_i；

（2）i 点的相对全压 h_{ti}；

（3）i 点的绝对全压 p_{ti}。

解：

（1）$p_i = p_{0i} + h_i = 101332 + 1200 = 102532\text{Pa}$

（2）$h_{ti} = h_i + h_{vi} = 1200 + 200 = 1400\text{Pa}$

（3）$p_{ti} = p_{0i} + h_{ti} = p_i + h_{vi} = 102532 + 200 = 102732\text{Pa}$

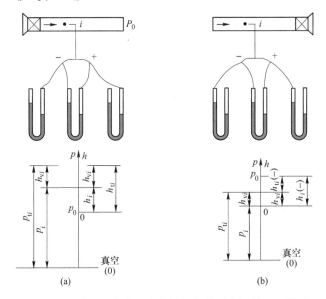

图 2-6 不同通风方式风流中某点各种压力间的相互关系
（a）压入式通风；（b）抽出式通风

例 2-2 图 2-6（b）中抽出式通风风筒中某点 i 的 $h_i = 1000\text{Pa}$，$h_{vi} = 100\text{Pa}$，风筒外与 i 点同标高的 $p_{0i} = 101332\text{Pa}$，求：

（1）i 点的绝对静压 p_i；

（2）i 点的相对全压 h_{ti}；

（3）i 点的绝对全压 p_{ti}。

解：

（1）$p_i = p_{0i} + h_i = 101332 - 1000 = 100332\text{Pa}$

（2）$|h_{ti}| = |h_i| - h_{vi} = 1000 - 100 = 900\text{Pa}$

（3）$p_{ti} = p_{0i} + h_{ti} = 101332 - 900 = 100432\text{Pa}$

2.2　通风能量方程

风流之所以能在系统中流动，其根本原因是系统中存在着促使空气流动的能量差。空气在风道流动时，风流的能量由静压能、动能、位能和内能组成，常用 1kg 空气或 1m³ 空气所具有的能量表示。其中静压能、动能、位能又称为风流的机械能。

空气在通风系统中流动时，将会受到通风阻力的作用，消耗其能量；为保证空气连续不断地流动，就必须有通风动力对空气做功，使得通风阻力和通风动力相平衡。空气在其流动过程中，由于自身的因素和流动环境的综合影响，空气的压力、能量和其他状态参数沿程将发生变化。

2.2.1 空气流动连续性方程

质量守恒是自然界中基本的客观规律之一。在通风系统中流动的风流是连续不断的介质，充满它所流经的空间。在无点源或点汇存在时，根据质量守恒定律：对于稳定流（流动参数不随时间变化的流动称之稳定流），流入某空间的流体质量必然等于流出其空间的流体质量。风流在通风系统中的流动一般可看作是稳定流，因此这里仅讨论稳定流的情况。

当空气在图 2-7 的通风系统中从断面 1 流向断面 2，且做定常流动时（即在流动过程中不漏风又无补给），则两个过流断面的空气质量流量相等，即：

$$\rho_1 v_1 S_1 = \rho_2 v_2 S_2 \tag{2-22}$$

式中　ρ_1，ρ_2——断面 1、2 上空气的平均密度，kg/m³。

　　　v_1，v_2——断面 1、2 上空气的平均流速，m/s；

　　　S_1，S_2——断面 1、2 的断面积，m²。

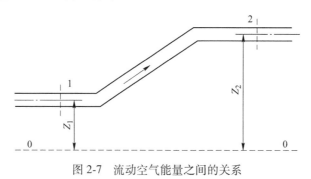

图 2-7　流动空气能量之间的关系

任一过流断面的质量流量为 M_i(kg/s)，则：

$$M_i = \text{const} \tag{2-23}$$

这就是空气流动的连续性方程，它适用于可压缩和不可压缩流体。

对于可压缩流体，根据式（2-22），当 $S_1 = S_2$ 时，空气的密度与其流速成反比，也就是流速大的断面上的密度比流速小的断面上的密度要小。

对于不可压缩流体（密度为常数），则通过任一断面的体积流量 Q(m³/s) 相等，即：

$$Q = v_i S_i = \text{const} \tag{2-24}$$

井巷断面上风流的平均流速与过流断面的面积成反比。即在流量一定的条件下，空气在断面大的地方流速小，在断面小的地方流速大。

空气流动的连续性方程为井巷风量的测算提供了理论依据。

以上讨论的是一元稳定流的连续性方程。空气在风道的流动可近似地认为是一元稳定流，这在工程应用中是满足要求的。

例 2-3 风流在如图 2-7 的井巷中由断面 1 流至断面 2 时，已知 $S_1 = 14m^2$，$S_2 = 12m^2$，$v_1 = 3m/s$，断面 1、2 的空气密度为：$\rho_1 = 1.16kg/m^3$，$\rho_2 = 1.18kg/m^3$，求：

（1）断面 1、2 上通过的质量流量 M_1、M_2；

（2）断面 1、2 上通过的体积流量 Q_1、Q_2；

（3）断面 2 上的平均流速。

解：

（1）$M_1 = M_2 = v_1 S_1 \rho_1 = 3 \times 14 \times 1.16 = 48.72 kg/m^3$

（2）$Q_1 = V_1 S_1 = 3 \times 14 = 42 m^3/s$

$\qquad Q_2 = M_2/\rho_2 = 48.72/1.18 = 41.29 m^3/s$

（3）$v_2 = Q_2/S_2 = 41.29/12 = 3.44 m/s$

2.2.2　不可压缩流体的能量方程

能量方程表达了空气在流动过程中的压能、动能和位能的变化规律，是能量守恒的转换定律在工业通风中的应用。

假设空气不可压缩，则在管道内流动空气的任意断面，它的总能量都等于动能、位能和静压能之和。现有空气在一管道内流动，考虑到在任意两点间的能量变化，如图 2-7 所示。内能的变化和其他形式的能量变化相比是非常小的，所以忽略不计，又因为外加的机械能通常单独考虑，撇开这些因素，在图中位置 1 的总能量等于位置 2 的总能量与断面 1—2 之间损失的能量之和，如果用 U_1(J/kg) 和 U_2(J/kg) 分别表示点 1 和点 2 单位质量空气的总能量，L_{1-2}(J/kg) 表示点 1 到点 2 的能量损失，则有下式：

$$U_1 = U_2 + L_{1-2} \tag{2-25}$$

又

$$U_1 = \frac{v_1^2}{2} + Z_1 g + \frac{p_1}{\rho_1}, \quad U_2 = \frac{v_2^2}{2} + Z_2 g + \frac{p_2}{\rho_2}$$

所以可以得出：

$$\frac{v_1^2}{2} + Z_1 g + \frac{p_1}{\rho_1} = \frac{u_2^2}{2} + Z_2 g + \frac{p_2}{\rho_2} + L_{1-2} \tag{2-26}$$

如果我们认为空气是不可压缩的，此时有：

$$\rho_1 = \rho_2 = \rho$$

所以式（2-26）变为：

$$\frac{v_1^2 - v_2^2}{2} + (Z_1 - Z_2)g + \frac{p_1 - p_2}{\rho} = L_{1-2} \tag{2-27}$$

式中　$u^2/2$——动能；

$\qquad Zg$——位能；

$\qquad p/\rho$——流动功（静压能）；

$\qquad L_{1-2}$——能量损失。

如果在方程两边的各相上同乘以 ρ，那么式（2-26）变为：

$$\rho \frac{v_1^2}{2} + Z_1 g\rho + p_1 = \rho \frac{v_2^2}{2} + Z_2 g\rho + p_2 + \rho L_{1-2} \qquad (2\text{-}28\text{a})$$

或者

$$\rho L_{1-2} = (p_1 - p_2) + \frac{\rho}{2}(v_1^2 - v_2^2) + g\rho(Z_1 - Z_2) \qquad (2\text{-}28\text{b})$$

这就是不可压缩单位质量流体常规的伯努利方程表达式。

2.2.3 可压缩风流能量方程

在工业通风系统中，严格地说空气的密度是变化的，即风流是可压缩的。当外力对它做功增加其机械能的同时，也增加了风流的内（热）能。因此，在研究通风系统风流流动时，风流的机械能加上其内（热）能才能使能量守恒及转换定律成立。

2.2.3.1 可压缩空气单位质量流体的能量方程

前面已经介绍理想风流的能量由静压能、动能和位能组成，当考虑到空气的可压缩性时，空气的内能就必须包括在风流的能量中，用 E_k 表示 1kg 空气所具有的内能，J/kg。

如图 2-7 所示，在断面 1 上，1kg 空气所具有的能量为：

$$\frac{u_1^2}{2} + Z_1 g + \frac{p_1}{\rho_1} + E_{k1} \qquad (2\text{-}29\text{a})$$

风流流经断面 1—2 间，到达断面 2 时的能量为：

$$\frac{v_2^2}{2} + Z_2 g + \frac{p_2}{\rho_2} + E_{k2} \qquad (2\text{-}29\text{b})$$

1kg 的空气由断面 1 流至断面 2 的过程中，克服流动阻力消耗的能量为 L_R（J/kg）（这部分被消耗的能量将转化成热能 q_R（J/kg），仍存在于空气中）；另外还有环境温度、机电设备等传给 1kg 空气的热量为 q（J/kg）；这些热量将增加空气的内能并使空气膨胀做功；假设断面 1—2 间无其他动力源（如局部风机）。

通过上面的分析，则式（2-29）可变为：

$$\frac{v_1^2}{2} + Z_1 g + \frac{p_1}{\rho_1} + E_{k1} + q_R + q = \frac{v_2^2}{2} + Z_2 g + \frac{p_2}{\rho_2} + E_{k2} + L_{1-2} \qquad (2\text{-}30)$$

即：

$$L_{1-2} = \left(\frac{v_1^2}{2} - \frac{v_2^2}{2}\right) + \left(\frac{p_1}{\rho_1} - \frac{p_2}{\rho_2}\right) + g(Z_1 - Z_2) + E_{k1} - E_{k2} + q_R + q \qquad (2\text{-}31)$$

式（2-31）就是单位质量可压缩空气在无压源的风道中流动时能量方程的一般表达式。如果图 2-7 中断面 1—2 间有压源（如局部风机）L_t（J/kg）存在，则能量方程为：

$$L_{1-2} = \left(\frac{v_1^2}{2} - \frac{v_2^2}{2}\right) + \left(\frac{p_1}{\rho_1} - \frac{p_2}{\rho_2}\right) + g(Z_1 - Z_2) + E_{k1} - E_{k2} + q_R + q + L_t \qquad (2\text{-}32)$$

2.2.3.2 可压缩空气单位体积流体的能量方程

上面我们详细讨论了单位质量流体的能量方程，但在我国工业通风行业中习惯使用单位体积（1m³）流体的能量方程。在考虑空气的压缩性时，1m³ 空气流动过程中的能量损失，即通风阻力 L_R，J/m³（Pa），可由 1kg 空气流动过程中的能量损失（L_{1-2}）乘以断面 1—2 间按状态过程考虑的空气平均密度 ρ_m，即 $L_R = L_{1-2}\rho_m$；并将式（2-31）和式（2-32）代入得：

$$L_{1-2} = p_1 - p_2 + \left(\frac{v_1^2}{2} - \frac{v_2^2}{2}\right)\rho_m + g\rho_m(Z_1 - Z_2) \tag{2-33}$$

$$L_{1-2} = p_1 - p_2 + \left(\frac{v_1^2}{2} - \frac{v_2^2}{2}\right)\rho_m + g\rho_m(Z_1 - Z_2) + H_t \tag{2-34}$$

式（2-33）和式（2-34）就是可压缩空气单位体积流体的能量方程，其中式（2-34）是有压源（H_t）时的能量方程。

例 2-4 在某一通风管道中，测得断面 1、2 的绝对静压分别为 101325.6Pa 和 101851.2Pa，若 $S_1 = S_2$，两断面的高差 $Z_1 - Z_2 = 100m$，管道中 $\rho_{m1-2} = 1.2kg/m^3$，求：两断面 1—2 间的通风阻力，并判断风流方向。

解：假设风流方向 1→2，列能力方程：

$$h_{R1-2} = (p_1 - p_2) + \left(\frac{v_1^2}{2}\rho_1 - \frac{v_2^2}{2}\rho_2\right) + (Z_1 + Z_2)g\rho_{m1-2}$$
$$= (101325.6 - 101851.2) + 0 + 100 \times 9.81 \times 1.2 = 651.6J/m^3$$

由于阻力值为正，所以原假设风流方向正确，1→2。

2.2.4 关于能量方程使用的几点说明

从推导过程可知，上述能量方程做了适当的简化，因此，在应用能量方程时应根据通风系统的实际条件，正确理解能量方程中各参数的物理意义，灵活应用。

（1）能量方程的意义是表示 1kg（或 1m³）空气由断面 1 流向断面 2 的过程中所消耗的能量（通风阻力）等于流经断面 1—2 间空气总机械能（静压能、动压能和位能）的变化量。

（2）风流流动必须是稳定流，即断面上的参数不随时间的变化而变化；所研究的始、末断面要选在缓变流场上。

（3）风流总是从总能量（机械能）大的地方流向总能量小的地方。在判断风流方向时，应用始末两断面上的总能量来进行，而不能只看其中的某一项。如不知风流方向，列能量方程时，应先假设风流方向，如果计算出的能量损失（通风阻力）为正，说明风流方向假设正确；如果为负，则风流方向假设错误。

（4）在始、末断面间有压源时，若压源的作用方向与风流的方向一致，则压源为正，说明压源对风流做功；如果两者方向相反，则压源为负，压源成为通风阻力。

（5）单位质量或单位体积流量的能量方程只适用断面 1—2 间流量不变的条件，对于流动过程中有流量变化的情况，应按总能量的守恒与转换定律列方程。

思考题及习题

2-1 简述绝对压力和相对压力的概念，为什么在通风机出口段通风断面上某点的相对全压大于相对静压，而在通风机出口段通风断面某点的相对全压小于相对静压？

2-2　如图 2-8 所示，用皮托管和压差计测得 A、B 两风筒的压力的显示读数如图 2-8 所示，单位为 Pa，请分别写出 A、B 两风筒的静压、动压、全压的大小。

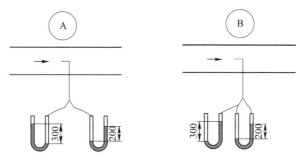

图 2-8　用皮托管和压差计测得的某风筒压力示意图

2-3　密度为常数的定常流体流动的风流连续方程及其物理意义如何？

2-4　某风道如图 2-9 所示。用皮托管静压端测得 $\Delta h = 140\text{Pa}$，Ⅰ、Ⅱ 两断面的面积分别为 $S_1 = 2.5\text{m}^2$、$S_2 = 3\text{m}^2$，Ⅰ、Ⅱ 两断面空气密度分别为 $\rho_1 = 1.2\text{kg/m}^3$、$\rho_2 = 1.3\text{kg/m}^3$，Ⅰ 断面平均风速 $v_2 = 5\text{m/s}$，假定平托管内平均空气密度与对应风道内平均空气密度相等，求该测段的通风阻力？

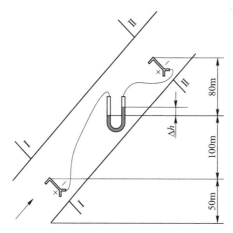

图 2-9　皮托管测试某风道风压示意图

3 **通 风 阻 力**

▶▶

本章学习目标

　　1. 掌握摩擦阻力和局部阻力的计算；

　　2. 了解降低摩擦阻力和局部阻力的措施；

　　3. 熟悉风道通风能量的分布。

▶▶

3.1　摩　擦　阻　力

　　当空气沿风道运动时，由于风流的黏滞性和惯性以及风道壁面等对风流的阻滞、扰动作用而形成通风阻力，它是造成风流能量损失的原因。因此，从数值上来说，某一风道的通风阻力等于风流的能量损失；从通风阻力的产生来看，包括摩擦阻力（或称沿程阻力）和局部阻力，摩擦阻力是由于空气本身的黏滞性及其与风道壁面之间的摩擦而产生的能量损失；局部阻力是空气在流经风道时由于流速的大小或方向变化及随之产生涡流造成比较集中的能量损失。

3.1.1　摩擦阻力的意义和理论基础

　　风流在风道中作均匀流动时，沿程受到风道固定壁面的限制，引起内外摩擦而产生的阻力称作摩擦阻力。所谓均匀流动是指风流沿程的速度和方向都不变，而且各断面上的速度分布相同。流态不同的风流，摩擦阻力 h_{fr} 的产生情况和大小也不同。

　　前人实验得出水流在圆管中的沿程阻力公式是：

$$h_{fr} = \frac{\lambda \rho L v^2}{2d} \tag{3-1}$$

式中　λ——实验比例系数，无因次；

　　　ρ——水流的密度，kg/m^3；

　　　L——圆管的长度，m；

　　　d——圆管的直径，m；

　　　v——圆管内水流的平均速度，m/s。

　　上式是风流摩擦阻力计算式的基础，它对于不同流态的风流都能应用，只是流态不同时，式中 λ 的实验表达式不同。

　　又据前人在壁面能分别胶结各种粗细砂粒的圆管中，实验得出流态不同的水流，λ 系数和管壁的粗糙度、Re 的关系。实验是用管壁平均突起的高度（即砂粒的平均直径）

$k(m)$ 和管道的直径 $d(m)$ 之比来表示管壁的相对光滑度。并用阀门不断改变管内水流的速度，实验结果如图 3-1 所示，图中表明以下几种情况：

（1）在 $\lg Re \leqslant 3.3$（即 $Re \leqslant 2000$）以下，即当流体作层流运动时，由左边斜线可以看出，相对光滑度不同的所有试验点都分布于其上，λ 随 Re 的增加而减少，且与管道的相对光滑度无关，此时，λ 与 Re 的关系式为：

$$\lambda = 64/Re \tag{3-2}$$

（2）在 $3.3 < \lg Re < 5.0$（即 $2000 < Re < 100000$）的范围内，即当流体由层流到紊流再到完全紊流的中间过渡状态时，λ 系数既和 Re 有关，又和管壁的相对光滑度有关。

（3）在 $\lg Re \geqslant 5.0$（即 $Re \geqslant 100000$）以上，即当流体作完全紊流状态流动时，λ 系数和 Re 无关，只和管壁的相对光滑度有关，管壁的相对光滑度越大，λ 值越小。其实验式为：

$$\lambda = \frac{1}{\left(1.74 + \lg \dfrac{d}{k}\right)^2} \tag{3-3}$$

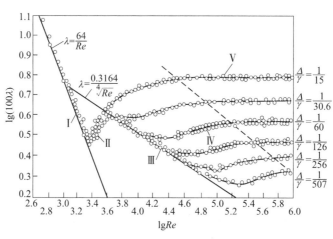

图 3-1 尼古拉茨实验图

在紊流状态下，流体的能量损失大大超过层流状态。在层流状态下，能量只损失在速度不同的流体层间的内摩擦力方面，而在紊流状态下，除这种损失外还有消耗在因流体质点相互混杂、能量交换而引起的附加损失，当雷诺数增加到一定程度时，这种附加损失将急剧增大到主导地位。紊流的结构可分为层流边层、过渡层和紊流区三个组成部分。紊流区又称紊流核，是紊流的主体，层流区流速很小或接近于零。随着雷诺数增大，层流边层的厚度减薄，以至不能遮盖管壁的突起高度，管壁粗糙度即对流动阻力发生影响。当 $Re \geqslant 100000$，流体呈完全紊流和层流边层厚度趋于零时，则如式（3-3）所示，λ 值只决定于管壁的相对粗糙度，而与 Re 无关。

3.1.2 完全紊流状态下的摩擦阻力定律

完全紊流状态下的摩擦阻力，把式（3-2）代入式（3-1），得：

$$h_{fr} = \frac{\lambda \rho L U v^2}{8S} \tag{3-4}$$

因空气密度 ρ 变化不大，而且对于尺度和支护已定型的风道，其壁面的相对光滑度是定值，则在完全紊流状态下，λ 值是常数。故把上式中的 $\frac{\lambda \rho}{8}$ 用一个系数 α 来表示，即：

$$\alpha = \frac{\lambda \rho}{8} \tag{3-5}$$

此 α 系数称为摩擦阻力系数。在完全紊流状态下，风道的 α 值只受 λ、γ 或 ρ 的影响。对于尺寸和支护已定型的风道，α 值只与 γ 或 ρ 成正比。

将式（3-5）代入式（3-4），得：

$$h_{fr} = \frac{\alpha L U v^2}{S} \tag{3-6}$$

若通过风道的风量为 $Q(\mathrm{m^3/s})$，则 $V=Q/S$，代入上式，得：

$$h_{fr} = \frac{\alpha L U Q^2}{S^3} \tag{3-7}$$

式（3-6）与式（3-7）都是完全紊流状态下摩擦阻力的计算式。只要知道风道的 α、L、U、S 各值和其中风流的 Q 或 V 值，便可用上式计算出摩擦阻力。

对于已定型的风道，L、U 和 S 等各项都为已知数，α 值只和 ρ 成正比。故把上式中的 $\alpha L U / S^3$ 项用符号 R_{fr} 来表示，即：

$$R_{fr} = \frac{\alpha L U}{S^3} \tag{3-8}$$

此 R_{fr} 称为风道的摩擦风阻，它反映了风道的特征。它只受 α 和 L、U、S 的影响，对于已定型风道，只受 ρ 的影响。

将式（3-8）代入式（3-7），得：

$$h_{fr} = R_{fr} Q^2 \tag{3-9}$$

上式就是风流在完全紊流状态下的摩擦阻力定律。当摩擦风阻一定时，摩擦阻力和风量的平方成正比。

3.1.3 层流状态下的摩擦阻力定律

前已说明，在层流状态下，具有前述式（3-2）的特点，而且式（3-1）也适用，故将式（3-2）和式（3-3）代入式（3-1），得：

$$h_{fr} = \frac{2\nu \rho L U^2 v}{S^2}$$

式中　ν——空气的运动黏性系数，通常取 $1.5 \times 10^{-5} \mathrm{m^2/s}$。

将 $v = \dfrac{Q}{S}$ 式代入上式，得：

$$h_{fr} = \frac{2\nu \rho L U^2 Q}{S^3} \tag{3-10}$$

用一个符号 α 代表上式中的 $2\nu \rho$，即：

$$\alpha = 2\nu\rho \tag{3-11}$$

此 α 叫作层流状态下的摩擦阻力系数。

将式（3-11）代入式（3-10），得：

$$h_{fr} = \frac{\alpha L U^2 Q}{S^3} \tag{3-12}$$

用一个符号 R_{fr} 代表上式中的 $\alpha L U^2 / S^3$，即：

$$R'_{fr} = \alpha L U^2 / S^3 \tag{3-13}$$

这个 R'_{fr} 叫作层流状态下的摩擦风阻。

将式（3-13）代入式（3-12），得：

$$h_{fr} = R'_{fr} \cdot Q \tag{3-14}$$

以上式（3-11）~式（3-14）都和完全紊流状态下相应的公式不同，式（3-14）就是风流在层流状态下的摩擦阻力定律。即 R_{fr} 一定时，h_{fr} 和 Q 的一次方成正比。

3.1.4　降低摩擦阻力的措施

减小摩擦阻力对于工业通风系统合理运行，特别是摩擦阻力占主要部分的处于粗糙流动区、摩擦阻力比例较大、风道线路长的隧道和地下风道，有着重要意义。降低摩擦阻力的措施有：

（1）选用断面周长较小的风道。在风道断面相同的条件下，圆形断面的周长最小，拱形断面次之，矩形、梯形断面的周长较大。因此，从减小摩擦阻力角度，应尽量按照圆形断面—拱形断面—矩形、梯形断面的顺序。

（2）减小相对粗糙度。相对粗糙度的减小，就减小了摩擦阻力无因次系数，减少了摩擦阻力系数。这就要求在工业设计时尽量选用相对粗糙度较小的风道壁面，施工时要注意保证施工质量，尽可能使风道壁面平整光滑。

（3）保证有足够大的风道断面。在其他参数不变时，风道断面扩大，通风阻力和能耗可减小。断面增大将增加基建投资，但要同时考虑长期节电的经济效益。从总经济效益考虑的风道合理断面称为经济断面。在通风设计时应尽量采用经济断面。在工业生产单位改善通风系统时，对于主风流线路上的高阻力区段，常采用这种措施。例如把某段风道（断面积小、阻力大的"卡脖子"地段）的断面扩大。

（4）避免风道内风量过于集中。风道的摩擦阻力与风量的平方成正比，风道内风量过于集中时，摩擦阻力就会显著增加。

减小风道长度。因风道的摩擦阻力和风道长度成正比，故在进行通风系统设计和改善通风系统时，在满足生产需要的前提下，要尽可能缩短风路的长度。

3.2　局 部 阻 力

3.2.1　局部阻力定律

前人实验证明，在完全紊流状态下，不论风道局部地点的断面、形状和拐弯如何变化，所产生的局部阻力都和局部地点的前面或后面断面上的速压成正比。例如图 3-2 所示突然扩大的风道，该局部地点的局部阻力为：

$$h_{er} = \xi_1 h_{v1} = \xi_2 h_{v2} = \xi_1 \frac{\rho v_1^2}{2} = \xi_2 \frac{\rho v_2^2}{2} \tag{3-15}$$

式中　v_1，v_2——局部地点前后断面上的平均风速，m/s；

ξ_1，ξ_2——局部阻力系数，无因次，分别对应于 h_{v1}、h_{v2}。对于形状和尺寸已定型的局部地点，这两个系数都是常数，但它们彼此不相等。可以任用其中的一个系数和相应的速压计算局部阻力；

ρ——局部地点的空气密度，kg/m^3。

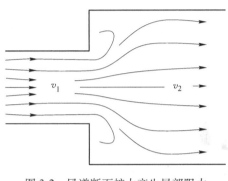

图 3-2　风道断面扩大产生局部阻力

若通过局部地点的风量为 Q，前后两个断面积是 S_1 和 S_2，则两个断面上的平均风速为：

$$v_1 = \frac{Q}{S_1}; \quad v_2 = \frac{Q}{S_2}$$

代入式（3-15），得：

$$h_{er} = \xi_1 \frac{Q^2 \rho}{2 S_1^2} = \xi_2 \frac{Q^2 \rho}{2 S_2^2} \tag{3-16}$$

令

$$R_{er} = \xi_1 \frac{\rho}{2 S_1^2} = \xi_2 \frac{\rho}{2 S_2^2} \tag{3-17}$$

式中，R_{er} 称为局部风阻。当局部地点的规格尺寸和空气密度都不变时，R_{er} 是一个常数。将式（3-17）代入式（3-16），得：

$$h_{er} = R_{er} \cdot Q^2 \tag{3-18}$$

上式表示完全紊流状态下的局部阻力定律，和完全紊流状态的摩擦阻力定律一样，当 R_{er} 一定时，h_{er} 和 Q 平方成正比。

3.2.2　降低局部阻力的措施

减小局部通风阻力对于工业通风系统合理运行同样有重要意义，尤其是管道通风系统，其局部阻力占系统总阻力的比例较大，有时甚至高达 80%。要减小局部通风阻力，主要可采取如下措施：

（1）尽量避免风流急转弯。布置风道时，风流拐弯处尽量避免风道 90° 或以上的急转弯；对于必须直角转弯的地点，可用弧弯代替直角转弯，转弯处的内侧和外侧要做成圆弧形，且曲率半径一般应大于 0.5~1 倍风道当量直径，在曲率半径因受条件限制而过小时，应在转弯处设置导风板或导流片。几种弯头局部阻力系数如图 3-3 所示。

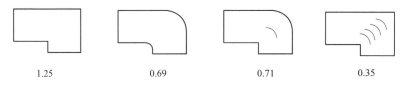

1.25   0.69   0.71   0.35

图 3-3　几种弯头局部阻力系数

（2）风流分叉或汇合处连接合理。流速不同的两股气流汇合时的碰撞，以及气流速度改变时形成涡流是造成局部阻力的原因。所以，在风流分叉或汇合点的三通风道，应减小两个分支风道的夹角，当有几个分支管风路汇合于同一总风道时，汇合点最好不要在同一个断面，同时还应尽量使支管和干管内的流速保持相等。

（3）尽量避免风道断面的突然变化。由于风道断面的突然变化使气流产生冲击，周围出现涡流区，造成局部阻力，因此，为了减小损失，当风道断面需要变化时，应尽量避免风道断面的突然变化，用渐缩或渐扩风道代替突然缩小或突然扩大，中心角最好在 8°~10°，不要超过 45°。

（4）降低出风口流速。降低出风口流速以减小出口的动压损失，同时应减小气流在风道进口处的局部阻力。气流进入风管时，由于产生气流与管道内壁分离和涡流现象造成局部阻力。对于不同的进口形式，局部阻力相差较大。为了降低出口动压损失，有时把出口制成扩散角较小的渐扩管。

（5）风管与风机的连接应当合理。风管与风机的连接应当合理，保证气流在进出风机时均匀分布，避免发生流向和流速的突然变化，以减小阻力（和噪声）。为减小不必要的阻力，要尽量避免在接管处产生局部涡流，最好使连接通风机的风管管径与通风机的进、出口尺寸大致相同。如果在通风机的吸入口安装多叶形或插板式阀门时，最好将其设置在离通风机进口至少 5 倍于风管直径的地方，避免由于吸口处气流的涡流而影响通风机的效率。在通风机的出口处避免安装阀门，连接风机出口的风管最好用一段直管。如果受到安装位置的限制，需要在风机出口处直接安装弯管时，弯管的转向应与风机叶轮的旋转方向一致。

3.3　风道通风压力坡度分布

通风压力坡度线是对能量方程的图形描述。从图形上比较直观地反映了空气在流动过程中压力沿程的变化规律、通风压力和通风阻力之间的相互关系以及相互转换。正确理解和掌握通风压力坡度线，将有助于加深对能量方程的理解。通风压力坡度线是通风管理和均压防灭火的有力工具。

3.3.1　水平风道通风压力分布

对于水平风道通风系统，气体在风道内的流动由风道两端气体的压力差引起，它从高压端流向低压端。气体流动的能量来自通风机产生风压。下面通过如图 3-4 所示的单个通风机水平风道通风系统风道内的压力分布图来定性分析风道内空气的压力分布。

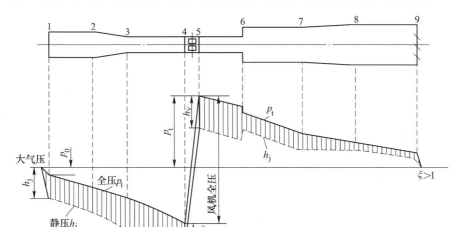

图 3-4　水平风道通风压力（能量）分布

在如图 3-4 所示的单个通风机水平风道通风系统中，在风道上选取 9 个测点，分别在各个测点测出风流的相对静压、有关断面的动压、风道断面积及与风道同标高的大气压，计算出各点的相对全压。以压力（相对压力或绝对压力）为纵坐标，风流流程为横坐标。将各测点的相对静压和相对全压与其流程的关系描绘在坐标图中，最后将图上的同名参数点用直线或曲线连接起来，并得到如图 3-4 所示的压力分布线，不难看出：

（1）由于风道是水平的，各断面间无位能差，除有通风机动力的 4—5 段外，任意两断面间的通风阻力就等于两断面的全压损失（全压差）。

（2）全压沿程逐渐减小，静压沿程随动压的大小变化而变化。在断面不变的水平风道中，全压和静压的损失相等，如管段 1—2、3—4、5—6、6—7 和 8—9；在收缩段 2—3，沿空气流动方向，全压值和静压值减小，动压值相应增大；在全压一定的水平风道系统中，风流在流动过程中的静压和动压可相互转换，在断面小的地方，静压将有一部分转化为动压，反之，在断面大的地方，将有一部分动压转化为静压，如在扩张段 7—8、突扩点 6、出风口点 9 处。所以，静压坡度线沿程是起伏变化的，而非单调下降，这在压力坡度线上可清楚地看出。因此，在判断风流流动方向时，水平风道可应用全压的正负判定。

（3）通风机吸入段和压出段具有不同特征。通风机吸入段的全压和静压均为负值，即均比大气压力低；通风机压出段的全压均是正值，在风机出口全压最大；通风机压出段静压不一定均为正值，如压出段上某一断面收缩得很小，使流速大大增加，当动压大于全压时，该处的静压出现负值，有些压送式气力输送系统的受料器进料和诱导式通风就是这一原理的运用。

（4）在风机段 4—5 处可看出，风机的全压凡等于风机进、出口的全压差，或者说等于风道的总阻力及出口动压损失之和，即 $H_t = p_{t5} - p_{t4} = h_{0-9} + h_{v9}$ 也就是说，通风机全压是用以克服风道通风阻力和出口动能损失，如把通风机用于克服风道阻力的那一部分能量叫通风机的静压 H_s，则有 $H_s = h_{0-9} = H_t - h_{v9}$。因此在通风工程中，只要条件允许，一般在风流出口加设一段断面逐渐扩大的风道（称为扩散器），使得出口风速变小。

3.3.2　包含非水平风道通风系统风压力分布

图 3-5 为已简化的包含非水平风道的地下通风系统，下面以其为例，介绍包含非水平风道通风压力（能量）分布及分析。

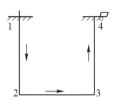

图 3-5　简化的某地下通风系统

先沿风流流程布设若干测点，即 1、2、3、4 点，测出各点的绝对静压、风速、温度、湿度、标高等参数；然后以最低水平 2—3 为基准面，计算出各断面的压力（机械能），包括静压、动压和相对基准面的位压；再选择坐标系和适当的比例，以压力（或称压能）为纵坐标，风流流程为横坐标，把各断面的静压、动压和位能描在图 3-6 的坐标系中，即得 1、2、3、4 断面的总压力（机械能），分别用 a、b、c、d 点表示，以 a_1、b_1、c_1、d_1 表示分别表示各断面的全压，其中 b 和 b_1、c 和 c_1 重合；a_2、b_2、c_2、d_2 点分别表示各断面的静压；最后在压力（机械能或称压能）-风流流程坐标图上描出各测点，将同名参数点用折线连接起来，即得 1—2—3—4 流程上的压力（能量）分布线，如图 3-6 所示。不难看出：

（1）绝对全压和绝对静压坡度线的变化与总压力（机械能）坡度线的变化不同，其坡度线变化有起伏，如 1~2 段风流由上向下流动，位能逐渐减小，静压逐渐增大；在 3~4 段其压力坡度线变化正好相反，静压逐渐减小，位能逐渐增大。这充分说明，风流在有高差变化的风道流动时，其静压和位能之间可以相互转化。

（2）总压力（机械能）沿程逐渐下降，从入风口至各断面的通风阻力等于该断面上总压力（机械能）的下降值，任意两断面间的通风阻力等于这两个断面总压力（机械能）下降值的差；总压力（机械能）坡度线的坡度反映了流动路线上的通风阻力分布状况，坡度越大，单位长度风道上的通风阻力越大。

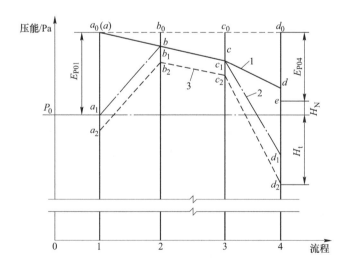

图 3-6　含非水平风道通风系统通风压力（能量）分布线

1—风流全能量坡度线；2—全压坡度线；3—静压坡度线

思考题及习题

3-1　通风阻力和风压损失在概念上是否相同？它们之间有什么关系？

3-2　通风阻力有几种形式？产生阻力的物理原因是什么？

3-3　对于不同的雷诺数的风流，其摩擦阻力无因次系数如何？

3-4　摩擦阻力 h_f 和摩擦风阻 R_f 有何区别？

3-5　降低通风阻力有什么意义？降低摩擦阻力和局部阻力可以采用的措施有哪些？

3-6　已知某梯形风道摩擦阻力系数 $\alpha = 0.0177 \mathrm{N} \cdot \mathrm{s}^2 / \mathrm{m}^4$，断面积 $S = 9 \mathrm{m}^2$，风道长 $L = 400 \mathrm{m}$，通过风量 Q 为 $1200 \mathrm{m}^3 / \mathrm{min}$，试求摩擦风阻与摩擦阻力。

3-7　如图 3-7 为圆形风道局部图，大管径为 700mm，小管径为 500mm，测得大小断面之间的静压差为 500Pa（两测点距离小于 1m），大断面的平均动压为 80Pa，空气密度为 $1.2 \mathrm{kg} / \mathrm{m}^3$，试求该处的局部阻力系数。

图 3-7　某圆形风道局部图

3-8　请补充图 3-8 风流压力分布图。

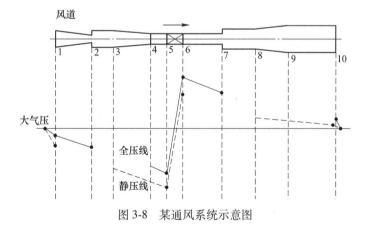

图 3-8　某通风系统示意图

4 通 风 动 力

本章学习目标

    1. 掌握自然风压的计算；

    2. 掌握主要通风机械类型构造及其工作原理；

    3. 熟悉通风机工作参数与实际特性曲线；

    4. 熟悉通风机合理工作范围；

    5. 了解通风机附属装置。

4.1 自 然 风 压

4.1.1 自然风压及其形成和计算

4.1.1.1 自然风压与自然通风

图 4-1 为一个简化的地下通风系统，2—3 为水平巷道，0—5 为通过系统最高点的水平线。如果把地表大气视为断面无限大、风阻为零的假想风路，则通风系统可视为一个闭合的回路。在冬季，由于空气柱 0—1—2 比 5—4—3 的平均温度较低，平均空气密度较大，导致两空气柱作用在 2—3 水平面上的重力不等。其重力之差就是该系统的自然风压。它使空气源不断地从井口 1 流入，从井口 5 流出。在夏季时，若空气柱 5—4—3 比 0—1—2 温度低，平均密度大，则系统产生的自然风压方向与冬季相反。地面空气从井口 5 流入，从井口 1 流出。这种由自然因素作用而形成的通风叫自然通风。

4.1.1.2 自然风压的计算

由上述例子可见，在一个有高差的闭合回路中，只要两侧有高差巷道中空气的温度或密度不等，则该回路就会产生自然风压。根据自然风压定义，图 4-1 所示系统的自然风压 H_N 可用下式计算：

$$H_N = \int_0^2 \rho_1 g \, dz - \int_3^5 \rho_2 g \, dz \tag{4-1}$$

式中 z——最高点至最低水平间的距离，m；

        g——重力加速度，$g = 9.8 \text{m/s}^2$；

  ρ_1，ρ_2——分别为 0—1—2 和 5—4—3 井巷中 dz 段空气密度，kg/m^3。

由于空气密度受多种因素影响，与高度 z 成复杂的函数关系。因此利用式（4-1）计

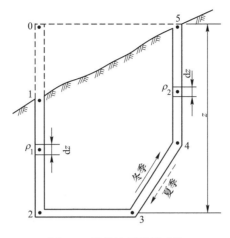

图 4-1 简化地下通风系统

算自然风压较为困难。为了简化计算，一般采用测算出的 0—1—2 和 5—4—3 井巷中空气密度的平均值 ρ_{m1} 和 ρ_{m2} 分别代替式（4-1）中的 ρ_1 和 ρ_2，则式（4-1）可写为：

$$H_N = zg(\rho_{m1} - \rho_{m2}) \tag{4-2}$$

4.1.2 自然风压的影响因素

4.1.2.1 大气运动（风压）形成自然风压的影响因素

（1）建筑物形状、风向。由前述可知，建筑物形状、风向是影响空气动力系数 A 值的主要因素。直接面对风向的迎风侧窗孔，其 A 值、自然风压大；背风侧窗孔的 A 值、自然风压小。

（2）室外空气风速。自然风压与室外空气风速的平方成正比。

（3）室外温度 T、大气压 p 和相对湿度 φ。因温度、大气压和相对湿度与室外空气密度有关，温度越高，大气压越低，相对湿度越小，则室外空气密度越大，自然风压也越大。

应当指出，自然界中，由于风向和风速在不断地变化，大气压力基本稳定，因此在通风设计中，为保证通风的效果，自然通风仅以密度差形成自然风压作用计算。

4.1.2.2 密度差形成自然风压的影响因素

由式（4-2）可见，影响自然风压的决定性因素是两侧空气柱的密度差，而空气密度又受温度 T、大气压 p、气体常数 R 和相对湿度 φ 等因素影响。因此，影响自然风压的因素可用下式表示：

$$H_N = f(pz) = f[p(T,p,R,\varphi)z] \tag{4-3}$$

（1）某一回路中两侧空气柱的温差。影响气温差的主要因素包括大气气温、风流和有限空间内的热交换。大陆性气候的山区浅井及地面有限空间，自然风压大小和方向受地面气温影响较为明显，一年四季，甚至昼夜之间都有明显变化。对于地下比较深的通风通道，其自然风压受围岩热交换影响比浅井显著，一年四季的变化较小，有的可能不会出现负的自然风压。

（2）与大气温度或密度不等的有限空间高度。当两侧空气柱温差一定时，自然风压与回路最高与最低点（水平）间的高差 z 成正比。

（3）空气成分、湿度和大气压力。因空气成分、湿度和大气压力影响空气的密度，因而对自然风压也有一定影响，但影响较小。

4.2　主要通风机械类型

通风系统中的空气之所以能在风道中运动而形成风流，是由于风流的起末点间存在着能量差。这种能量差的产生，若是由通风机提供的，则称为机械通风；若是由自然条件产生的，则称为自然通风，例如地下矿井。机械风压和自然风压都是通风的动力，用以克服通风阻力，促使空气流动，但自然风压一般较小且不稳定。

通风机是工业通风系统的"心脏"，其日夜不停地运转，且功率较大，因此能耗很大。据统计，我国各类风机的耗电量占全国总发电量的 1/3，仅工业用通风机的耗电量就占全国总电量的 12%。因此，合理地选择和使用通风机，不仅关系到工业安全生产和作业人员的身体健康，而且对企业的经济技术指标也有影响。

按通风机的构造和工作原理主要可分为离心式通风机和轴流式通风机两种。

4.2.1　离心式通风机的构造和工作原理

4.2.1.1　风机构造

离心式通风机一般由进风口、叶轮、螺形机壳和前导器等部分组成。图 4-2 是离心式通风机的简图。叶轮是对空气做功的部件，由呈双曲线型的前盘、呈平板状的后盘和夹在两者之间的轮毂以及固定在轮毂上的叶片组成。风流沿叶片间流道流动，在流道出口处，风流相对速度的方向与圆周速度的反方向夹角称为叶片出口构造角，以 β 表示。根据出口构造角的大小，离心式通风机可分为前倾式（$\beta > 90°$）、径向式（$\beta = 90°$）和后倾式（$\beta < 90°$）三种。β 不同，通风机的性能也不同。

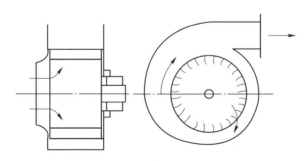

图 4-2　离心式通风机简图

进风口有单吸和双吸两种。在相同的条件下双吸风机叶（动）轮宽度是单吸风机的两倍。在进风口与叶轮之间装有前导器（有些通风机无前导器），使进入叶轮的气流发生预旋绕，以达到调节性能之目的。

4.2.1.2 工作原理

当电机通过传动装置带动叶轮旋转时，叶片流道间的空气随叶片的旋转而旋转并获得离心力。经叶端被抛出叶轮，进入机壳。在机壳内速度逐渐减小，压力升高，然后经扩散器排出。与此同时，在叶片入口（叶根）形成较低的压力（低于进风口压力），于是，进风口的风流便在此压力的作用下流入叶道。由此可见，空气自叶根流入，在叶端流出，如此源源不断，形成连续的流动。

4.2.1.3 常用型号

产品型号组成的顺序关系见表4-1。

表 4-1 离心式风机型号组成的顺序关系

形 式	品 种
□ □ － □ － □ 设计序号 比转速 压力系数乘5后化整数 用途	No. □ 机号

（1）风机产品用途代号由字母组成。

（2）压力系数的5倍化整后采用一位数。个别前向叶轮的压力系数的5倍化整后大于10时，亦可用二位整数表示。

（3）比转速采用两位整数。若用二叶轮并联结构，或单叶轮双吸入结构，则用2乘比转速表示。

（4）若产品的型式中产生有重复代号或派生型时，则在比转速后如注序号，采用罗马数字体Ⅰ、Ⅱ等表示。

（5）设计序号用阿拉伯数字"1""2"等表示，供对该型产品有重大修改时用。若性能参数、外形尺寸、地基尺寸、易损件没有更动时，不应使用设计序号。

（6）机号用叶轮直径的分米（dm）数表示。

离心式风机型号表示举例见表4-2。

表 4-2 离心式风机型号表示举例

序号	名 称	型 号		说 明
		形式	品种	
1	（通用）离心式通风机	4-72	No. 20	一般通风换气用，压力系数乘5后的化整数为4，比转速72，机号为20即叶轮直径2000mm

序号	名 称	型 号		说 明
		形式	品种	
2	（通用）离心式通风机	4-2×72	No. 20	叶轮是双吸入形式，其他参数同第 1 条
3	矿井离心式通风机	K4-2×72	No. 20	矿井主扇通风用，其他参数同第 2 条
4	锅炉离心式通风机	G4-72	No. 20	用在锅炉通风上，其他参数同第 1 条

4.2.2 轴流式通风机的构造和工作原理

4.2.2.1 轴流式通风机的风机构造

如图 4-3 所示，轴流式通风机主要由进风口、叶轮、整流器、风筒、扩散器和传动部件等部分组成。

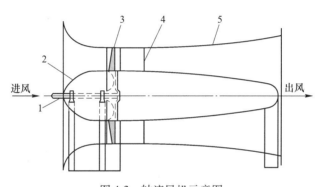

图 4-3 轴流风机示意图

1—转轴；2—整流器；3—叶轮；4—导流板；5—扩散器

进风口是由整流器与疏流罩构成断面逐渐缩小的进风通道，使进入叶轮的风流均匀，以减小阻力，提高效率。

叶轮是由固定在轴上的轮毂和安装在其上的叶片组成。叶片的形状为中空梯形，横断面为翼形。用与机轴同心、半径相等的圆柱面切割叶轮叶片，并将此切割面展开成平面，就得到了由翼剖面排列而成的翼栅。在叶片迎风侧做一外切线称为弦线。弦线与叶轮旋转方向的夹角称为叶片安装角，以 θ 表示。叶轮上叶片的安装角可根据需要在规定范围内调整，但必须保持一致。沿叶片高度方向可做成扭曲形，以消除和减小径向流动。叶轮的作用是增加空气的全压。叶轮有一级和二级两种。二级叶轮产生的风压是一级的两倍。整流器安装在每级叶轮之后，为固定轮。其作用是整直由叶片流出的旋转气流，减小动能和涡流损失。环形扩散器是使从整流器流出的气流逐渐扩大到全断面，部分动压转化为静压。

4.2.2.2 工作原理

当叶轮旋转时，翼栅即以一定圆周速度移动。处于叶片迎面的气流受挤压，静压增加，于是叶片迎面的高压气流由叶道出口流出；与此同时，叶片背面的气体静压降低，在翼背形成低压区，"吸引"叶道入口侧的气体流入，由此形成穿过翼栅的连续气流。

4.2.2.3　常用型号

产品型号组成的顺序关系见表4-3。

表4-3　轴流式风机型号组成

（1）叶轮数代号，单叶轮可不表示，双叶轮用"2"表示。

（2）用途代号由字母组成。

（3）叶轮毂比为叶轮底径与外径之比，取二位整数。

（4）转子位置代号卧式用"A"表示，立式用"B"表示。产品无转子位置变化可不表示。

（5）若产品的形式中产生有重复代号或派生型时，则在设计序号前加注序号。采用罗马数字体Ⅰ、Ⅱ等表示。

（6）设计序号表示方法与离心通风机型号编制规则相同。

轴流式通风机的名称型号表示举例见表4-4。

表4-4　轴流式通风机的名称型号表示举例

序号	名　称	型　号		说　明
		形式	品种	
1	矿井轴流式引风机	K70	No.18	矿井主扇引风用，叶轮毂比为0.7，机号18即叶轮直径1800mm
2	（通用）轴流式通风机	T30	No.18	一般通风换气用，叶轮毂比为0.3，机号8即叶轮直径800mm
3	（通用）轴流式通风机	T30B	No.18	该形式产品转子为立式结构，其他多数与第2条相同
4	化工气体排送轴流式通风机	HQ30	No.18	该形式产品用在化工气体排送，其他参数与第5条相同
5	冷却轴流式通风机	I30B	No.18	工业用水冷却用，叶轮毂比为0.3，机号80即叶轮直径为800m。转子为立式结构

4.3　通风机特性曲线

4.3.1　通风机工作参数

表示通风机性能的主要参数是风压 H、风量 Q、通风机轴功率 N、效率 h 和转速 n 等。

4.3.1.1 通风机（实际）全压 H_t 与静压 H_s

通风机风压包括通风机（实际）全压 H_t 与静压 H_s。通风机的全压是通风机对空气做功、消耗于单位体积空气的能量（单位为 Pa），其值为风机出口风流的全压与入口风流全压之差。在忽略自然风压时，通风机（实际）全压 H_t 用以克服通风管网阻力 h_s（$h_s = h_r + h_l$）和风机出口动能损失 h_v，即：

$$H_t = h_s + h_v \tag{4-4}$$

如将克服管网通风阻力的风压称为通风机的静压 H_s（Pa），则：

$$H_t = H_s + h_v \tag{4-5}$$

当流动处于紊流粗糙区时：

$$H_s = RQ^2 \tag{4-6}$$

4.3.1.2 通风机（实际）风量 Q

风机的实际流量 Q 一般是指单位时间内通过风机入口空气的体积，也称体积流量（无特殊说明时均指在标准状态下），单位为 m^3/h，m^3/min 或 m^3/s。

4.3.1.3 通风机的功率

通风机的输出功率，是指单位时间内通风机对空气所做的功，是风流压力和风量的乘积，可分为全压功率 N_t 和静压功率 N_s，全压功率 N_t 是以全压计算的功率，静压功率 N_s 是以静压计算的功率。如风流压强的单位为 $N \cdot m/m^3$ 或 Pa，风量的单位为 m^3/s，则输出功率的单位为瓦特（W）。通风机功率可用下式计算：

$$N_s = H_s Q; \quad N_t = H_t Q \tag{4-7}$$

4.3.1.4 通风机的效率

通风机的效率是通风机的输出功率和输入功率的比值，也分为全压效率 η_t 和静压效率 η_s。通风机的输入功率 N 常称为轴功率，单位一般为千瓦（kW），所以：

$$\eta_s = \frac{H_s Q}{1000N}; \quad \eta_t = \frac{H_t Q}{1000N} \tag{4-8}$$

设电动机的效率为 η_m、传动效率为 $\eta_{t\tau}$ 时，电动机的输入功率为 N_m，则：

$$N_m = \frac{N}{\eta_m \eta_{t\tau}} = \frac{H_t Q}{1000 \eta_t \eta_m \eta_{t\tau}} \tag{4-9}$$

4.3.2 通风机个体与类型特性曲线

4.3.2.1 个体特性曲线

所谓工况点，即是通风机在某一特定转速和工作风阻条件下的工作参数，如 Q、H 和 N 等。当风机以某一转速在风阻为 R 的风路上工作时，可测算出一组工作参数：风压 H、风量 Q、功率 N 和效率 η，这就是该风机在风路风阻为 R 时的工况点。改变管网的风阻，便可得到另一组相应的工作参数，通过多次改变管网风阻，可得到一系列工况参数。将这些参数对应描绘在以 Q 为横坐标，以 H、N 和 η 为纵坐标的直角坐标系上，并用光滑曲线分别把同名参数点连接起来，即得 H-Q、N-Q 和 η-Q 曲线，这组曲线称为通风机在该转速条件下的个体特性曲线。

在通风机出口段很小时，为了减小风机的出口动压损失，抽出式通风时主要通风机的出口均外接扩散器，此时通常把外接扩散器看作通风机的组成部分，总称为通风机装置。通风机装置的全压 H_{td} 为扩散器出口与通风机入口风流的全压之差，与通风机入口风流的全压 H_t 的关系为：

$$H_{td} = H_t - h_{ks} \tag{4-9}$$

式中　　h_{ks}——扩散器阻力。

通风机装置静压 H_{sd} 因扩散器的结构形式和规格不同而有变化，严格地说：

$$H_{sd} = H_t - (h_{ks} + h_{dk}) \tag{4-10}$$

式中　　h_{dk}——扩散器出口动压。

安装扩散器后回收的动压相对于通风机全压来说很小，所以通常并不把通风机特性和通风机装置特性严加区别。通风机厂提供的特性曲线往往是根据模型试验资料换算绘制的，一般是未考虑外接扩散器。而且有的厂方提供全压特性曲线，有的提供静压特性曲线，使用时应根据具体条件掌握它们的换算关系。

图 4-4 是轴流式通风机实际特性曲线示例。由图可见，H-Q 特性曲线出现了马鞍形"驼峰"区，风机在该段工作，有时会引起风机风量、风压和电动机功率的急剧波动，甚至机体发生振动，发出不正常噪声，产生所谓喘振（或飞动）现象，严重时会破坏风机。"驼峰区"的形成是由于在风机运转过程中，动轮叶片的两侧出现压力差，在这种压力差的作用下，有一部分空气从高压侧通过叶片顶端与机壳之间的间隙回流到风机的进风侧（低压侧），并与低压侧的进气流发生碰撞而出现冲击损失。冲击损失的大小，随两股气流的相对速度大小而变化，在 B 点相对速度最大，冲击损失也最大。轴流式通风机的

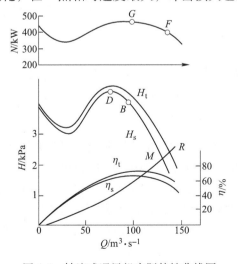

图 4-4　轴流式通风机实际特性曲线图

N-Q 曲线的特点是：在其稳定工作区内，一般来说，功率是随风量的增加而减小，所以应在工作风阻最小即风量最大时启动。但是，在 θ 角很大（35°~45°）时，工作风阻的最小点，并非功率最小点，所以轴流式通风机应在风阻最小时启动，以减小启动负荷。

图 4-5 为离心式通风机的个体特性曲线示例。可以看出，离心式通风机 H-Q 曲线驼峰不明显，且随叶片后倾角度增大逐渐减小，其风压曲线工作段较轴流式通风机平缓；当风路风阻做相同量的变化时，其风量变化比轴流式通风机要大。离心式通风机的 N-Q 曲线的特点是：其功率 N 随风量 Q 的增加而增加（后倾叶片的离心式通风机只是在接近短路风量时，功率有所下降），因而启动离心式通风机时，为避免启动电流过大，应将闸门全闭，使其工作风阻最大，待通风机运转稳定后，再逐渐打开闸门。

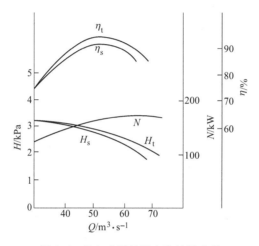

图 4-5　离心式通风机个体特性曲线

在产品样本中，大、中型轴流式通风机给出的大多是静压特性曲线；而离心式通风机大多是全压特性曲线，且 H-Q 曲线只画出最大风压点右边单调下降部分，且把不同安装角度的特性曲线画在同一坐标上，效率曲线是以等效率曲线的形式给出。

4.3.2.2　类型特性曲线

$\overline{Q}$、$\overline{H}$、$\overline{N}$ 和 η 可用相似通风机的模型试验获得，即根据通风机模型几何尺寸、实验条件，获得工况参数 Q、H、N 和 η。再利用式（3-18）~式（3-20）计算出该系列通风机的 $\overline{Q}$、$\overline{H}$、$\overline{N}$ 和 η。然后即可以 $\overline{Q}$ 为横坐标，以 $\overline{Q}$、$\overline{H}$ 和 η 为纵坐标，绘出 H-Q、N-Q 和 η-$\overline{Q}$ 曲线，此曲线即为该系列通风机的类型特性曲线，也叫通风机的无因次特性曲线和抽象特性曲线。图 4-6 为 G4-72-11 型离心式通风机的类型曲线。可根据类型曲线和风机直径、转速换算得到个体特性曲线。需要指出的是，对于同一系列通风机，当几何尺寸（D）相差较大时，在加工和制造过程中很难保证流道表面相对粗糙度、叶片厚度以及机壳间隙等参数完全相似，为了避免因尺寸相差较大而造成误差，所以有些风机（如 4-72-11 型）的类型曲线有多条，可按不同直径尺寸而选用。

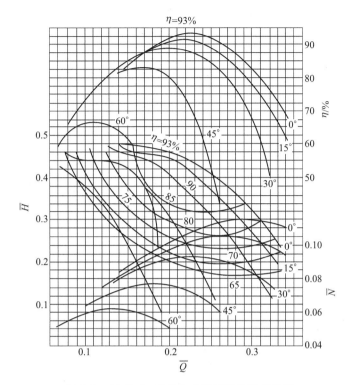

图 4-6　G4-72-11 型离心式通风机的类型曲线

4.3.3　通风机合理工作范围与工况点的调节

4.3.3.1　合理工作范围

为使通风机安全、经济地运转，它在整个服务期内的工况点必须在合理的范围之内。从经济的角度出发，通风机的运转效率不应低于60%；由于轴流式通风机的性能曲线存在马鞍形驼峰区段，从安全角度考虑，其工况点必须位于驼峰点的右下侧、单调下降的直线段上。离心式通风机的合理工作范围以运转效率不低于 0.6 为界；轴流式通风机的工作范围，即上限为最大风压 0.9 倍的连线、下限为 $\eta = 0.6$ 的等效曲线，且通风机叶（动）轮的转速不应超过额定转速。应当注意，分析主要通风机的工况点合理与否，应使用实测的风机装置特性曲线。

4.3.3.2　工况点调节

为了按需供风和通风机经济运行，需要适时地进行工况点调节。工况点调节方法主要有改变风阻特性曲线法和改变通风机特性曲线法。

（1）改变风阻特性曲线法。在通风系统风阻不变的条件下，先给定一个通风机轴功率运行，将得出一组风量 Q、风压 H 数据，然后，改变通风机的轴功率运行，将再得出一组风量 Q、风压 H 数据，以此进行若干次，将得出若干组风量 Q、风压 H 数据，最后将这些风量、风压数据描在 H-Q 图中，再将其连接起来，就是风阻特性曲线。很显然，如风路中的气体流动属于紊流粗糙区，则根据第 2 章介绍的阻力定律，在 *H-Q* 图中，理论上的风阻特性曲线为二次抛物线。当风机特性曲线不变时，改变其工作风阻或改变风量，工况点沿风机特性曲线移动。

1）增风调节。为了增加系统的供风量，可以采取堵塞外部漏风和减小通风系统总风阻措施。

2）减风调节。当系统风量过大时，应进行减风调节。其方法有增阻调节和增大外部漏风调节两种。对于轴流式通风机，当其 *Q-N* 曲线在工作段具有单调下降特点时，因种种原因不能实施降低转速和减小叶片安装角度时，可以用增大外部漏风的方法，来减小系统风量，它较为经济，但调节幅度较小。对于离心式通风机可利用风道中闸门增阻（减小开度），该方法实施较简单，但因无故增阻而增加附加能量损耗，调节时间不宜过长，只能作为权宜之计。

（2）改变通风机特性曲线法。在通风系统风阻不变的条件下，改变通风机特性曲线的调节方法有：

1）改变风机转速。无论是轴流式通风机还是离心式通风机都可采用，调节的理论依据是相似定律。调节转速没有额外的能量损耗，对风机的效率影响不大，因此是一种较经济的调节方法，当调节期长，调节幅度较大时应优先考虑。但要注意，增大转速时可能会使风机振动增加，噪声增大，轴承温度升高和发生电动机超载等问题。

2）改变前导器叶片转角。这种方法用于装有前导器的离心式通风机，风流经过前导器叶片后发生一定预旋，能在很小或没有冲角的情况下进入通风机。前导叶片角由 0° 变到 90° 时，风压曲线降低，风机效率也有所降低。当调节幅度不大时，比较经济。

3）改变叶片安装角度。这种方法主要用于轴流通风机，以达到增减风量的目的。但要注意的是，防止因增大叶片安装角度而导致进入不稳定区运行。对于有些轴流式通风机还可以通过改变叶片数来改变风机的特性。改变叶片数时，应按说明书规定进行。对于能力过大的双级叶（动）轮风机，还可以减少叶（动）轮级数，减少供风。目前，有些较先进的风机还能够在风航运转时，自动调节叶片安装角。

调节方法的选择，取决于调节期长短、调节幅度、投资大小和实施的难易程度。调节之前应拟定多种方案，经过技术和经济比较后择优选用。选用时，还要考虑实施的可能性。有时，可以考虑采用综合措施。

4.4　通风机附属装置及设施

通风机附属装置一般包括消声隔声设施、减振器和扩散器等，有的场所还包括反风装置及防爆门（盖）。

4.4.1　消声隔声设施

降低通风机噪声的途径主要包括：

（1）降低通风机声源噪声。主要可从以下几方面考虑：1）因通风机效率与噪声成反比，故应使风机的工况点接近最高效率点；2）合理选择通风机的机型，在噪声控制要求高的场合，应选用低噪声通风机；3）气流在管道内的流速不宜过高，以免引起再生噪声；

4）设计通风系统应尽量减少通风阻力，因通风机进、出口的噪声级是随风量、风压增加而增大；5）在可能条件下适当降低通风机的转速，因通风机的旋转噪声与叶轮圆周速度10次方成比例，涡流噪声与叶轮圆周速度6次方成比例；6）注意通风机与电动机的传动方式。

（2）在传播途径上加以噪声抑制。途径包括：1）在通风机的进、出风口上装配恰当的消声器；2）对通风机做隔声处理，如设置通风机隔声罩，在通风机机壳内衬吸声材料，设置隔声门、隔声室、隔声窗或设置其他吸声设施；3）在通风机室的进、排气通道采取消声措施；4）将通风机布置在远离要求安静的房间；5）通风机设减振基座，进、出风口用软管连接。

（3）及时维护保养，定期检修，及时更换破损零部件。

4.4.1.1　消声器

消声器是一种能阻止噪声传播，同时也能让气流顺利通过的装置。将其装于空气动力设备的气流通道上，以降低该设备的气流噪声。按其消声原理，消声器可分为：抗性消声器、阻性消声器、干涉型消声器、阻抗复合消声器、扩散式消声器、缓冲式消声器等。

4.4.1.2　隔声设施

所谓隔声，就是在声源与离开声源的某一点之间，设置一个隔声构件，或把声源封闭起来，使噪声与人的工作环境隔绝起来。如通风机装设消声器后，通风机壳体的辐射噪声仍对周围环境有较大的干扰，则需采用隔声设施。通常采用的隔声设施有：隔声罩、隔声门、隔声窗、隔声室。

4.4.2　扩散器

扩散器是指断面逐渐扩大的风道，主要位于通风机出口或抽出式通风系统的末端。在地面厂房通风中，位于抽出式通风系统末端的扩散器又称为风帽。如图4-7所示为典型离心式通风机外接扩散器的结构形状。

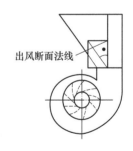

出风断面法线

图4-7　离心式通风机
外接扩散器

由式（3-8）可知，通风机的全压 H_t 一定时，通风机出口末端动压 h_v 越小，用以克服管网通风阻力的通风机的静压 H_s 就越大，因此，在通风机的出口都外接一定长度、断面逐渐扩大的扩散器，其作用是降低出口动压，以提高风机静压。大型离心式通风机和大中型轴流式通风机的外接扩散器，一般用砖和混凝土砌筑，小型离心式通风机出口末端处的扩散器由金属板焊接而成。根据能量方程易见，只有当通风机装置阻力与其出口动能损失之和小于通风机出口动能损失时，通风机装置的静压才会因加扩散器而有所提高，因此，扩散器四面张角的大小应视风流从叶片出口的绝对速度方向而定，其各部分尺寸应根据风机类型、结构、尺寸和空气动力学特性等具体情况而定，总的原则是，扩散器的阻力小，出口动压无回流。一般情况下扩散器四面张角为8°～10°，而出口处断面与入口处断面之比为3～4。

4.4.3　反风装置及防爆门（盖）

反风装置及防爆门是尤其在矿井广泛采用，是主要通风机所必需的附属装置。反风装置是用来使井下风流反向的一种设施，以防止进风系统发生火灾时产生的有害气体进入作业区；有时为了适应救护工作也需要进行反风。反风方法主要有：设专用反风道反风、利用备用风机做反风道反风、风机反转反风和调节动叶安装角反风。轴流式通风机反转反风时，可调换电动机电源的任意两项接线，使电动机改变转向，从而改变通风机叶（动）轮的旋转方向，使井下风流反向，此种方法基建量较小，反风方便，但反风量较小。

防爆门（盖）安装在矿井主要通风机吸入侧，如图4-8所示，在正常情况下它是密闭不漏风的，其作用是当井下一旦发生气体或粉尘爆炸时，受高压气浪的冲击作用，自动打开，以保护主要通风机免受毁坏。

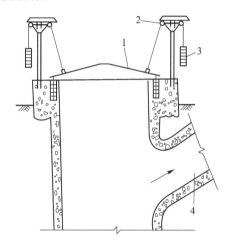

图 4-8　井口防爆盖示意图
1—防爆井盖；2—定滑轮；3—平衡锤；4—通风机入口

思考题及习题

4-1　何为自然通风？请举例说明自然通风如何产生的。

4-2　简述大气运动（风压）和密度差形成自然风压的影响因素。

4-3　某一建筑物内的一个窗，空气动力系数为 0.69，建筑外空气流速为 8m/s；建筑外空气密度为 1.3kg/m^3，请计算由于大气运动造成的自然风压。

4-4　试计算高 30m 烟囱的自然风压。已知烟囱内空气密度为 1.033kg/m^3，烟囱外大气密度为 1.212kg/m^3。

4-5　某地下作业场所简化的通风系统如图4-9所示，2—3 为水平巷道，0—5 为通风系统最高点的水平线。$\rho_{m0-1} = 1.05$kg/m^3，$\rho_{m1-2} = 1.15$kg/m^3，$\rho_{m2-3} = 1.20$kg/m^3，$\rho_{m3-4} = 1.26$kg/m^3，$\rho_{m4-5} = 1.30$kg/m^3，各巷道高度或长度如图所示。计算该地下作业空间所形成的自然风压及 2—3 处风流的方向（ρ_{mi-j} 表示 i 至 j 段的平均空气密度，重力加速度 $g = 9.8$m/s^2）。

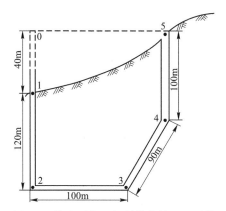

图 4-9 某地下作业场所简化的通风系统

4-6 按气流运动方向分，通风机械设备可分为哪几类？

4-7 简述离心式通风机的构造和工作原理。

4-8 简述轴流式通风机的构造和工作原理。

4-9 表示通风机性能的主要参数有哪些？简述通风机全压的含义。

4-10 离心式和轴流式通风机的特性曲线有哪些区别？

4-11 通风机合理工作范围如何？

5 通 风 设 施

本章学习目标
    1. 熟悉吹出口和吸入口气流运动规律；
    2. 了解集尘罩基本类型与工作原理；
    3. 了解风筒基本类型。

研究集气罩罩口气流运动的规律对于有效捕集污染物是十分重要的。集气罩罩口气流运动方式有两种：一种是吸气口气流的吸入流动；一种是吹气口气流的吹出流动。了解吸入气流、吹出气流的运动规律，是合理设计集气罩及通风系统的基本依据。

5.1 吹出口气流运动规律

空气从孔口吹出，在空间形成的一股气流称为吹出气流或射流。按孔口及射流形状可以将射流分为圆射流、矩形射流和扁射流（条缝射流）；据空间界壁对射流的约束条件，射流可分为自由射流（吹向无限空间）和受限射流（吹向有限空间）；按射流温度与周围空气温度是否相等，可分为等温射流和非等温射流；据射流产生的动力，还可将射流分为机械射流和热射流。在设计压入式通风系统、热设备上方集气罩、吹吸式集气罩时，均要应用空气射流的基本理论。下面主要介绍通风工程常见的自由等温圆射流、自由等温扁射流和附壁受限射流。

5.1.1 自由等温射流

如图 5-1 所示为自由等温射流的流动图，空气从空口吹出后的流动形成射流初始段和射流基本段，射流初始段为由吹气口至核心被冲散的这一段，此段包含射流内轴线速度保持不变并等于吹出速度的射流核心区，射流基本段为射流核心消失的断面以外部分。

自由等温射流具有如下特点：

（1）紊流射流会引发射流流体微团间的横向动量交换、热量交换或质量交换，从而形成湍流射流边界层，使得射流速度逐渐下降，射流断面不断扩大。

（2）全流场或局部流场气流参数分布彼此间保持一种相仿的关系，边界层的外边界及其初始段上的内边界一般都是斜直线，而参数在横截面上的分布彼此间呈无因次相似。

（3）与吸气口相比，轴向速度衰减慢，流场中横向分速可被忽略。由于射流的喷射成束的特性，流场中的轴向分速要比横向分速大得多，所以，射流分析计算中，一般都将流场中的横向分速忽略掉，也即射流的轴向速度即被视为射流的总速度。

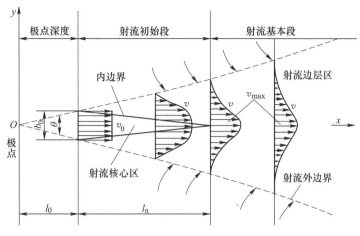

图 5-1 自由等温射流结构图

（4）射流各断面动量相等，射流中的静压与周围空气的压强相等。

根据有关资料，等温自由紊流圆射流轴心速度 v_x、射流断面直径 d_x、射流扩张角 θ 的公式为：

$$\frac{v_0}{v_x} = \frac{0.48}{\dfrac{\alpha x}{d_0} + 0.147}; \quad \frac{d_x}{d_0} = 6.8\left(\frac{\alpha x}{d_0} + 0.147\right); \quad \tan\theta = 3.4\alpha \tag{5-1}$$

而等温自由紊流扁射流轴心速度 v_x、射流断面直径 b_x、射流扩张角 θ 的公式为：

$$\frac{v_x}{v_0} = \frac{1.2}{\dfrac{\alpha x}{d_0} + 0.41}; \quad \frac{b_x}{d_0} = 2.44\left(\frac{\alpha x}{b_0} + 0.41\right); \quad \tan\theta = 2.44\alpha \tag{5-2}$$

式中　x——计算断面至风口的距离，m；

　　　v_x——射程断面处轴心流速，m/s；

　　　v_0——射流出口速度，m/s；

　　　d_0——送风口直径或当量直径，m；

　　　d_x——射程 x 处射流直径，m；

　　　b_0——送风口射流宽度，m；

　　　b_x——射程 x 处射流断面宽度，m；

　　　α——送风口紊流系数，圆射流 $\alpha = 0.08$；扁射流 $\alpha = 0.11 \sim 0.12$。

5.1.2　附壁受限射流

当射流边界的扩展受到有限空间边壁影响时，就称为受限射流（或称有限空间射流）。研究表明，当射流断面面积达到有限空间横断面面积的 1/5 时，射流受限，成为有限空间射流。如图 5-2 所示，射流沿有限空间边壁射出，并不断卷吸周围空气，由于边壁存在与影响，形成回流且回流范围有限，则促使射流外逸，于是射流与回流闭合形成大涡流。

附壁射流中，一般用无因次距离来判断射流运动。无因次距离定义为：

$$\overline{x_0} = \frac{ax_0}{\sqrt{S_n}} \quad 或 \quad \overline{x} = \frac{ax}{\sqrt{S_n}} \tag{5-3}$$

式中 S_n——垂直于射流的空间断面面积。

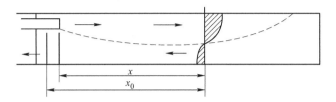

图 5-2   附壁受限射流流动规律

实验结果表明，当时，$\overline{x} \leqslant 0.1$ 射流的扩散规律与自由射流相同，并称 $\overline{x} = 0.1$ 的断面为第一临界断面。当 $\overline{x} > 0.1$ 时，射流扩散受限，射流断面与流量增加变缓，动量不再守恒，并且到 $\overline{x} = 0.2$ 时射流流量最大，射流断面在稍后处也达最大，称 $\overline{x} = 0.2$ 的断面为第二临界断面。同时，不难看出，在第二临界断面处回流的平均流速也达到最大值。在第二临界断面以后，射流空气逐步改变流向，参与回流，使射流流量、面积和动量不断减小，直至消失。

受限射流的压力场是不均匀的，各断面静压随射程而增加。由于它的回流区一般是工作区，所以控制回流区的风速具有实际意义。受限射流的几何形状与送风口安装位置有关。

5.2   吸入口气流运动规律

一个敞开的管口是最简单的吸气口。当吸气时，在吸气口附近形成负压，周围空气从四周流向吸气口，形成吸入气流或汇流。当吸气口面积较小时可视为点汇。

根据流体力学，位于自由空间的点汇吸气口（见图 5-3（a））的吸气量 Q 的计算公式为：

$$Q = 4\pi r_1^2 v_1 = 4\pi r_2^2 v_2 \tag{5-4}$$

$$v_1/v_2 = (r_2/r_1)^2 \tag{5-5}$$

式中 v_1，v_2——点 1 和点 2 的空气流速，m/s；

r_1，r_2——点 1 和点 2 至吸气口的距离，m。

如果吸气口四周加上挡板，即如图 5-3（b）所示的平壁，吸气气流受到限制，吸气范围仅半个等速球面，它的吸气量计算公式为：

$$Q = 2\pi r_1^2 v_1 = 2\pi r_2^2 v_2 \tag{5-6}$$

由式（5-4）~式（5-6）可以看出，点汇吸气口外某一点的空气流速与该点至吸气口距离的平方成反比，而且它是随吸气口吸气范围的减小而增大的；在吸气量相同的情况下，在相同的距离上，有挡板的吸气口的吸气速度比无挡板的大一倍。因此，设计集气罩时应尽量靠近有害物源，并设法减小其吸气范围，以提高污染物捕集效率。实际应用的吸气口，一般都有一定的几何形状、一定的尺寸，吸气口外气流运动规律和点汇吸气口有所不同。目前还很难从理论上准确解释各种吸气口的流速分布，只能借助实验测得各种吸气

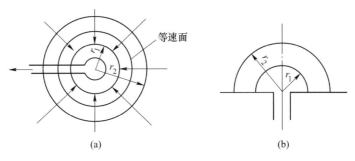

图 5-3　点汇吸气口气流流动示意

（a）自由吸气口；（b）受限吸气口

口的流速分布图。图 5-4 就是通过实验求得四周无法兰边和四周有法兰边的圆形吸气口的速度分布图，图 5-5 是宽长比为 1：2 矩形吸气口的速度分布图。

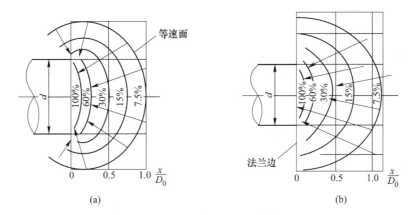

图 5-4　圆形吸气口的速度分布图

（a）四周无法兰边；（b）四周有法兰边

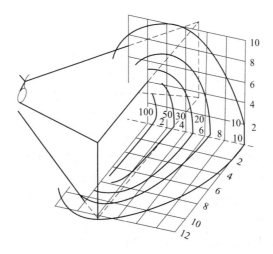

图 5-5　矩形吸气口的速度分布图

图 5-4 的实验结果也可用式（5-7）和式（5-8）表示。

即对于四周无法兰边的圆形吸气口有：

$$\frac{v_0}{v_x} = \frac{10x^2 + F}{F} \tag{5-7}$$

对于四周有法兰边的圆形吸气口有：

$$\frac{v_0}{v_x} = \frac{10x^2 + F}{F} = 0.75\left(\frac{10x^2 + F}{F}\right) \tag{5-8}$$

式中 v_0——吸气口的平均流速，m/s；

       v_x——控制点上必需的气流速度即控制风速，m/s；

       x——控制点至吸气口的距离，m；

       F——吸气口面积，m^2；

根据试验结果，吸气口气流速度分布还具有以下特点：（1）在吸气口附近的等速面近似与吸气口平行，随离吸气口距离的增大，逐渐变成椭圆面，而在 1 倍吸气口直径 D_0 处，已接近为球面，因此，式（5-7）和式（5-8）仅适用于 $x \leqslant 1.5D_0$ 的场合，当 $x > 1.5D_0$ 时，实际的速度衰减要比计算值大；（2）吸气口气流速度衰减较快，$x/D_0 = 1$ 处气流速度已约降至吸气口流速的 7.5%；（3）对于结构一定的吸气口，其等速面形状大致相同，而吸气口结构形式不同，其气流衰减规律则不同。

5.3　集尘罩和风筒

5.3.1　集尘罩

集气罩也称为排风罩，通常用于控制或排除生产过程产生的有害物质，以防止其扩散和传播。集气罩的形式很多，按其作用原理可分为密闭罩、外部集气罩、接受式集气罩、吹吸式集气罩等几种基本类型，其中，密闭罩又分为全密闭罩、半密闭罩、柜式集气罩。

5.3.1.1　密闭罩

密闭罩是把有害物源全部密闭在罩内，隔断生产过程中造成的有害物与作业场所二次气流的混合，防止粉尘等有害物随气流传播到其他部位，如图 5-6 所示。它把有害物质源全部密闭在罩内，在罩上设有工作孔，以观察罩内的工作情况。

在密闭罩内设备及物料的运动（如碾压、摩擦等）使空气温度升高，压力增加，在罩内形成正压，因为密闭罩结构并不严密（有孔或缝隙），粉尘随着一次尘化过程，沿孔隙冒出。因此，在罩内还必须排风，使罩内形成负压，这样可以有效地控制有害物质的外逸。为了使粉尘顺利排出，要避免粉尘过多，密闭罩的形式、罩内排风口的位置、排风速度等要选择得当、合理。防尘密闭罩的形式应根据生产设备的工作特点及含尘气流运动规律确定。排风点应设在罩内压力最高的部位，以利于消除正压。排风口不能设在含尘气流浓度高的部位。罩口风速不宜过高，通常采用下列数值：

筛落的极细粉尘：$v = 0.4 \sim 0.6$ m/s；

粉碎或磨碎的细粉：$v < 2$ m/s；

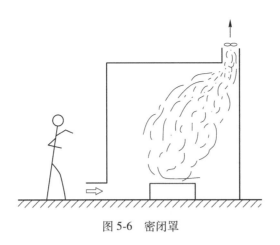

图 5-6　密闭罩

粗颗粒物料：$v<3m/s$。

密闭罩只需较小的吸风量就能在罩内形成一定的负压，能有效控制有害物的扩散，并且集气罩气流不受周围气流的影响。它的缺点是工人不能直接进入罩内检修设备，有的看不到罩内的工作情况。

A　密闭罩的形式

密闭罩的形式较多，可分为局部密闭罩、整体密闭罩和大容积密闭罩三类。

（1）局部密闭罩。局部密闭罩只将扬尘点局部予以密闭，而产尘设备及传动机构露在罩外，以便观察和检修。这种密闭罩的特点是结构比较简单，但密封性较差。它一般适用于携尘气流速度不大，且为连续扬尘的地点。如图 5-7 所示的颚式破碎机，可在设备的进料口和溜槽与皮带接头处分别设置局部密闭罩 1 和 5。

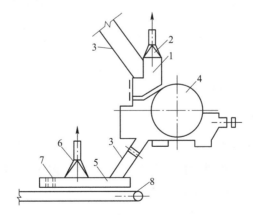

图 5-7　由溜槽进出料的颚式破碎机局部密闭罩

1—上部局部密闭罩；2—上部排风罩；3—溜槽；4—颚式破碎机；5—下部局部密闭罩；
6—下部排风罩；7—橡皮挡帘；8—皮带运输机

（2）整体密闭罩。将产生有害物设备的大部分或全部密闭起来，只把设备的传动部分设置在罩外，如图 5-8 所示。此密闭罩本身为独立整体，易于密闭，通过罩外的观察孔对设备进行监视，设备的传动部分的维修在罩外进行。这种密闭罩适用于有振动或含尘射流速度高的设备。

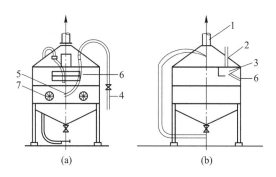

图 5-8　喷砂室整体密闭罩

（a）正视图；（b）侧视图

1—排风管；2—引风管；3—带导流板的进气口；4—压缩空气管；5—喷嘴；6—观察窗；7—操作孔

（3）大容积密闭罩。将有害物源及传动机构全部密闭起来，形成独立的小室，其特点是罩内容积大，可缓冲气流，减少局部正压。通过罩外的观察孔对设备监视，设备传动部分在罩内进行。这种方式适用于具有多点产尘、脉冲式产尘、含尘射流速度高以及设备检修勤的场合。其缺点是占地面积大，耗材多。如图 5-9 所示的振动筛的大容积密闭罩。

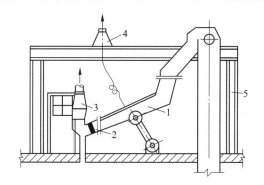

图 5-9　振动筛的大容积密闭罩

1—振动筛；2—帆布连接管；3，4—抽气罩；5—密闭罩

B　密闭罩的排风量计算

多数情况下防尘密闭罩的排风量由两部分组成，即运送物料进入罩内的诱导空气量（如物料输送）或工艺设备供给的空气量（如没有鼓风装置的混砂机）和为消除罩内正压由孔口或不严密缝隙处吸入的空气量。

$$L = L_1 + L_2 \tag{5-9}$$

式中　L——防尘密闭罩排风量，m^3/s；

　　　L_1——物料或工艺设备带入罩内的空气量，m^3/s；

　　　L_2——由孔口或不严密缝隙处吸入的空气量，m^3/s。

式中 L_2 可按下式计算：

$$L_2 = \mu F \sqrt{2\Delta p/\rho} \tag{5-10}$$

式中　F——敞开的孔口及缝隙总面积，m^2；

μ——孔口及缝隙的流量系数；

Δp——罩内最小负压值，Pa；

ρ——敞开孔口及缝隙处进入空气的密度，kg/m³。

5.3.1.2　接受罩

某些生产过程或设备本身会产生或诱导一定的气流运动，而这种气流运动的方向是固定的，只需把排风罩设在污染气流前方，让其直接进入罩内排出即可，这类排风罩称为接受罩。顾名思义，接受罩只起接受作用，污染气流的运动是生产过程本身造成的，而不是由于罩口的抽吸作用造成的。图5-10是接受罩的示意图。接受罩的排风量取决于所接受的污染空气量的大小，它的断面尺寸不应小于罩口处污染气流的尺寸。

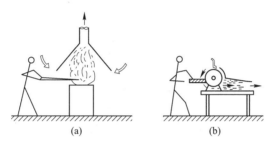

图5-10　接受式排风罩
(a) 上部接受式；(b) 侧面接受式

接受罩接受的气流可分为两类：粒状物料高速运动时所诱导的空气流动（如砂轮机等）、热源上部的热射流。前者影响因素较多，多由经验公式确定；后者可分为生产设备本身散发的热烟气（如炼钢炉散发的高温烟气）、高温设备表面对流散热时形成的热射流。生产设备本身散发的热烟气通常由实测确定，因而我们着重分析设备表面对流散热时形成的热射流。

热射流的形态如图5-11所示。热设备将热量通过对流散热传给相邻的空气，周围空气受热上升，形成热射流。可以把它看成是从一个假想点源以一定角度扩散上升的气流，根据其变化规律，可以按以下方法确定热射流在不同高度的流量、断面直径等。

在 $H/B = 0.9 \sim 7.4$ 的范围内，不同高度上热射流的流量为：

$$L_Z = 0.04Q^{1/3}Z^{3/2} \qquad (5-11)$$

$$Z = H + 1.26B \qquad (5-12)$$

式中　Q——热源的对流散热量，kJ/s；

　　　H——热源至计算断面的距离，m；

　　　B——热源水平投影的直径或长边尺寸，m。

对热射流观察发现，在离热源表面 $(1 \sim 2)B$ 处射流发生收缩（通常在 $1.5B$ 以下），在收缩断面上流速最大，随后上升气流逐渐扩大。近似认为热射流收缩断面至热源的距离 $H_0 \leqslant 1.5\sqrt{A_P} = 1.33B$（$A_P$ 为热源的水平投影面积），收缩断面上的流量按下式计算：

$$L_0 = 0.167Q^{1/3}B^{3/2} \qquad (5-13)$$

热源的对流散热量 $Q(\mathrm{J/s})$ 为：

$$Q = \alpha F \Delta t \tag{5-14}$$

式中　F——热源的对流放热面积，m^2；

　　　Δt——热源表面与周围空气的温度差，℃；

　　　α——对流放热系数，$\alpha = A \cdot \Delta t^{1/3}$，$J/(m^2 \cdot s \cdot ℃)$；

　　　A——系数，对于水平散热面 $A = 1.7$，垂直散热面 $A = 1.13$。

　　在某一高度上热射流的断面直径为：

$$D_Z = 0.36H + B \tag{5-15}$$

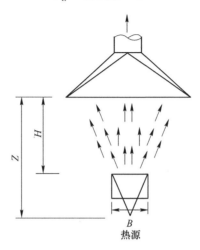

图 5-11　热源上部的接受罩

5.3.1.3　外部罩

　　由于工艺条件限制，生产设备不能密闭时，可把集气罩设在有害物源附近，依靠风机在罩口造成的抽吸作用，在有害物质散发地点造成一定的气流运动，把有害物质吸入罩内，这类吸风罩统称为外部集气罩。当污染气流的运动方向与罩口的吸气方向不一致时，需要较大的吸风量。外部集气罩型式多样，按集气罩与污染源的相对位置可将其分为四类：上部集气罩、下部集气罩、侧边吸气罩和槽边集气罩，如图 5-12 所示。其中，槽边吸气罩专门用于各种工艺槽，如电镀槽、酸洗槽等。它是为了不影响工人操作而在槽边上设置的条缝形吸气口。槽边集气罩分为单侧和双侧两种。目前常用的槽边集气罩的形式有：平口式、条缝式和倒置式。平口式槽边吸气罩因吸气口上不设法兰边，吸气范围大，但槽靠墙布置时，如同设置了法兰边一样，减小吸气范围，排风量会相应减小；条缝式槽边集风罩的特点是截面高度 E 较大（$E \geqslant 250mm$ 的称为高截面，$E < 250mm$ 的称为低截面），就如同设置了法兰边一样，减小了吸气范围，故它的吸风量比平口式小，它的缺点是占用空间大、对手工操作有一定影响。

5.3.2　风筒

　　风筒是指用一定材料制成的一定断面形状的通风风道，它也称为导风设施。对风筒的基本要求是漏风小、风阻小、重量轻、拆装简便。工业通风中使用的风筒可分为刚性和柔性两大类。

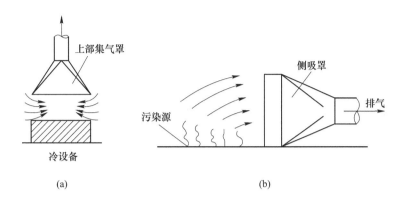

图 5-12　外部集气罩

（a）上部集气罩；（b）侧边集气罩

（1）柔性风筒。柔性风筒主要有胶布风筒、塑料风筒（塑料软管）、弹簧可伸缩胶布风筒、金属软质风筒（金属软管）、橡胶风筒（橡胶软管）几类。胶布风筒、塑料风筒通常用橡胶布、塑料制成，弹簧可伸缩胶布风筒采用金属整体螺旋弹簧钢圈为骨架和橡胶布合成制成。其最大优点是轻便、可伸缩、拆装、搬运方便，是矿山、隧道施工压入式通风最广泛的一种风筒，但它不能用作抽出式通风；弹簧可伸缩胶布风筒既可承受一定的负压，又具有可伸缩、拆装、搬运方便的特点，又比铁风筒质量轻，使用方便，一般用于矿山、隧道施工中的抽出式及混合式通风中，但价格比普通胶布风筒贵；金属软管用特殊金属材料制成，如铝箔伸缩软管是在柔性的优质铝箔软管内用高弹性螺旋形镀铜或镀锌钢丝贴绕而成的，美观大方，可伸缩、拐弯，价格最贵，一般用于美观要求较高和其他特殊要求的地面空调、通风工程。

（2）刚性风筒（风管）。刚性风筒一般由硬质材料制成，在各行各业均有应用，刚性风筒既可用于通风机的吸入段，又用于通风机的压出段，地面工程一般称为通风管道，简称风管。通风管道的断面形状有圆形、矩形、异形三种，异形风管还包括螺旋形风管、椭圆形风管。选择断面形状时，一般情况下先选圆形，在特殊条件、特殊要求时选矩形、异形。通风工程常用的钢板厚度是 0.5~4mm。用作风管的材料很多，主要有以下两大类：1）非金属材料，如玻璃钢、硬聚氯乙烯塑料板、砖、混凝土、炉渣石、膏板、木板、胶合板或纤维板、石棉板、陶瓷板等；2）金属材料，如普通薄钢板、镀锌钢板、不锈钢板、铝板和塑料复合钢板，其优点是易于工业化加工制作、安装方便、能承受较高温。

思考题及习题

5-1　吹出口气流速度分布具有哪些特点？

5-2　吸气口气流速度分布具有哪些特点?

5-3　集气罩有哪几种类型? 简述各自工作原理。

5-4　举例说明各种集气罩的使用场合及需要风量的计算方法。

5-5　哪些材料可以用作风管? 简述其应用条件。

6 通风系统

◢◣

本章学习目标

  1. 掌握通风网络中风流的基本定律；

  2. 熟悉通风机联合运转的工作原理及工况参数；

  3. 掌握通风系统风量风压调节的原理；

  4. 了解通风系统类型；

  5. 熟悉均匀送风与置换通风的基本概念。

◢◣

6.1　风量分配基本规律

6.1.1　通风网络的基本术语

任何一个通风网络都是由一些基本单元组成，要认识一个通风系统的网络首先必须弄清楚这些基本单元的含义。

（1）节点，是指三条或三条以上风道的交点；断面性质不同的两条风道，其分界点有时也可称为节点。

（2）分支，是两节点间的连线，也叫风道，在风网图上，用单线表示分支。其方向即为风流的方向，箭头由始节点指向末节点。

（3）风路，是由若干方向相同的分支首尾相接而成的线路，即某一分支的末节点是下一分支的始节点。

（4）回路和网孔，是由若干分支所构成的闭合线路。

（5）假分支，是风阻为零的虚拟分支。一般是指通风机出口到通风系统入口虚拟的一段分支。

6.1.2　风量平衡定律

根据质量守恒定律，在单位时间内流入一个节点的空气质量，等于单位时间内流出该节点的空气质量，若假定风流不可压缩，可用空气的体积流量（即风量）来代替空气的质量流量。在通风网络中，流进节点或闭合回路的风量等于流出节点或闭合回路的风量。即任一节点或闭合回路的风量代数和为零。

对于图 6-1（a）的流进节点的情况：

$$Q_{1-4} + Q_{2-4} + Q_{3-4} + Q_{4-5} + Q_{4-6} = 0 \qquad (6\text{-}1)$$

对于图 6-1（b）流进闭合回路的情况：

$$Q_{1-2} + Q_{3-4} = Q_{5-6} + Q_{7-8}$$

或者　　　　　　　　　$Q_{1-2} + Q_{3-4} - Q_{5-6} - Q_{7-8} = 0$　　　　　　　　（6-2）

把式（6-1）和式（6-2）写成一般关系式，则为：

$$\sum_{i=1}^{n} Q_i = 0 \qquad\qquad (6\text{-}3)$$

上式表明：流入节点、回路或网孔的风量与流出节点、回路或网孔的风量的代数和等于零。一般取流入的风量为正，流出的风量为负。

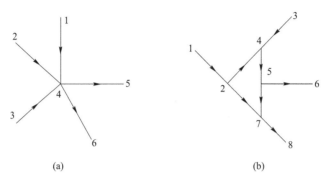

图 6-1　风流汇合及节点示意图

（a）节点式；（b）回路式

6.1.3　风压平衡定律

任一回路或网孔中的风流遵守能量守恒定律，回路或网孔中不同方向的风流，它们的风压或阻力 h 必须平衡或相等，对图 6-1（b）有：

$$h_{2-4} + h_{4-5} + h_{5-7} = h_{2-7}$$

或者　　　　　　　　$h_{2-4} + h_{4-5} + h_{5-7} - h_{2-7} = 0$

写成一般的数学式为：

$$\sum_{i=1}^{n} h_i = 0 \qquad\qquad (6\text{-}4)$$

上式表明：回路中，不同方向的风流，它们的风压或阻力 h 的代数和等于零。一般取顺时针方向风流的风压为正，逆时针方向风流的风压为负。

在如图 6-2 所示的地下通风系统中，水平巷道口 1 和进风井口 2 的标高差 Z 米；风道 2—3 和 1—3 构成敞开并联风网。在 2—3 风道上安装一台辅助通风机，其风压 h_f 作用方向和顺时针方向一致；1 和 2 两点的地表大气压力分别为 p_0 和 p_0'，1 和 2 两点高差间的地表空气密度平均值为 ρ，进风井内的空气密度平均值为 ρ'。

根据风流的能量方程得水平风道 1—3 段的风压为：

$$h_{1-3} = p_0 - (p_3 + h_{v3}) \qquad\qquad (6\text{-}5)$$

式中　　p_3，h_{v3}——分别是 3 点的绝对静压和速压。

风路 2—3 段的风压是风道 2—2′和 3′—3 段的风压之和，即：

$$h_{2-3} = h_{2-2'} + h_{3'-3} \qquad\qquad (6\text{-}6)$$

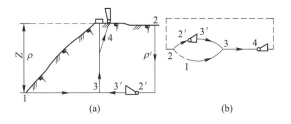

图 6-2 某地下通风系统

（a）风流系统示意图；（b）通风网络示意图

敞开并联风网内的自然风压：

$$h_n = Z(\rho' - \rho) \qquad (6\text{-}7)$$

可得

$$h_{2\text{-}3} - h_{1\text{-}3} = h_f + h_n \qquad (6\text{-}8)$$

或

$$h_{2\text{-}3} - h_{1\text{-}3} - h_f - h_n = 0 \qquad (6\text{-}9)$$

写成一般数学式是：

$$\sum_{i=1}^{n} h_i - h_f - h_n = 0 \qquad (6\text{-}10)$$

式（6-10）就是风压平衡定律，在回路中有机械风压 h_f 和自然风压 h_n 存在时应用，则表明：只要把敞开并联中的机械风压和自然风压加入计算，便可把两个能量不同的进风点（例如图 6-3 之中的 1 点和 2 点）用虚线连起来，形成概念的回路。

6.1.4 阻力定律

通风阻力定律包括紊流流动局部阻力定律、阻力平方区流动的摩擦阻力定律、阻力平方区流动的总阻力定律。

紊流粗糙区流动的摩擦阻力定律、紊流流动局部阻力定律已在第 2 章介绍，这里再强调一下。紊流粗糙区流动摩擦阻力定律为：风流流动处于紊流粗糙区时，如摩擦风阻一定，摩擦阻力与风量的平方成正比，即 $h_r = R_r Q^2$。紊流流动局部阻力定律为：紊流流动下，如局部风阻一定，局部阻力与风量的平方成正比，即 $h_1 = R_1 Q^2$。

现令 h 为某通风系统分支的通风总阻力，即 $h = h_r + h_1$；R 为某通风系统的通风总风阻，即 $R = R_r + R_1$，可得：

$$h = RQ^2 \qquad (6\text{-}11)$$

此式就是紊流粗糙区流动总阻力定律，它说明，风流流动处于紊流粗糙区时，如总风阻一定，则通风阻力与风量的平方成正比。

6.2 风网的基本形式及通风参数的计算

6.2.1 通风网络的基本形式

通风网络联结形式很复杂，多种多样，但其基本联结形式可分为：串联通风网络、并联通风网络、角联通风网络和复杂联结通风网络。

（1）串联网络。由两条或两条以上的分支彼此首尾相连，中间没有分节点的线路叫作串联风路，如图6-3（a）所示。

（2）并联网络。由两条或两条以上具有相同始节点和末节点的分支所组成的通风网络叫作并联风网，如图6-3（b）所示。

（3）角联网络。在简单并联风网的始节点和末节点之间有一条或几条风路贯通的风网叫作角联风网。贯通的分支习惯叫作对角分支，如图6-3（c）中的风路5。单角联风网只有一条对角分支，多角联风网则有两条或两条以上的对角分支。

（4）复杂联结通风网络。由串联、并联、角联和更复杂的联结方式所组成的通风网络，统称为复杂通风网络。

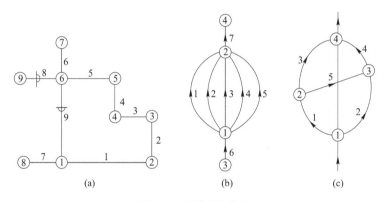

图 6-3　通风网络形式

（a）串联网络；（b）并联网络；（c）角联网络

6.2.2　风网参数的计算

6.2.2.1　串联通风网络

串联通风网络具有如下特性：

（1）总风量等于各分支的风量，即：

$$M_s = M_1 = M_2 = M_3 = \cdots = M_n$$

当各分支的空气密度相等时，或将所有风量换算为同一标准状态的风量后：

$$Q_s = Q_1 = Q_2 = Q_3 = \cdots = Q_n \tag{6-12}$$

（2）总风压等于各分支风压之和，即：

$$h_s = h_1 + h_2 + h_3 + \cdots + h_n = \sum_{i=1}^{n} h_i \tag{6-13}$$

（3）总风阻等于各分支风阻之和，即：

$$R_s = h_s / Q_s^2 = R_1 + R_2 + R_3 + \cdots + R_n = \sum_{i=1}^{n} R_i \tag{6-14}$$

6.2.2.2　并联通风网络

（1）总风量等于各分支风量之和，即：

$$M_s = M_1 + M_2 + M_3 + \cdots + M_n = \sum_{i=1}^{n} M_i$$

当各分支的空气密度相同时，或将所有分量换算为同一标准状态的分量后：

$$Q_s = Q_1 + Q_2 + Q_3 + \cdots + Q_n = \sum_{i=1}^{n} Q_i \tag{6-15}$$

（2）总风压等于各分支风压，即：

$$h_s = h_1 = h_2 = h_3 = \cdots = h_n \tag{6-16}$$

注意：当各分支的位能差不相等，或分支中存在风机等通风动力时，并联分支的风压并不相等。

（3）并联风网总风阻与各分支风阻的关系为：

$$R_s = h_s / Q_s^2 = \frac{1}{\left(\sqrt{\dfrac{1}{R_1}} + \sqrt{\dfrac{1}{R_2}} + \sqrt{\dfrac{1}{R_3}} + \cdots + \sqrt{\dfrac{1}{R_n}} \right)^2} \tag{6-17}$$

（4）并联风网的风量分配。若已知并联风网的总风量，在不考虑其他通风动力及风流密度变化时，可由下式计算出分支 i 的风量：

$$Q_i = \sqrt{\frac{R_s}{R_i}} Q_s = \frac{Q_s}{\sum_{j=1}^{n} \sqrt{R_i / R_j}} \tag{6-18}$$

由上式可见，并联风网中的某分支所分配得到的风量取决于并联网络总风阻与该分支风阻之比。风阻小的分支风量大，风阻大的分支风量小。若要调节各分支风量，可通过改变各分支的风阻比值实现。

根据并联风网的特性，可以得到绘制并联风网等效阻力特性曲线，如图 6-4（a）所示，有并联风路 1、2，其风阻为 R_1、R_2。首先在 h—Q 坐标图上分别作出 R_1、R_2 的阻力

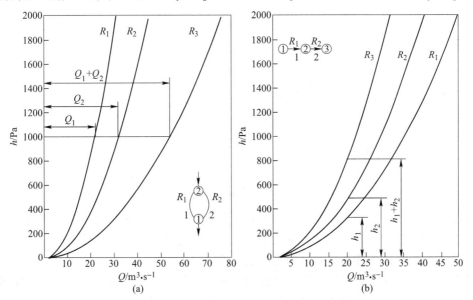

图 6-4 紊流粗糙区流动的等效阻力特性曲线

（a）并联风网；（b）串联风网

特性曲线，作平行 Q 轴的若干条等阻力线，然后根据并联风网"阻力相等，风量叠加"的特点，在等阻力线上两分支风量 Q_1、Q_2 相加，得到并联风网的等效阻力特性曲线上（Q_1+Q_2）的点，将所有等阻力线上的点连成曲线 R_s，即为两并联分支的等效阻力特性曲线。

而对于串联风网，如图 6-4（b）所示，做出 R_1、R_2 的阻力特性曲线后，作平行 h 轴的若干条等风量线，然后根据串联风网"风量相等，阻力叠加"的特点，在等风量线上两分支阻力 h_1、h_2 相加得到（h_1+h_2）的点，连成曲线 R_s 即为两串联分支的等效阻力特性曲线。

6.2.2.3　角联通风网络

如图 6-5 所示，在单角联风网中，对角分支 5 的风流方向，随着其他四条分支的风阻值 R_1、R_2、R_3、R_4 在大于零、小于无穷大范围内变化而变化，即有三种变化：

当风量 Q_5 向上流时，风压 $h_1>h_2$，$h_3<h_4$；风量 $Q_1<Q_3$，$Q_2>Q_4$。

则有：

$$R_1Q_1^2 > R_2Q_2^2 \rightarrow R_1Q_1^2 > R_2Q_4^2$$
$$R_3Q_3^2 < R_4Q_4^2 \rightarrow R_3Q_1^2 < R_4Q_4^2$$

将上面两式相除，得：

$$\frac{R_1}{R_3} > \frac{R_2}{R_4} \quad 或 \quad K = \frac{R_1R_4}{R_2R_3} > 1 \tag{6-19}$$

这是 Q_5 向上流的判别式。

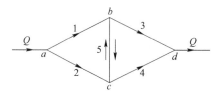

图 6-5　角联通风网络

同理可推出 Q_5 向下流的判别式为：

$$K = \frac{R_1R_4}{R_2R_3} < 1 \tag{6-20}$$

Q_5 等于零的判别式为：

$$K = \frac{R_1R_4}{R_2R_3} = 1 \tag{6-21}$$

判别式中不包括对角风路本身的风阻 R_5，说明无论 R_5 怎样变化，该风路的风流方向不会变化，只可能使这一风路的风量大小发生变化。这是因为该风路的风流方向只取决于该风路起末两点风流的能量之差，而这项能量差与 R_5 无关。

判别式可以用来预先判别不稳定风流的方向。例如在分支 5 尚未开通之前，便可判定该风路的风流方向，即把四条非对角分支的风阻值代入判别式，如算得判据 $K>1$，便可判定 Q_5 向上流，如得 $K<1$，则 Q_5 向下流，如得 $K=1$，Q_5 必等于零。

6.3　风机联合运转

目前一些复杂的通风系统，如大中型矿井的通风系统，用单台主要通风机作业不能满足生产对通风的要求，必须使用多台主要通风机通风，形成多风机共同在通风网络中联合作业。多台风机联合工作与一台风机单独工作有所不同，如果不能掌握风机联合工作的特点和技术，将会事与愿违，甚至可能损坏风机。因此，分析通风机联合运转的特点、效果、稳定性和合理性是十分必要的。

风机联合工作可分为串联和并联两大类，下面分别予以介绍。

6.3.1　风机串联工作

一台风机的进风口直接或通过一段风道联结到另一台风机的出风口上同时运转，称为风机串联工作。

风机串联工作的特点是，通过管网的总风量等于每台风机的风量（不考虑漏风）。两台风机的工作风压之和等于所克服管网的阻力。即：

$$H = H_1 + H_{\mathrm{II}} \tag{6-22}$$

$$Q = Q_1 = Q_{\mathrm{II}} \tag{6-23}$$

式中　　　H——管网的总风压，Pa；

H_1，H_{II}——分别为通风机 I 和 II 的风压，Pa；

Q，Q_1，Q_{II}——分别为管网、通风机 I 和通风机 II 的风量，$\mathrm{m^3/s}$。

风机串联工作一般多用于长距离地下掘进时的局部通风中。通风机串联工作有如图6-6所示的集中串联和间隔串联等工作方式。另外，串联又分为不同型号的通风机串联和同种型号的通风机串联，由于后者比较简单，在此仅以不同型号的通风机串联为例来分析通风机串联后的特性。

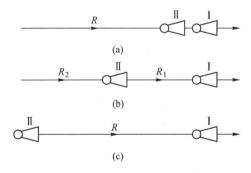

图 6-6　通风机串联方式

（a）集中串联；（b）抽出式间隔串联；（c）压入式间隔串联

6.3.1.1　不同型号通风机集中串联工作

A　串联风机的等效特性曲线

如图6-7所示，两台不同型号风机 F_1 和 F_{II} 的特性曲线分别为 I、II 。两台风机集中串联的等效合成曲线Ⅰ+Ⅱ按风量相等风压相加原理求得。即在两台风机的风量范围内，作若干条风量坐标的垂线（等风量线），在等风量线上将两台风机的风压相加，得该风量下串联等效风机的风压（点），将各等效风机的风压点连起来，即可得到风机串联工作时等效合成特性曲线Ⅰ+Ⅱ。

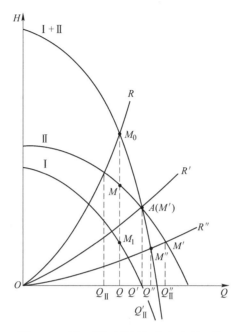

图6-7　两台不同型号风机集中串联工作

B　风机的实际工况点

在风阻为 R 的管网上风机串联工作时，各风机的实际工况点按下述方法求得：在等效风机特性曲线Ⅰ+Ⅱ上做管网风阻特性曲线 R，两者交点为 M_0，过 M_0 作横坐标垂线，分别与曲线Ⅰ和Ⅱ相交于 M_{I} 和 M_{II}，此两点即是两风机的实际工况点。

6.3.1.2　不同型号的通风机间隔串联工作

A　等效特性曲线

如图6-8（a）所示，不同型号的 F_{I} 和 F_{II} 通风机在同一管道中相距一定间隔串联作压入式通风。图6-8（b）中Ⅰ、Ⅱ曲线是各通风机的全压曲线及各段管道的风阻曲线 R_1、R_2。

在任意工况时，在风量相等的条件下，从风压曲线Ⅰ的风压中减去风阻曲线 R_1 中的通风阻力，即得剩余风压曲线Ⅰ′。Ⅰ′曲线也即假想将通风机 F_{I} 按风量相等风压与阻力相减的原则，移位到通风机 F_{II} 的入风口处的变位通风机 F_{I}' 的风压曲线。此时 F_{I}' 和 F_{II} 通风机即成集中串联对 R_2 风阻的管道通风，如图6-8（c）所示。将Ⅰ′、Ⅱ曲线按风量相等、风压相加的原则合成曲线Ⅲ，即为风机间隔串联工作等效特性曲线。

B　风机的实际工况点

由上所述管网变为图6-8（d）所示的单一通风机Ⅲ对单一风阻 R_2 管道通风的情况。

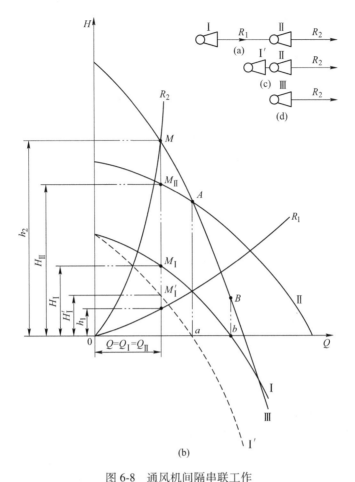

图 6-8 通风机间隔串联工作

（a）间隔串联风路；（b）风阻曲线；（c）等效串联风路；（d）等效单一风机风路

所以 R_2 曲线与合成曲线Ⅲ的交点 M 即是 F'_I、F_{II} 通风机联合工作时的工况点。

由 $M(Q, h_2)$ 确定了管道中的风量 Q 和 R_2 段的通风阻力 h_2。过 M 点的等风量线分别与 I'、Ⅰ及Ⅱ曲线交于 M'_I、M_I 及 M_{II} 点，M'_I 点为变位通风机 F'_I 的工况点，点 M_I、M_{II} 分别为通风机 F_I、F_{II} 的工况点。

由 $M_I(Q_I, H_I)$ 点确定了通风机 F_I 的风量 Q_I 和风压 H_I；由 $M_{II}(Q_{II}, H_{II})$ 点确定了通风机 F_{II} 的风量 Q_{II} 及风压 H_{II}。过 M 点等风量线与 R_1 曲线的交点确定了 R_1 段的通风阻力 h_1；由 $M'_I(Q_I, H'_I)$ 点确定了通风机 F_I 的风压 H_I 在克服通风阻力 h_1 后所剩余的风压 H'_I。显然有下列关系：

$$Q = Q_I = Q_{II}, \quad H = H_I + H_{II} \tag{6-24}$$

$$H_I = h_1 + H'_I, \quad H_{II} + H'_I = h_2 \tag{6-25}$$

由此得：

$$H = h_1 + h_2 = h \tag{6-26}$$

综上说明：通风机间隔串联工作时，各通风机风量相等，且等于管道的风量；各通风机风压之和的总风压用来克服各段管道的通风阻力之和的总阻力。另外还说明：在联合工

况点 M 的位置情况下，小通风机 F_I 的风压在克服 R_1 段的通风阻力后，还有剩余风压，这个剩余风压和大通风机 F_{II} 的风压之和用来克服 R_2 段的通风阻力。显然，在此情况下，通风机间隔串联工作是有效的。

为了衡量串联工作的效果，可用等效风机产生的风量 Q 与能力较大的风机 F_{II} 单独工作产生风量 Q_{II} 之差表示。由图 6-8 可见，当工况点位于合成特性曲线与能力较大风机的性能曲线 II 交点 A（通常称为临界工况点）的左上方（如 M_0）时，$\Delta Q = Q - Q_{II} > 0$，则表示串联有效；当工况点 M' 与 A 点重合（即管网风阻 R' 通过 A 点）时，$\Delta Q = Q' - Q_{II} = 0$，则串联无增风；当工况点 M'' 位于 A 点右下方（即管网风阻为 R''）时，$\Delta Q = Q' - Q_{II} < 0$，则串联不但不能增风，反而有害。即小风机成为大风机的阻力。后两种情况下串联显然是不合理的。

通过 A 点的风阻为临界风阻，其值大小取决于两风机的特性曲线。欲将两台风压曲线不同的风机串联工作时，事先应将两风机所决定的临界风阻 R' 与管网风阻 R 进行比较，当 $R' < R$ 方可应用。还应该指出的是，对于某一形状的合成特性曲线，串联增风量取决于管网风阻。

6.3.1.3　自然风压与主要通风机串联工作

A　自然风压特性

自然风压特性是指自然风压与风量之间的关系。在机械通风的地下空间，冬季自然风压随风量增大略有增大；夏季，若自然风压为负时，其绝对值亦将随风量增大而增大。风机停止工作时自然风压依然存在。故一般用平行 Q 轴的直线表示自然风压的特性。如图 6-9 中 II 和 II' 分别表示正和负的自然风压特性。

B　自然风压对风机工况点的影响

在地下机械通风系统中自然风压对机械风压的影响，类似于两台风机串联工作。如图 6-9 所示，通风系统风阻曲线为 R，风机特性曲线为 I，自然风压特性曲线为 II，按风量相等风压相加原则，可得到正负自然风压与风机风压的合成特性曲线 $I + II$ 和 $I + II'$。风阻 R 与其交点分别为 M_1 和 M_1'，据此可得通风机的实际工况点为 M 和 M'。由此可见，当自然风压为正时，机械风压与自然风压共同作用克服地下通风系统的通风阻力，使风量增加；当自然风压为负时，成为通风阻力。

6.3.2　风机并联工作

当仅用一台主要通风机工作不能满足通风系统所需风量时，可用两台或两台以上主要通风机并联工作来增加风量。典型应用即为矿井的通风系统，主要通风机并联工作有：两台主要通风机集中并联工作（图 6-10（a）），两台主要通风机分别安设在对角式通风系统的两翼风井井口上实行对角并联通风（图 6-10（b）），多井口多台主要通风机施行分区并联通风。在实际中，有时是把风压特性曲线不同风机并联工作，有时是把风压特性曲线相同的风机并联。在此仅以前者为例来说明风机并联工作的特性。

6.3.2.1　集中并联特性分析

理论上，两台风机的进风口（或出风口）可视为连接在同一点。所以两风机的装置静

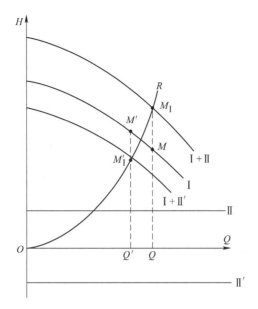

图 6-9　自然风压和通风机串联

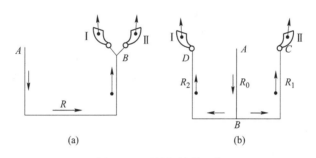

(a)　　　　　　　　　(b)

图 6-10　通风机并联工作

（a）主要通风机集中并联工作；（b）主要通风机对角并联工作

压相等，等于管网阻力；两风机的风量流过同一条巷道，故通过巷道的风量等于两台风机风量之和。即

$$h = H_{\text{I}} = H_{\text{II}} \tag{6-27}$$

$$Q = Q_{\text{I}} + Q_{\text{II}} \tag{6-28}$$

式中符号同前。

A　等效特性曲线

如图 6-11 所示，两台不同型号风机 F_{I} 和 F_{II} 的特性曲线分别为 I、II。两台风机并联后的等效合成曲线 III 可按风压相等风量相加原理求得。即在两台风机的风压范围内，做若干条等风压线（压力坐标轴的垂线），在等风压线上把两台风机的风量相加，得该风压下并联等效风机的风量（点），将等效风机的各个风量点连起来，即可得到风机并联工作时等效合成特性曲线 III。

B　风机的实际工况点

风机并联后在风阻为 R 的管网上工作，R 与等效风机的特性曲线 III 的交点 M，过 M 作

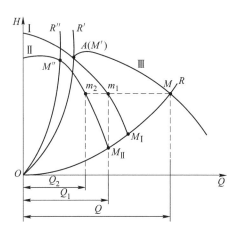

图 6-11　两台不同型号风机集中并联

纵坐标轴垂线，分别与曲线Ⅰ和Ⅱ相交于 m_1 和 m_2，此两点即是两风机的实际工况点。

并联工作的效果，也可用并联等效风机产生的风量 Q 与能力较大风机 F_1 单独工作产生风量 Q_1 之差来分析。由图 6-11 可见，当 $\Delta Q = Q - Q_1 > 0$，即工况点 M 位于合成特性曲线与大风机曲线的交点 A 右侧时，则并联有效；当管网风阻 R'（称为临界风阻）通过 A 点时，$\Delta Q = 0$，则并联增风无效；当管网风阻 $R'' > R'$ 时，工况点 M'' 位于 A 点左侧时，$\Delta Q < 0$，即此时小风机会反向进风，则并联不但不能增风，反而有害。

此外，由于轴流式通风机的特性曲线存在马鞍形区段，因而合成特性曲线在小风量时比较复杂，当管网风阻 R 较大时。风机可能出现不稳定工作。另外，当两台特性相同风机并联工作时，也同样会存在不稳定运转情况。

6.3.2.2　对角并联特性分析

如图 6-12（a）所示的对角并联通风系统中，两台不同型号风机 F_1 和 $F_{\text{Ⅱ}}$ 的特性曲线分别为Ⅰ、Ⅱ，各自单独工作的管网分别为 OA（风阻为 R_1）和 OB（风阻为 R_2），公共风路 OC（风阻为 R_0）。为了分析对角并联系统的工况点，先将两台风机移至 O 点。方法是，按等风量条件下把风机 F_1 的风压与风路 OA 的阻力相减的原则，求风机 F_1 为风路 OA 服务后的剩余特性曲线Ⅰ'，即做若干条等风量线，在等风量线上将风机 F_1 的风压减去风路 OA 的阻力，得风机 F_1 服务风路 OA 后的剩余风压点，将各剩余风压点连起来即得剩余特性曲线Ⅰ'。按相同方法，在等风量条件下，把风机 $F_{\text{Ⅱ}}$ 的风压与风路 OB 的阻力相减得风机 $F_{\text{Ⅱ}}$ 为风路 OB 服务后的剩余特性曲线Ⅱ'。这样就变成了等效风机 F_1' 和 $F_{\text{Ⅱ}}'$ 集中并联于 O 点，为公共风路 OC 服务（见图 6-12（b））。按风压相等风量相加原理求得等效 F_1' 和 $F_{\text{Ⅱ}}'$ 集中并联的特性曲线Ⅲ，它与风路 OC 的风阻 R_0 曲线交点 M_0，由此可得 OC 风路的风量 Q_0。

过 M_0 做 Q 轴平行线与特性曲线Ⅰ'和Ⅱ'分别相交于 M_1' 和 $M_{\text{Ⅱ}}'$ 点。再过 M_1' 和 $M_{\text{Ⅱ}}'$ 点作 Q 轴垂线与曲线Ⅰ和Ⅱ相交于 M_1 和 $M_{\text{Ⅱ}}$，此即为两台风机的实际工况点，其风量分别为 Q_1 和 Q_2。显然 $Q_0 = Q_1 + Q_2$。

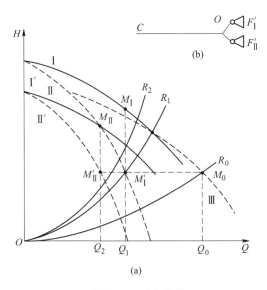

图 6-12 对角并联

（a）特性曲线；（b）通风系统

由图可见，每台风机的实际工况点 M_I 和 M_{II}，既取决于各自风路的风阻，又取决于公共风路的风阻。当各分支风路的风阻一定时，公共段风阻增大，两台风机的工况点上移；当公共段风阻一定时，某一分支的风阻增大，则该系统的工况点上移，另一系统风机的工况点下移，反之亦然。这说明两台风机的工况点是相互影响的。因此，采用轴流式通风机做并联通风的系统，要注意防止因一个系统的风阻减小引起另一系统的风机风压增加，进入不稳定区工作。

例 6-1　图 6-13 中 R_1、R_2 分别为分支风路的风阻，J_1、J_2 分别为两风机的 h-Q 特性曲线，图 6-13（a）为两风机串联带动两并联的风路，图 6-13（b）为两风机并联带动两串联的风路。请通过作图的方法，在坐标轴上找出两风路各自实际的通风阻力 h_{R1}、h_{R2} 和风量 Q_{h1}、Q_{h2}，以及两风机各自实际的风压 h_{J1}、h_{J2} 和风量 Q_{J1}、Q_{J2}。

解：对于图 6-13（a），首先将两并联风路等效为一个风路，根据 R_1 和 R_2 的曲线，遵从"风压相等、风量相加"的原则，可作出并联后等效风路的风阻曲线 R_1+R_2。然后，将两串联风机等效为一台风机，根据 J_1 和 J_2 的曲线，遵从"风量相等、风压相加"的原则，可作出串联后等效风机曲线 J_1+J_2。等效风路的风阻特性曲线与等效风机的特性曲线相交点即为该系统的工况点。

由于风路 R_1 与 R_2 并联，以工况点作风压坐标轴的垂直线，垂直线与 R_1、R_2 的交点（分别为 a、b）即为各自风路所对应的参数。交点 a、b 对应的风量即二者风路的各自风量，对应的风压即二者风路的风压，二者风路风压相等且等于总风压。

由于风机 J_1 与 J_2 串联，以工况点作风量坐标轴的垂直线，垂直线与 J_1、J_2 的交点（分别为 c、d）即为各自风机所对应的参数。交点 c、d 对应的风量即二者风机的各自风量，二者风路风量相等且等于总风量，交点对应的风压即二者风机的风压。

对于图 6-13（b），首先将两串联风路等效为一个风路，根据 R_1 和 R_2 的曲线，遵从"风量相等、风压相加"的原则，可作出串联后等效风路的风阻曲线 R_1+R_2。然后，将两

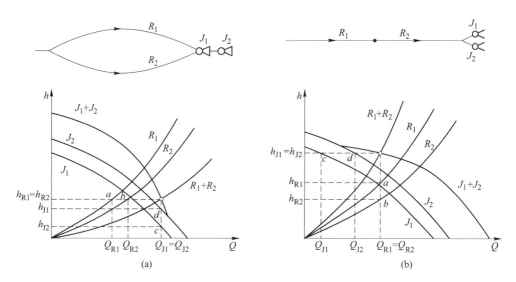

图 6-13　风机联合运行带动简单风路的工况示意图

(a) 风路并联风机串联；(b) 风路串联风机并联

并联风机等效为一台风机，根据 J_1 和 J_2 的曲线，遵从"风压相等、风量相加"的原则，可作出并联后等效风机曲线 J_1+J_2。等效风路的风阻特性曲线与等效风机的特性曲线相交点即为该系统的工况点。

由于风路 R_1 与 R_2 串联，以工况点作风量坐标轴的垂直线，垂直线与 R_1、R_2 的交点（分别为 a、b）即为各自风路所对应的参数。交点 a、b 对应的风压即二者风路的各自风压，对应的风量即二者风路的风量，二者风路风量相等且等于总风量。

由于风机 J_1 与 J_2 并联，以工况点作风压坐标轴的垂直线，垂直线与 J_1、J_2 的交点（分别为 c、d）即为各自风机所对应的参数。交点 c、d 对应的风量即二者风机的各自风量，交点对应的风压即二者风机的风压，二者风路风压相等且等于总风压。

6.3.3　风机串联与并联工作比较

图 6-14 中的 Ⅰ、Ⅱ 和 Ⅲ 分别为两台同型号且风压特性曲线相同的风机个体特性曲线、串联合成特性曲线和并联合成特性曲线，R_1、R_2 和 R_3 分别为大小不同的风阻特性曲线。

假定风阻为 R_2 正好通过风机分别在串联和并联时合成特性曲线的交点 B，显然在该情况下，两台风机串联工作和并联工作增风效果相等，均为 ΔQ，并联工作时的风机的工况点为 M_1，串联工作时的风机的工况点为 M_2。从稳定性角度来看，并联时风机工作在较高压力区，若是轴流式风机则可能发生不稳定运转；从功率消耗的角度来看，若是离心式风机则并联功率消耗较小，若是轴流式风机，则因功率特性曲线的形状和工况点位置不同而异。

若工作风阻为 R_1，并联的工况点为 A，串联的工况点为 F，显然并联比串联的增风效果要好。

当工作风阻为 R_3 时，串联的工况点为 C，并联的工况点为 E，很明显，串联的增风效果较好。

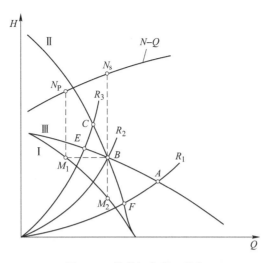

图 6-14　并联与串联工况点

选择风机联合运行时，不仅要考虑管网风阻对工况点的影响，而且还要考虑增风效果及风机的轴功率大小，进行全面分析比较。

综上所述，有如下结论；

（1）风机并联工作适用于管网风阻较小，但单个风机风量偏小而供风不足的情况。

（2）串联工作适合于管网风阻大，因风机风压不足而供风不满足要求的情况。

（3）轴流式风机在进行并联作业时，除要考虑联合运行的效果，还应进行稳定性分析。

6.4　通风系统风量风压调节

在通风网络中，风量的自然分配往往不能满足通风设计或作业地点的风量需求，因而需要对风量进行调节，尤其对于地下空间及地面隧道作业，随着生产的发展和变化，工作地点的推进和更替，通风风阻、网络结构及所需的风量均在不断变化，因此，需要及时进行风量调节。风量调节是移动性作业地点通风技术管理中一项经常性的工作，它对生产安全和节约通风能耗都有重大的影响。

通风风量调节的措施多种多样。从通风能量的角度看，可分为增能调节、耗能调节和节能调节。本节主要介绍这些不同的调节方法的原理与特点。

6.4.1　系统总风量调节

当系统风路总风量不足或过剩时，需调节总风量，采取的措施是改变主通风机的工作特性或改变风道风网的总风阻。

6.4.1.1　改变通风系统总风阻大小

改变通风系统总风阻大小包括降低风路总风阻、闸门调节增大风阻。

（1）降低风路总风阻。当风道总风量不足时，如果能降低风道总风阻，则不仅可增大风道总风量，而且可以降低风道总阻力。风道总风阻不仅与风道最大阻力路线上的风路的风阻有关，而且与风道所构成风网的结构有关。因此，降低风道总风阻，一方面应降低风路最大阻力路线上各风道的风阻，另一方面应改善风网的结构，尽量缩短最大阻力路线的长度，避免在主要风路上安装调节风窗或减小阀门开启度等。

（2）闸门调节法。它是指在总风道中安设调节闸门，通过改变闸门的开度大小来改变风机的总工作风阻，从而调节风机的工作风量。对于离心式风机，当风量过剩时，用总风道中的调节闸门增加风阻以降低风量，可减少电耗。这是因为离心式风机的功率特性曲线随风量减小而降低。对于轴流式风机，由于其功率特性曲线随风量减小而上升，因此一般不用增加风阻的方法降低风量。

6.4.1.2　改变主通风工作特性

通风机是通风的主要动力源，安装使用后的工作特性主要与风机转速、轴流式风机叶片安装角度和离心式风机前导器叶片角度等有关，因此，如第3章第五节所述，通过利用传动装置调速或改变电动机转速的方法改变主通风机的叶轮转速、改变离心式风机前导器叶片角度和改变轴流式风机叶片安装角度等措施，可以改变通风机的风压—风量特性曲线，从而达到调节通风机所在系统总风量的目的。

6.4.2　局部风量调节

局部风量调节是指在通风系统内部的部分风道中进行的风量调节。调节方法有减阻法、增阻法及增能调节法。

6.4.2.1　增阻调节法

增阻调节法是一种耗能调节法，它简便易行，是目前使用最普遍的局部调节风量的方法，它较多采用地下风道调节风窗或管道通风调节阀门等通风调节设施。

A　增阻调节的作用原理

如图 6-15（a）所示，在并联风路 I 分路中，O 点安装地下风道调节风窗或管道通风调节阀门后，由于风路中增加了风阻，使其风量减少。风量变化引起本分支和相邻分支压力分布改变。在图 6-15（b）中，aob 和 $a'codb'$ 分别为安装调节风窗或调节阀门前、后的压力坡度线，对比两者可见：通风调节设施使上风侧风流压能增加，下风侧风流压力降低，A 点风流压力增加，B 点风流压力降低，其增加和降低的幅度取决于风窗的阻力和该分支在网路中所处的地位；因风量减小，通风调节设施前后风路上的压力坡度线变缓（因风量减小）。因此，增阻调节实质是改变调压风路上的压力分布，达到调节某风路风压的目的，其应用是以本风路风量可以减少为前提条件的。

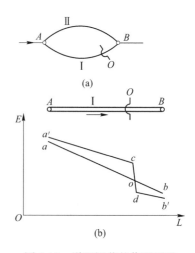

图 6-15　增阻调节的作用原理
（a）并联风路网络图；（b）I 风路压能图

B 增阻调节方法

地下风道调节方法通常是预先计算调节风窗开口断面积，然后调节风窗可滑移的窗板来改变窗口的面积，从而调节该处的局部阻力，以调节通风系统风道的风量。

管道通风的调节方法通常采用基准风口调整法和风量等比分配法调节风量至设计的要求。

（1）基准风口调整法。该方法调节步骤如下：第一，用风速仪测出所有风口的风量；第二，在每一支管上选取最初实测风量和设计风量的比值为最小的风口作为基准风口，一组一组地同时测定各支管上基准风口和其他风口的风量，借助三通调节阀，达到两风口的实测风量与设计风量的比值近似相等；最后将总干管上的风量调整到设计风量，各支管、各风口的风量即会自动进行等比分配，达到设计风量。这种方法有时要反复进行几次才能完成。采用这种方法时不需要打测孔，因此经常采用。

（2）风量等比分配法。此方法从系统的最不利管的风口开始，逐步调向通风机。利用两套仪器分别测量支管的风量，调节三通调节阀或支管调节阀的开启度，使两条支管的实测风量比值与设计风量比值相等，最后调整总风管的风量达到设计风量，这时各支管和干管的风量会按各自的比值进行分配，并符合设计的风量值。风量等比分配法比较准确，调试时间较省。但是要求每一管段上都要打测孔，有时还会因空间限制而难以做到，因而限制了它的应用。

C 增阻调节注意事项

增阻调节法具有简单、方便、易行、见效快等优点，但增阻调节法会增加风路总风阻，减少总风量，当调节风窗及管道通风调节阀门的设置地点不当时会影响通风调节效果。因此应当注意：

（1）在主干风路中增阻调节时必须考虑主通风机风量的变化，否则可能出现风量不能满足需要的情况。如图 6-16 所示的并联风网，J 为风机特性曲线，$R_1 \sim R_4$ 为阻力特性曲线，如在分支 1 中进行增阻调节，风机特性曲线 J 克服分支 3、4 的阻力后，其剩余（或称转移）特性曲线为 J'，对并联分支 1、2 工作。并联阻力特性曲线 R_{12} 与 J' 的交点为 M，风机实际工况点为 N，风机风量为 Q，1、2 分支分配的风量分别为 Q_1 和 Q_2。当 Q_2 不能满足需要时，增加分支 1 中的风阻至 R_1'，1、2 分支的并联阻力特性曲线为 R_{12}'，它与 J' 的交点为 M'，风机实际工况点为 N'，风机风量为 Q'，1、2 分支分配的风量分别为 Q_1' 和 Q_2'。

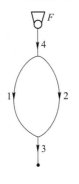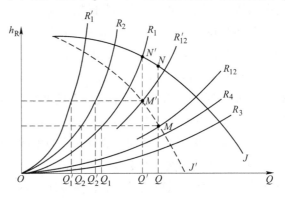

图 6-16 并联风网中增阻调节原理

由图可见，1 分支增阻后，风量减少 $\Delta Q_1 = Q_1 - Q_1'$，2 分支风量增加 $\Delta Q_2 = Q_2' - Q_2$，并且 $\Delta Q_2 < \Delta Q_1$；两者的差值等于风机风量在增阻调节前后的差值，即 $\Delta Q_1 - \Delta Q_2 = Q - Q'$。

（2）调节风窗及管道通风调节阀门应设置在适宜地点，否则会影响通风调节效果。一是在有漏风源或漏风汇附近的风路上安设调节风窗时，应将其设在漏风源的上风侧或漏风汇的下风侧；二是若在有并联漏风的风路上设置调节风窗时，其位置不应选择在漏风源与漏风汇之间。如图 6-17 所示为进行采矿通风的局部风路。下侧为进风风道，右侧为用风区域，上侧为回风风道，E 点为漏风汇。为减少采空区漏风，可采取安设调节风窗方法。在 ABC 风路上，B 点是漏风源，要在风路上设调节风窗时，应在设 AB 段，而不应该设在 BC 段，这样有利于降低 B 点压能。两种情况的对比参见图 6-18，可见在 BC 段增加调节风窗后，BE 之间的压能增加了，会导致漏风的增加，而 AB 段增加调节风窗，漏风则减弱。若欲在风路 DEF 上设置调节风窗时，应设在 EF 段风路上，而不应设在 DE 风路上。否则，会降低 E 点风压，增大采空区漏风压差。

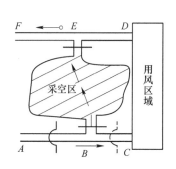

图 6-17 通风调节设施的位置变化

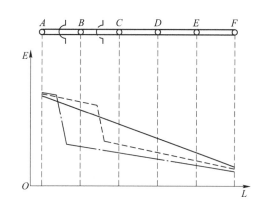

图 6-18 不同调节风窗位置对风流压能的影响

6.4.2.2 增能调节法

增能调节法主要是采用辅助通风机等增加通风能量的方法，增加局部地点的风量，通常在系统复杂的通风系统采用。增能调节的措施主要有：

（1）辅助通风机调节法。它是指在需要增加风量的支路安设辅助通风机的方法；即在需要调压的风路上安装带风门的通风机，利用通风机产生的增风增压作用，改变风路上的压力分布，达到调整风压目的。

如图 6-19 所示为通风机调压前后空气压力坡度线，不难看出，风机的上风侧（AJ 段）风流的空气压力降低，下风侧（JB 段）风流的压力增加，其降低和增加幅度随距风机的距离增大而减小；因风路上风量增加，故其压力坡度线变陡。

（2）利用自然风压调节法。少数风路通过改变进、回风路线，降低进风流温度，增加回风流的温度等方法，增大风路或局部的自然风压，达到增加风量的目的。

增能调节法的施工相对比较方便，并可增加风路总风量，同时可以减少风路主要通风

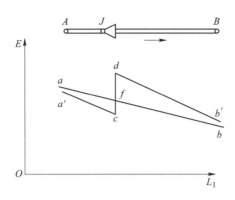

图 6-19　辅助通风机调节的作用原理

机能耗。但采用辅助通风机调节时设备投资较大，辅助通风机的能耗较大，且辅助通风机的安全管理工作比较复杂，安全性较差。增能调节法在金属矿上使用较多。

6.4.2.3　减阻调节法

减阻调节法是通过在风路中采取降阻措施，降低风路的通风阻力，从而增大与该风路处于同一通路中的风量，或减小与其并联通路上的风量。

减阻调节的措施主要有：扩大风道断面或增大阀门开启度；降低摩擦阻力系数；清除风道中的局部阻力物或更换局部设施；采用并联风路；缩短风流路线的总长度等。

减小通风系统阻力的减阻调节法与增阻调节法相反，可以降低风道总风阻，并增加风道总风量，但降阻措施的工程量和投资一般都较大，施工工期较长，所以，一般在通风系统结构老化、原有系统明显不合理或对通风系统进行较大的改造等情况下采用。另外，在通风生产实际中，对于通过风量大，风阻也大的风道，采取扩大断面、改变材质等减阻措施，往往效果明显。

6.4.3　风窗-风机联合调压的原理

使用风窗和风机联合调压时，有增压调节和降压调节两种。

（1）风窗-风机增压调节。所谓增压调节是指使两调压装置中间的风路上风流的压能增加。为此，风机安装在风窗的上风侧。增压调节又可分为风量不变和减少两种。

图 6-20（a）、（b）分别表示风量不变和风量减少时压力分布变化特点。其中图 6-20（a）中，风窗增加的阻力正好等于风机增加的风压，而图 6-20（b）中风窗增加的阻力大于风机增加的风压，导致系统的风量降低了，沿程阻力降低，风道单位长度上压能降低更少。

（2）风窗-风机联合降压调节。做降压调节时，风窗安装在上风侧，风机安装在下风侧。调压前后压能变化规律读者可根据图 6-20 做类似分析。

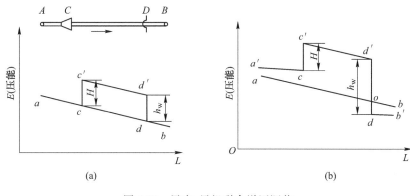

图 6-20　风窗-风机联合增压调节

（a）风量不变；（b）风量减少

6.5　局部通风系统类型及优缺点

隧道施工与地下巷道施工局部通风系统类型主要根据通风机工作方法进行分类，一般分为压入式、抽出式和混合式通风系统。地下巷道施工作业地点，习惯上称作掘进工作面。下面以地下巷道施工局部通风系统为例作介绍。

6.5.1　抽出式通风系统

地下巷道施工抽出式通风系统布置如图 6-21 所示。局部通风机安装在离施工巷道 10m 以外的回风侧。新风沿巷道流入，污风通过风筒由局部通风机抽出。风机工作时风筒吸口吸入空气的作用范围，称其为有效吸程。在巷道边界条件下，其一般计算式为：

$$L_e = 1.5\sqrt{S} \qquad (6-29)$$

式中　S——巷道断面积，m^2。

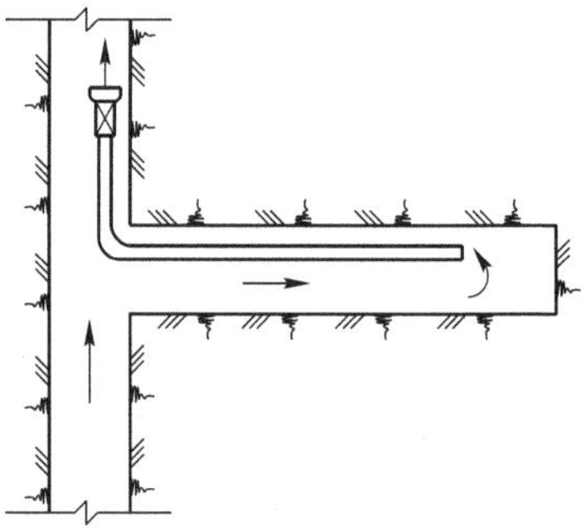

图 6-21　抽出式通风

实践证明，在有效吸程以外的独头巷道中会出现循环涡流区，只有当吸风口离工作面距离小于有效吸程 L_e 时，才有良好的吸出有害气体效果。理论和实践都证明，抽出式通风的有效吸程比压入式通风的有效射程要小。

6.5.2　压入式通风系统

压入式通风系统是地下巷道施工中采用最多的通风系统，其通风系统布置如图 6-22 所示，局部通风机及其附属装置安装在离巷道口 10~30m 以外的新鲜风流中，并将新鲜风流输送到施工作业地点，污风沿施工隧道或巷道排出。风筒出口至射流反向的最远距离称为射流有效射程，以 L_s 表示。在巷道边界条件下，一般有：

$$L_s = (4 \sim 5)\sqrt{S} \qquad (6-30)$$

式中　S——巷道断面积，m^2。

在有效射程以外的独头巷道中会出现循环涡流区。为了能有效地排出炮烟，风筒出口与工作面的距离应不超过有效射程。

压入式和抽出式通风系统的优缺点比较如下：

（1）抽出式通风时，新鲜风流沿巷道进入工作面，整个施工巷道空气清新，劳动环境好；压入式通风时，污风沿巷道缓慢排出，当掘进巷道越长，排污风速度越慢，受污染时间越久。这种情况在大断面长距离巷道施工中尤为突出。

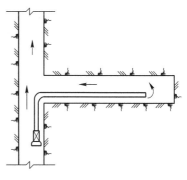

图 6-22　压入式通风

（2）压入式通风风筒出口风速和有效射程均较大，可防止有害气体层状积聚，且因风速较大而提高散热效果；抽出式通风有效吸程小，施工中难以保证风筒吸入口到工作面的距离在有效吸程之内，抽出式风量相对较少，工作面排污风所需时间长、速度慢。

（3）压入式通风可用柔性风筒，其成本低、质量轻，便于运输，而抽出式通风的风筒承受负压作用，必须使用刚性或带刚性骨架的可伸缩风筒，成本高，质量大，运输不便。

（4）压入式通风的局部通风机及其附属电气设备均布置在新鲜风流中，污风不通过局部通风机，安全性好；抽出式通风系统中的污风通过通风机，若作业地点含有爆炸性气体且通风机不具备防爆性能，则是非常危险的。

基于上述分析，当以排除有害气体为主的隧道与地下巷道施工时，应采用压入式通风；而当以排除粉尘为主的隧道与地下巷道施工时，宜采用抽出式通风。

6.5.3　混合式通风

混合式通风是压入式和抽出式两种类型的联合运用，其中，压入式通风机向开挖工作面吹送新鲜空气，抽出式通风机从开挖工作面吸出污染空气。其布置方式取决于开挖工作面空气中污染物的空间分布和相关机械的位置。按局部通风机和风筒的布设位置，分为长压短抽、长抽短压和长抽长压三种，长压短抽、长抽短压通风系统如图 6-23 所示。

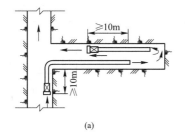
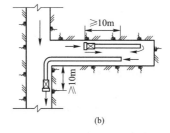

(a)　　　　　　　　　　　　　　　　　(b)

图 6-23　混合式通风
（a）长压短抽通风；（b）长抽短压通风

混合式通风兼有压入式和抽出式两者优点，是大断面长距离岩石施工通风的较好方式，其主要缺点是，降低了压入式与抽出式两列风筒重叠段巷道内的风量，当施工巷道断面大时，风速就更小，则此段巷道顶板附近易形成有害气体层状积聚。因此，两台风机之间的风量要合理匹配，以免发生循环风，并应使风筒重叠段内风速大于最低风速。

6.6　均匀送风与置换通风方式的原理

6.6.1　均匀送风原理

所谓均匀送风，是指通风系统的风管把等量的空气沿风管侧壁的成排孔口或短管均匀送出，如图 6-24 所示。均匀送风在上节的隧道通风的应用中已提到，在地面建筑压入式通风系统中也经常用到。

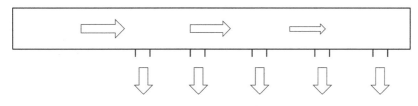

图 6-24　均匀送风示意图

空气在风管内流动时，其静压将产生垂直作用于管壁。根据流体力学理论，在风管内流动的空气遇到管壁开孔时，其静压差产生的流速为：

$$v_j = \sqrt{\frac{2h_j}{\rho}} \qquad\qquad (6\text{-}31)$$

根据动压的定义，容易变换得出空气在风管内的流速为：

$$v_d = \sqrt{\frac{2h_v}{\rho}} \qquad\qquad (6\text{-}32)$$

式中　h_j——风管内空气的静压；

$\quad\quad\ h_v$——风管内空气的动压。

如图 6-25 所示为管壁开孔后空气出流示意图，现设孔口实际流速为 v，孔口出流与风管轴线间的夹角为 α，则它们与孔口面积 f_0、孔口在气流垂直方向上的投影面积 f、静压差产生的流速 v_j 有如下关系：

$$\sin\alpha = \frac{v_j}{v} = \frac{f}{f_0}$$

于是，孔口出流流量为：

$$Q_0 = \mu f v = \mu f_0 v_j = \mu f_0 \sqrt{\frac{2h_j}{\rho}} \qquad (6\text{-}33)$$

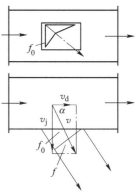

图 6-25　出风口空气出流图

式中　μ——侧孔的流量系数。

从式（6-33）可以看出，要使各侧孔的送风量保持相等，必须保证各侧孔的 $\mu f_0 \sqrt{h_j}$ 相等。要实现该条件，可以有下面两个途径。

6.6.1.1　保持各孔 $f_0\sqrt{h_j}$ 的和 μ 均相等

（1）各侧孔流量系数 μ 相等，必须使出流角 $\alpha > 60°$。

侧孔的流量系数 μ 与孔口形状、出流角 α 及孔口的相对流量 Q' 有关，孔口的相对流量为：

$$Q' = \frac{Q_0}{Q} \tag{6-34}$$

式中 Q——侧孔前风道内的流量。

如图 6-26 所示为出流角 α 与侧孔的流量系数 μ 关系的实测研究数据，它表明，在 $\alpha \geqslant 60°$、$Q' = 0.1 \sim 0.5$ 范围内，侧孔的流量系数 μ 可近似认为等于 0.6，而此时 v_j 和 v_d 存在如下关系：

$$v_j/v_d \geqslant 0.73 \tag{6-35}$$

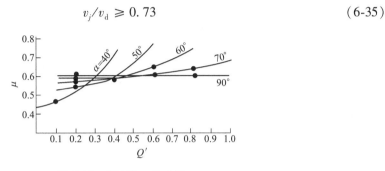

图 6-26 锐边孔口的产值

因此，要保证各侧孔流量系数 μ 相等，应使出流角 $\alpha \geqslant 60°$，即 $v_j/v_d \geqslant 0.73$。所以，在实际工程中，有时为了使空气出流方向垂直管道侧壁，可在孔口处装置垂直于侧壁的挡板，或把孔口改成短管。

（2）保持各侧孔 $f_0 \sqrt{h_j}$ 相等，可通过以下三种方法实现：

1）各侧孔孔口面积 f_0 相等，风管断面变化保持各侧孔静压 h_j 相等。设一送风风道，侧面上开有 n 个侧孔，如图 6-27 所示。在各侧孔孔口面积外相等情况下，截面 1—1 及 2—2 的能量方程为：

$$h_{j1} + h_{v1} = h_{j2} + h_{v2} + h_{1-2} \tag{6-36}$$

式中 h_{j1}，h_{j2}——分别表示 1—1 截面和 2—2 截面上的静压，Pa；

h_{v1}，h_{v2}——分别表示 1—1 截面和 2—2 截面上的动压，Pa；

h_{1-2} 表示 1—1 截面至 2—2 截面的通风阻力，单位为 Pa。

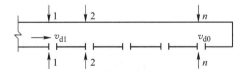

图 6-27 各侧孔面积和静压相等条件

由于要保持各侧孔处的静压相等，即 $h_{j1} = h_{j2}$，由式（6-36）可得：

$$h_{v1} - h_{v2} = h_{1-2} \tag{6-37}$$

同理，不难推得：

$$h_{v(i-1)} - h_{vi} = h_{(i-1)-i} \tag{6-38}$$

式（6-37）和式（6-38）表明，在设计均匀送风管道时，在各侧孔孔口面积 f_0 相等情况下，为保持各侧孔静压 h_j 相等，必须使所有两侧孔之间的动压差等于两侧孔间的通风阻力或压力损失，也即通风管道断面是变化的。

2）风管断面相等，各侧孔孔口面积 f_0 变化使得 $f_0\sqrt{h_j}$ 相等。在如图 6-27 所示的风道中，由于阻力不可能等于零，而风管断面相等时，$h_{v(i-1)}=h_{vi}$，1、2、…、n 断面的静压逐渐减少，则必须 $h_{j(i-1)}>h_{ji}$ 才能使等式成立，此时 $f_0h_{j(i-1)}>f_0h_{ji}$，因此，为保持 $f_0\sqrt{h_j}$ 相等，必须变化各侧孔孔口面积 f_0 的大小。

3）同时变化风管断面、各侧孔孔口面积 f_0，使得 $f_0\sqrt{h_j}$ 相等。

6.6.1.2　μ 随 $f_0\sqrt{h_j}$ 变化而变化

当送风管断面积和孔口面积 f_0 均不变时，$f_0\sqrt{h_j}$、h_j 用沿风管长度方向将产生变化，这时，可根据静压 h_j 变化，在侧孔口上设置不同的阻体，使不同的孔口具有不同的压力损失（即改变流量系数 μ），以满足各侧孔的 $\mu f_0\sqrt{h_j}$ 相等。

6.6.2　置换通风原理与特点

置换通风主要在地面建筑通风中使用，它最早是用在工业厂房，用以解决室内的污染物控制问题。下面分析置换通风原理与特点。

6.6.2.1　置换通风的原理

置换通风的工作原理如图 6-28 所示，主要利用空气密度差来形成室内由下而上的通风气流。置换通风器以较低的温度和速度从地板附近把空气送入室内后，因送新风的密度大于室内空气的密度，在重力作用下，送风下沉到地面并蔓延到全室，在地板上形成一薄薄的冷空气层（称之为空气湖）。而此时房间内的热源（人、电气设备等）在低温气流中会产生浮升气流（热烟羽），浮升气流会不断地卷吸室内的空气向上运动，空气湖中的新鲜空气受热源上升气流的卷吸作用、后续新风的推动作用及排风口的抽吸作用而缓缓上升，形成类似活塞流的向上单向流动，室内热浊的空气被后续的新鲜空气抬升到房间顶部并从设置在上部的排风口排出。

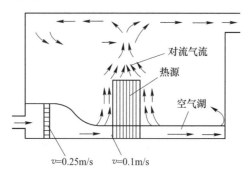

图 6-28　置换通风原理

在此过程中，在室内某一位置高度会出现浮升气流量与送风量相等的情况，即热分离层，如图 6-29 所示，使得浮升气流中的热量不再会扩散到下部的送风层内，在热分离层下部区域为单向流动区，并存在明显的垂直温度梯度和有害物浓度梯度，在热分离层上部气流为混合区，温度场和有害物浓度场则比较均匀，接近排风的温度和浓度。因此，只要保证热分离层高度位于人员工作区上方，就能保证人员处于相对清洁、新鲜的空气环境中，大大改善人员工作区的空气质量。

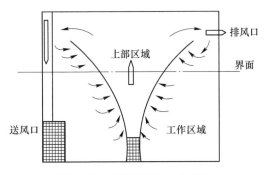

图 6-29　置换通风热力分离层

6.6.2.2　置换通风相关概念

从置换通风角度，通风的效果即通风换气效率，不仅与换气次数有关，且在很大程度上受气流组织影响，而气流分布特性是用室内某点的空气或全部空气被更新的时间为评价指标，由此就引出了空气质点的空气龄、局部平均空气龄和整个房间平均空气龄和通风换气效率的概念。

（1）空气质点的空气龄。是指新鲜空气质点自进入房间起至到达房间某一点所经历的时间。

（2）局部平均空气龄。局部平均空气龄是指同时到达空间某一微小区域（即某一空间点）的所有新鲜空气质点的空气龄的平均值。因同时到达某点的所有新鲜空气质点的空气龄各不相同，有长有短，新鲜空气质点在室内运动过程中会不断吸收有害物，新鲜程度下降，且局部平均空气龄短的点，空气吸收有害物的机会也少，换气能力强，因此，可以用局部平均空气龄来定义换气效率。

（3）整个房间平均空气龄。空气刚进入室内时，空气龄为零。所谓整个房间的平均空气龄，就是全室各点的局部平均空气龄的平均值。设置换室内现存空气的时间为 τ_y（即换气时间），考虑到工作区高度约为房间高度的一半，它应该是全室平均空气龄的 2 倍，即 $\tau_y = 2\bar{\tau}$。空气通过房间所需的最短时间 τ_n 是房间体积 V 与单位换气量 Q 之比，也称为时间常数，即 $\tau_n = \dfrac{V}{Q}$。

（4）换气效率。理论上最短的换气时间 τ_n 与实际所需单位换气量时间 τ_y 之比，称为换气效率 ε，即 $\varepsilon = \dfrac{\tau_n}{\tau_y} = \dfrac{\tau_n}{2\bar{\tau}}$。

6.6.2.3 置换通风的特点

置换通风以浮力控制为动力，在通风动力源、通风技术措施、气流分布等方面及最终的通风效果上存在一系列的差别，具有气流扩散浮力提升、温差小、低风速、送风紊流小、温度/浓度分层、空气品质接近于送风、送风区为层流区等特点。

（1）新鲜空气在室内的停留时间或空气龄是决定通风换气效率的主要因素，且工程效果也可以定量比较。

（2）置换通风使在其下部区域的空气单向向上流动，浮升气流中的热量、有害物不会扩散到下部的送风层内，故只要保证热分离层高度位于人员工作区上方，就能保证人员处于相对清洁、新鲜的空气环境中。

（3）置换通风以低功率的置换通风机在较低的温度和接近层流的风速条件下，从地板附近把空气送入室内为机械通风，进入室内后，利用空气密度差在室内形成由下而上的气流为自然通风，是一种热力控制室内气流分布的机械通风换气方式，通风机电耗小。

（4）由于热源引起的上升气流使热气流浮向房间的顶部，热分离层下部区域为单向流动区，在热分离层上部为气流混合区，因此，房间在垂直方向上形成温度梯度和有害物浓度梯度，即置换通风房间底部温度低，上部温度高，室内温度梯度形成了"脚寒头暖"的局面，有害物浓度上部高，下部低。

（5）混合通风是以消除整个空间负荷为目标。置换通风类似于自然通风，它以消除工作区域负荷为目标。

思考题及习题

6-1 简述风量平衡定律、风压平衡定律主要内容。

6-2 串联风路、并联风路各具有哪些特性？

6-3 图6-30所示的通风网络已知各风道通风阻力 $h_a = 150$、$h_b = 30$、$h_d = 100$、$h_f = 40$、$h_g = 70$（单位：Pa），各风道及气流出入口的流量 $Q_1 = 48$、$Q_5 = 25$、$Q_a = 30$、$Q_d = 10$、$Q_e = 15$、$Q_f = 5$、$Q_g = 12$（单位：m³/s），已知部分巷道的风流方向如图所示，求风道 c、e、h 的风流方向及阻力，求风道 b、c、h、2、3、4 的流量及出入口 2、4 的风流方向，并简要写出求解依据。

6-4 紊流粗糙区流动的角联风网中如何判别角联分支的风向？

6-5 通风机串联或并联时其工况点会如何变化？

6-6 图6-31中 R_1、R_2 分别为分支风路的风阻，J_1、J_2 分别为两风机的 h-Q 特性曲线，图6-31（a）为两风机并联带动两并联的风路，图6-31（b）为两风机串联带动两串联的风路。请通过作图的方法，在坐标轴上找出两风路各自实际的通风阻力 h_{R_1}、h_{R_2} 和风量 Q_{h_1}、Q_{h_2}，以及两风机各自实际的风压 h_{J_1}、h_{J_2} 和风量 Q_{J_1}、Q_{J_2}。

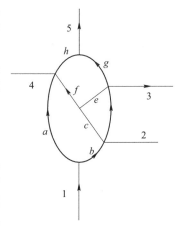

图6-30 某通风网络示意图

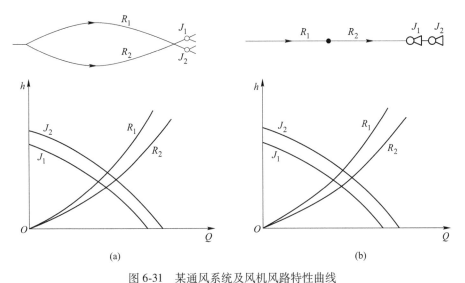

图 6-31　某通风系统及风机风路特性曲线

（a）两风机并联带动两并联的风路；（b）两风机串联带动两串联的风路

6-7　简述在通风风路中进行增阻调节的作用原理及其管道通风的调节方法。

6-8　根据均匀送风管道的设计原理，说明下列三种结构形式为什么能达到均匀送风？在设计原理上有何不同？1）风管断面尺寸改变，送风口面积保持不变；2）风管断面尺寸不变，送风口面积改变；3）风管断面尺寸和送风口面积都不变。

6-9　与传统的混合通风相比，置换通风有什么优点？

第二篇 除 尘

7 粉尘及其性质

▶▶

本章学习目标

  1. 掌握粉尘基本参数、性质及其危害;

  2. 熟悉粉尘爆炸特性及防治技术措施;

  3. 理解含尘气流中粉尘的分离机理。

▶▶

7.1 粉 尘 特 性

7.1.1 粉尘基本参数与性质

7.1.1.1 粉尘的概念及来源

粉尘泛指因机械过程(如破碎、筛分、运输等)和物理化学过程(如冶炼、燃烧、金属焊接)而产生的、粒径一般在1mm以下的微细固体颗粒。其中,因物理化学过程而产生的微细粒子又称为烟尘。

粉尘的来源主要有以下几个方面:一是固体物料的机械破碎和研磨,例如采矿、选矿、耐火材料车间的矿物质破碎过程和各种研磨加工过程;二是粉状物料的混合、筛分、包装及运输,例如水泥、面粉等的生产和运输过程;三是物质的燃烧,例如煤燃烧时产生的烟尘量,占燃煤量10%以上;四是物质被加热时产生的蒸气在空气中的氧化和凝结,例如矿石烧结、金属冶炼等过程中产生的锌蒸气,在空气中冷却时,会凝结、氧化成氧化锌固体微粒。在采矿、冶金、机械、建材、轻工、电力等许多工业部门的生产中均会产生大量粉尘。

7.1.1.2 粉尘的分类

粉尘可以根据许多特征进行分类。与通风除尘有关的一些常用分类方法,主要有以下几种:

（1）按粉尘的成分可分为无机粉尘、有机粉尘和混合性粉尘。无机粉尘包括矿物性粉尘（如石英尘、滑石粉尘、煤尘等）、金属粉尘（如铁尘、锡尘、铝尘等）和人工无机性粉尘（如金刚砂尘、水泥尘、耐火材料尘等）。有机粉尘包括动物性粉尘（如皮革尘、骨质尘等）、植物性粉尘（如棉尘、亚麻尘、谷物尘等）和人工有机粉尘（如塑料粉末尘、合成纤维尘、有机玻璃尘等）。混合性粉尘是指包括数种粉尘的混合物，大气中的粉尘通常都是混合性粉尘。

（2）按粉尘的颗粒大小可分为可见粉尘、显微粉尘和超显微粉尘。可见粉尘是指粒径大于 $10\mu m$、用眼睛可以分辨的粉尘。显微粉尘是指粒径为 $0.25\sim10\mu m$，在普通显微镜下可以分辨的粉尘。超显微粉尘是指径粒小于 $0.25\mu m$，在超倍显微镜或电子显微镜下才可以分辨的粉尘。工程技术中有时用到超微米粉尘（亚微米粉尘）一词，指的是粒径在 $1\mu m$ 以下的粉尘。

（3）从卫生学角度可分为全尘和呼吸性粉尘。全尘是指悬浮于空气中粉尘的总量，也称总粉尘。呼吸性粉尘是指由于呼吸作用能进入人体肺泡并沉积在肺泡内的粉尘，其颗粒直径一般小于 $5\mu m$。

（4）按有无爆炸性可分为爆炸性粉尘和无爆炸性粉尘。爆炸性粉尘是指经过粉尘爆炸性鉴定，确定本身能发生爆炸和传播爆炸的粉尘，如煤尘、硫黄粉尘。无爆炸性粉尘是指经过粉尘爆炸性鉴定，确定不能发生爆炸和传播爆炸的粉尘，如石灰石粉尘、水泥粉尘。

（5）按粉尘的存在状态，可分为浮尘和落尘。浮尘是指悬浮在空气中的粉尘，也称飘尘，落尘是指沉积在器物表面、地面及有限空间四周的粉尘，也称积尘。浮尘和落尘在不同的条件下可相互转化。

7.1.2　粉尘的主要物理参数

7.1.2.1　个体粉尘粒径

球形尘粒是用其直径（粒径）来表示其大小的，非球形粒子一般也用"粒径"来衡量其大小，然而此时的粒径有不同的含义。一般来说有三种形式的粒径：几何当量径、投影径和物理当量径。

（1）几何当量直径。它是指取粉尘的某一几何量相同时的球形粒子的直径。例如，等投影面积径 d_A 是指与粉尘的投影面积相同的某一圆面积的直径；等体积径 d_v 是指与粉尘体积相同的某一圆球的直径；等表面积径 d_s 是指与尘粒的外表面积相同的某一圆球的直径。

（2）投影径。它是指尘粒在显微镜下所观察到的粒径，有定向径、长径、短径、面积等分径等表示方法。定向径是指尘粒投影面上两平行切线之间的距离。面积等分径是指将粉尘的投影面积二等分的直线长度，通常采用等分线与底边平行。长径是指不考虑方向的最长径。短径是指不考虑方向的最短径。

（3）物理当量直径。物理当量直径是指取尘粒的某一物理量相同时的球形粒子的直径。例如，阻力径 d_d 是指在相同黏性、速度的含尘气体中粉尘所受到的阻力与圆球受到的阻力相同时的圆球直径；空气动力径 d_a 是指静止的空气中尘粒的沉降速度与密度为 $1g/cm^3$

的圆球的沉降速度相同时的圆球直径，PM2.5、PM10 分别指空气动力学直径小于 0.25μm、10μm 的颗粒。

不同的粒径测试方法得出不同概念的粒径，例如，用显微镜法测得的是投影径，而用光散射法测定时为等体积径等。

7.1.2.2　粉尘平均粒径和中位径

粉尘的平均粒径包括：（1）粉尘直径的总和除以粉尘的颗粒数得出的算术平均径；（2）各粉尘的体积（重量）的总和除以粉尘的颗粒数得出的体积（或重量）平均径；（3）粉尘表面积的总和除以粉尘的颗粒数得出的平均表面积径；（4）n 个粉尘粒径的连乘积的 n 次方根得出的几何平均径。粉尘的中位径包括个体粉尘粒径从小到大排列计数中序列为总数量或质量 1/2 的个体粉尘粒径值即计数中位径或质量中位径。

7.1.2.3　粉尘的物理性质

粉尘物理性质包括粉尘的密度、安息角与滑动角、比表面积、含水率、润湿性、荷电性和导电性、黏附性，及自燃性和爆炸性等。

A　粉尘的密度

单位体积粉尘的质量称为粉尘的密度，单位为 kg/m³ 或 g/m³。若所指的粉尘体积不包括粉尘颗粒之间和颗粒内部的空隙体积，而是粉尘自身所占的真实体积，则以此真实体积求得的密度称为粉尘的真密度，并以 ρ_p 表示。固体磨碎所形成的粉尘，在表面未氧化时，其真密度与母料密度相同。呈堆积状态存在的粉尘（即粉体），它的堆积体积包括颗粒之间和颗粒内部的空隙体积，以此堆积体积求得的密度称为粉尘的堆积密度，并以 ρ_b 表示。可见，对同一种粉尘来说，$\rho_b \leqslant \rho_p$。如粉煤燃烧产生的飞灰颗粒含有熔凝的空心球（煤泡），其堆积密度 ρ_b 约为 1700kg/m³，真密度 ρ_p 约为 2200kg/m³。

若将粉体颗粒间和内部空隙的体积与堆积粉体的总体积之比称为空隙率，用 ε 表示，则空隙率 ε 与 ρ_b 和 ρ_p 之间的关系为：

$$\rho_b = (1 - \varepsilon)\rho_p \tag{7-1}$$

对于一定种类的粉尘，其真密度为一定值，堆积密度则随空隙率 ε 而变化。空隙率 ε 与粉尘的种类、粒径大小及充填方式等因素有关。粉尘愈细，吸附的空气愈多，ε 值愈大；充填过程加压或进行振动，ε 值减小。

粉尘的真密度用在研究尘粒在气体中的运动、分离和去除等方面，堆积密度用在贮仓或灰斗的容积确定等方面。几种工业粉尘的真密度和堆积密度列于表 7-1 中。

表 7-1　几种工业粉尘的真密度与堆积密度

粉尘名称或来源	真密度 /g·m⁻³	堆积密度 /g·m⁻³	粉尘名称或来源	真密度 /g·m⁻³	堆积密度 /g·m⁻³
精制滑石粉（1.5~45μm）	2.70	0.70	硅砂粉（105μm）	2.63	1.55
滑石粉（1.6μm）	2.75	0.53~0.62	硅砂粉（30μm）	2.63	1.45
滑石粉（2.7μm）	2.75	0.56~0.66	硅砂粉（8μm）	2.63	1.15
滑石粉（3.2μm）	2.75	0.59~0.71	硫化矿熔炉	4.17	0.53

粉尘名称或来源	真密度 /g·m⁻³	堆积密度 /g·m⁻³	粉尘名称或来源	真密度 /g·m⁻³	堆积密度 /g·m⁻³
水泥干燥窑	3.0	0.6	炼焦备煤	1.4~1.5	0.4~0.7
水泥生料粉	2.76	0.29	焦炭	2.08	0.4~0.6
硅酸盐水泥（0.7~91μm）	3.12	1.50	石墨	2	约0.3
铸造砂	2.7	1.0	造纸黑液炉	3.1	0.13
硅砂粉（0.5~72μm）	2.63	1.26	重油锅炉	1.98	0.2
煤粉锅炉	2.15	1.20	炭黑	1.85	0.04
电炉	4.50	0.6~1.5	烟灰	2.15	1.2
炼铁高炉	3.31	1.4~1.5	骨料干燥炉	2.9	1.06

B　粉尘的安息角和滑动角

粉尘从漏斗连续落到水平面上，自然堆积成一个圆锥体，圆锥体母线与水平面的夹角称为粉尘的安息角，也称动安息角或堆积角等，一般为 35°~55°。

粉尘的滑动角系指自然堆放在光滑平板上的粉尘，随平板作倾斜运动时，粉尘开始发生滑动时的平板倾斜角，也称静安息角，一般为 40°~55°。

粉尘的安息角与滑动角是评价粉尘流动特性的一个重要指标。安息角小的粉尘，其流动性好；安息角大的粉尘，其流动性差。粉尘的安息角与滑动角是设计除尘器灰斗（或粉料仓）的锥度及除尘管路或输灰管路倾斜度的主要依据。

影响粉尘安息角和滑动角的因素主要有：粉尘粒径、含水率、颗粒形状、颗粒表面光滑程度及粉尘黏性等。对同一种粉尘，粒径越小，安息角越大，这是由于细颗粒之间黏附性增大的缘故；粉尘含水率增加，安息角增大；表面越光滑和越接近球形的颗粒，安息角越小。

C　粉尘的比表面积

粉状物料的许多理化性质，往往与其表面积大小有关，细颗粒表现出显著的物理、化学活性。例如，通过颗粒层的流体阻力，会因细颗粒表面积增大而增大；氧化、溶解、蒸发、吸附、催化及生理效应等，都因细颗粒表面积增大而被加速，有些粉尘的爆炸性和毒性，随其粒径的减小而增加。

粉尘的比表面积定义为单位体积（或质量）粉尘所具有的表面积。以粉尘自身体积（即净体积）为基准表示的比表面积 S_V，用显微镜法测得的定义为：

$$S_V = \frac{\overline{S}}{\overline{V}} = \frac{6}{\overline{d}_{sv}} \tag{7-2}$$

式中　$\overline{S}$——粉尘的平均表面积，cm^2；

$\overline{V}$——粉尘的平均净体积，cm^3；

$\overline{d}_{sv}$——粉尘的表面积-体积平均粒径，cm。

以粉尘质量为基准表示的比表面积则为：

$$S_m = \frac{\overline{S}}{\rho_p \overline{V}} = \frac{6}{\rho_p \overline{d}_{sv}} \qquad (7-3)$$

式中 ρ_p ——粉尘真密度，g/cm^3。

以堆积体积为基准表示的比表面积 S_b 应为：

$$S_b = \frac{\overline{S}(1-\varepsilon)}{\overline{V}} = (1-\varepsilon)S_V = \frac{6(1-\varepsilon)}{\overline{d}_{sv}} \qquad (7-4)$$

粉尘的比表面积值的变化范围很广，大部分烟尘在 1000cm^2/g（粗烟尘）到 10000cm^2/g（细烟尘）的范围内变化。

D 粉尘的含水率

粉尘中一般均含有一定的水分，它包括附着在颗粒表面上的和包含在凹坑处与细孔中的自由水分，以及紧密结合在颗粒内部的结合水分。化学结合的水分，如结晶水等作为颗粒的组成部分，不能用干燥的方法除掉，否则将破坏物质本身的分子结构，因而不属于粉尘水分的范围。干燥作业时可以去除自由水分和一部分结合水分，其余部分作为平衡水分残留，其数量随干燥条件变化而变化。

粉尘中的水分含量，一般用含水率表示，是指粉尘中所含水分质量与粉尘总质量（包括干粉尘与水分）之比。

粉尘含水率的大小，会影响到粉尘的其他物理性质，如导电性、黏附性、流动性等，所有这些在设计除尘装置时都必须加以考虑。

粉尘的含水率，与粉尘的吸湿性即粉尘从周围空气中吸收水分的能力有关。若尘粒能溶于水，则在潮湿气体中尘粒表面会形成溶有该物质的饱和水溶液。如果溶液上方的水蒸气分压小于周围气体中的水蒸气分压，该物质将从气体中吸收水蒸气，这就形成了吸湿现象。对于不溶于水的尘粒，吸湿过程开始是尘粒表面对水分子的吸附，然后是在毛细力和扩散力作用下逐渐增加对水分的吸收，一直继续到尘粒上方的水蒸气分压与周围气体中的水蒸气分压相平衡为止。气体的每一相对湿度，都相应于粉尘的一定的含水率，后者称为粉尘的平衡含水率。

E 粉尘的润湿性

粉尘颗粒与液体接触后能否相互附着或附着难易程度的性质称为粉尘的润湿性。当尘粒与液体接触时，如果接触面能扩大而相互附着，则称为润湿性粉尘；如果接触面趋于缩小而不能附着，则称为非润湿性粉尘。粉尘的润湿性与粉尘的种类、粒径和形状、生成条件、组分、温度、含水率、表面粗糙度及荷电性等性质有关。例如，水对飞灰的润湿性要比对滑石粉好得多；球形颗粒的润湿性比形状不规则表面粗糙的颗粒差；粉尘越细，润湿性越差，如石英的润湿性虽好，但粉碎成粉末后润湿性将大为降低。粉尘的润湿性随压力的增大而增大，随温度的升高而下降。粉尘的润湿性还与液体的表面张力及尘粒与液体之间的黏附力和接触方式有关。例如，酒精、煤油的表面张力小，对粉尘的润湿性就比水好。某些细粉尘，特别是粒径在 1μm 以下的粉尘，很难被水润湿，是由于尘粒与水滴表面均存在一层气膜，只有在尘粒与水滴之间具有较高相对运动速度的条件下，水滴冲破这层气膜，才能使之相互附着凝并。

粉尘的润湿性可以用液体对试管中粉尘的润湿速度来表征。通常取润湿时间为 20min，测出此时的润湿高度 L_{20}(mm)，于是润湿速度为：

$$v_{20} = \frac{L_{20}}{20} \tag{7-5}$$

按润湿速度作为评定粉尘润湿性的指标，可将粉尘分为四类（见表 7-2）。

表 7-2　粉尘对水的润湿性

粉尘类型	I	II	III	IV
润湿性	绝对憎水<0.5	憎水	中等亲水	强亲水
$v_{20}/\text{mm} \cdot \text{min}^{-1}$		0.5~2.5	2.5~8.0	>8.0
粉尘举例	石蜡、聚四氟乙烯、沥青	石墨、煤、硫	玻璃微珠、石英	锅炉飞灰、钙

粉尘的润湿性是选用湿式除尘器的主要依据。对于润湿性好的亲水性粉尘（中等亲水、强亲水），可以选用湿式除尘器净化；对于润湿性差的憎水性粉尘，则不宜采用湿法除尘。

F　粉尘的荷电性和导电性

a　粉尘的荷电性

天然粉尘和工业粉尘几乎都带有一定的电荷（正电荷或负电荷），也有中性的。使粉尘荷电的因素很多，诸如电离辐射、高压放电或高温产生的离子或电子被颗粒所捕获，固体颗粒相互碰撞或它们与壁面发生摩擦时产生的静电。此外，粉尘在它们的产生过程中就可能已经荷电，如粉体的分散和液体的喷雾都可能产生荷电的气溶胶。

粉尘荷电后，将改变其某些物理特性，如凝聚性、附着性及其在气体中的稳定性等，同时对人体的危害也将增强。粉尘带的电荷随温度增高、表面积增大及含水率减小而增加，还与其化学组成等有关。粉尘的荷电在除尘中有重要作用，如电除尘器就是利用粉尘荷电而除尘的，在袋式除尘器和湿式除尘器中也可利用粉尘或液滴荷电来进一步提高对细尘粒的捕集性能。实际中，由于粉尘天然带的电荷很小，并且有两种极性，所以一般多采用高压电晕放电等方法来实现粉尘荷电。

b　粉尘的导电性

粉尘的导电性通常用电阻率（也称为电阻系数、比电阻）来表示：

$$\rho_{\text{d}} = \frac{U}{J\delta} \tag{7-6}$$

式中　U——通过粉尘层的电压，V；

　　　J——通过粉尘层的电流密度，A/cm^2；

　　　δ——粉尘层的厚度，cm。

粉尘的导电机制有两种，取决于粉尘、气体的温度和组成成分。在高温（一般在200℃以上）范围内，粉尘层的导电主要靠粉尘本体内部的电子或离子进行。这种本体导电占优势的粉尘电阻率称为体积电阻率。在低温（一般在100℃以下）范围内，粉尘的导电主要靠尘粒表面吸附的水分或其他化学物质中的离子进行。这种表面导电占优势的粉尘电阻率称为表面电阻率。在中间温度范围内，两种导电机制皆起作用，粉尘电阻率是表面和体积电阻率的合成。图 7-1 是粉尘电阻率与温度关系的典型曲线。

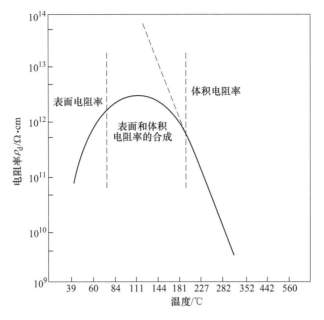

图 7-1　粉尘电阻率与温度关系的典型曲线

　　在高温范围内，粉尘电阻率随温度升高而降低，其大小取决于粉尘的化学组成。例如，具有相似组成的燃煤锅炉飞灰，电阻率随飞灰中钠或锂的含量增加而降低（图7-2）。在低温范围内，粉尘电阻率随温度的升高而增大，还随气体中水分或其他化学物质（如 SO_3）含量的增加而降低。在中间温度范围内，两种导电机制皆较弱，因而粉尘电阻率达到最大值。

　　粉尘电阻率对电除尘器的运行有很大影响，最适于电除尘器运行的电阻率范围为 $10^4 \sim 10^{10} \Omega \cdot cm$。当粉尘电阻率值超出这一范围时，则需采取措施进行调节。

　　G　粉尘的黏附性

　　粉尘颗粒附着在固体表面上，或者颗粒彼此相

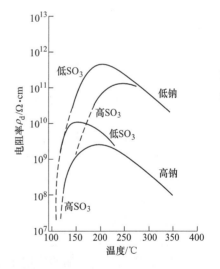

图 7-2　锅炉飞灰电阻率关系曲线

互附着的现象称为黏附。后者也称为自黏。附着的强度，即克服附着现象所需要的力（垂直作用于颗粒重心上）称为黏附力。

　　粉尘的黏附是一种常见的实际现象。例如，如果没有黏附，降落到地面上的粉尘就会连续地被气流带回到大气中，而达到很高的浓度。就气体除尘而言，一些除尘器的捕集机制是依靠施加捕集力以后尘粒在捕集表面上的黏附。但在含尘气体管道和净化设备中，又要防止粉尘在壁面上的黏附，以免造成管道和设备的堵塞。

　　粉尘颗粒之间的黏附力分为三种（不包括化学黏合力）：分子力（范德华力）、毛细力和静电力（库仑力）。三种力的综合作用形成粉尘的黏附力。通常采用粉尘层的断裂强

度作为表征粉尘自黏性的基本指标。在数值上断裂强度等于粉尘层断裂所需的力除以其断裂的接触面积。根据粉尘层的断裂强度大小，将各种粉尘分成四类：不黏性、微黏性、中等黏性和强黏性。各类粉尘的断裂强度指标及粉尘举例示于表7-3中。

表7-3　各类粉尘的断裂强度指标及粉尘举例

分类	粉尘性质	断裂强度/Pa	举例
I	不黏性	<60	干矿渣粉、石英粉（干砂）、干黏土
II	微黏性	60~300	含有未燃烧完全产物的飞灰、焦粉、干镁粉、页岩灰、干滑石粉、高炉灰、炉料粉
III	中等黏性	300~600	完全燃尽的飞灰、泥煤粉、泥煤灰、湿镁粉、金属粉、黄铁矿粉、氧化铅、氧化锌、氧化锡、干水泥、炭黑、干牛奶粉、面粉、锯末
IV	强黏性	>600	潮湿空气中的水泥、石膏粉、雪花石膏粉、熟料灰、含钠的盐、纤维尘（石棉、棉纤维、毛纤维）

以上的分类是有条件的，粉尘的受潮或干燥，都将影响粉尘颗粒间的各种力的变化，从而使其黏性发生很大变化。此外，粉尘的粒径大小、形状规则程度、表面粗糙程度、润湿性好坏及带电荷大小等皆对粉尘黏附性有重要影响。例如，实验研究表明，黏附力与颗粒粒径成反比关系，当粉尘中含有60%~70%小于10μm的粉尘时，其黏性会大大增加。

H　粉尘的自燃性和爆炸性

a　粉尘的自燃性

粉尘的自燃是指粉尘在常温下存放过程中自然发热，此热量经长时间的积累，达到该粉尘的燃点而引起燃烧的现象。粉尘自燃的原因在于自然发热，并且产热速率超过物系的排热速率，使物系热量不断积累所致。

引起粉尘自然发热的原因有：1）氧化热，即因吸收氧而发热的粉尘，包括金属粉类（锌、铝、锆、锡、铁、镁、锰等及其合金的粉末），碳素粉末类（活性炭、木炭、炭黑等），其他粉末（胶木、黄铁矿、煤、橡胶、原棉、骨粉、鱼粉等）；2）分解热，因自然分解而发热的粉尘，包括漂白粉、亚硫酸钠、乙基黄原酸钠、硝化棉、赛璐珞等；3）聚合热，因发生聚合而发热的粉料，如丙烯腈、异戊间二烯、苯乙烯、异丁烯酸盐等；4）发酵热，因微生物和酶的作用而发热的物质，如干草、饲料等。

各种粉尘的自燃温度相差很大。某些粉尘的自燃温度较低，如黄磷、还原铁粉、还原镍粉、烷基铝等，由于它们同空气的反应活化能极小，所以在常温下暴露于空气中就可能直接起火。

粉尘自燃除了取决于粉尘本身的结构和物理化学性质外，还取决于粉尘的存在状态和环境。处于悬浮状态的粉尘的自燃温度要比堆积状态粉体的自燃温度高很多。悬浮粉尘的粒径越小、比表面积越大、浓度越高，越易自燃。堆积粉体较松散、环境温度较低、通风良好，就不易自燃。

b　粉尘的爆炸性

根据可燃粉尘的爆炸特性，可将其分为两大类：即活性粉尘和非活性粉尘。其基本区别是：活性粉尘本身含氧，如火炸药和烟火剂粉尘，故是否有含氧气体并不是其发生爆炸的必要条件，它在惰性气体中也可爆炸，而在活性粉尘的浓度与爆炸特性的关系中表现出不存在浓度上限的情形；非活性粉尘是典型的燃料，如金属、煤、粮食、塑料及纤维粉尘等，本身不含氧，故只有分散在含氧的气体中（如空气）时才有可能发生爆炸。本书主要介绍非活性粉尘爆炸的相关内容。

粉尘只有在一定范围内才能引起爆炸。能够引起粉尘爆炸的最低可燃物浓度，称为爆炸浓度下限；最高可燃物浓度，称为爆炸浓度上限。在可燃物浓度低于爆炸浓度下限或高于爆炸浓度上限时，均无爆炸危险。由于上限浓度值过大（如糖粉在空气中的爆炸浓度上限为 $13.5kg/m^3$），在多数场合下都达不到，故实际意义不大。

有些粉尘与水接触后会引起自燃或爆炸，如镁粉、碳化钙粉等；有些粉尘互相接触或混合后也会引起爆炸，如溴与磷、锌粉与镁粉等。

7.2　尘　肺　病

7.2.1　尘肺病及其发病机理

肺尘埃沉着病是生产作业人员的职业病，也称为尘肺病。作业人员一旦患上肺尘埃沉着病就很难彻底治愈，又因其发病缓慢，得病后容易引起结核，形成合并结核，促使肺尘埃沉着病恶化，加速患者的死亡。肺尘埃沉着病不仅给患者造成巨大的病痛，而且大大缩短了患者的生命周期，因此，在工业生产过程中应采取有效措施，更好地预防肺尘埃沉着病的发生。

尘肺病的发病机理至今尚未完全研究清楚。关于尘肺病的形成的论点和学说有多种。

进入人体呼吸系统的粉尘大体上经历以下四个过程：

（1）在上呼吸道的咽喉、气管内，含尘气流由于沿程的惯性碰撞作用使大于 $10\mu m$ 的尘粒首先沉降在其内。经过鼻腔和气管黏膜分泌物黏结后形成痰排出体外。

（2）在上呼吸道的较大支气管内，通过惯性碰撞及少量的重力沉降作用，使 $5\sim10\mu m$ 的尘粒沉积下来，经气管、支气管上皮的纤毛运动，咳嗽随痰排出体外。

因此，真正进入下呼吸道的粉尘，其粒度均小于 $5\mu m$，目前比较一致的看法是：空气中 $5\mu m$ 以下的矿尘是引起尘肺病的有害部分。

（3）在下呼吸道的细小支气管内，由于支气管分支增多，气流速度减慢，使部分 $2\sim5\mu m$ 的尘粒依靠重力沉降作用沉积下来，通过纤毛运动逐级排出体外。

（4）粒度为 $2\mu m$ 左右的粉尘进入呼吸性支气管和肺内后，一部分可随呼气排出体外；另一部分沉积在肺泡壁上或进入肺内，残留在肺内的粉尘仅占总吸入量的2%以下。残留在肺内的尘粒可杀死肺泡，使肺泡组织形成纤维病变出现网眼，逐步失去弹性而硬化，无法担负呼吸作用；使肺功能受到损害，降低了人体抵抗能力，并容易诱发其他疾病，如肺结核、肺心病等。在发病过程中，由于游离的 SiO_2 表面活性很强，加速了肺组织的死亡。因此硅肺病（又称矽肺病）是各种尘肺病中发病期最短、病情发展最快也最为严重的一种。

7.2.2　尘肺病的分类

根据职业病标准，尘肺病分为以下类型：

（1）矽肺：在生产过程中长期吸入含有游离二氧化硅粉末而引起的以肺纤维化为主的疾病称为矽肺。矽肺发病一般较慢，多在持续吸入矽尘5~10年发病，有的长达15~20年及以上。但持续吸入高浓度的矽尘，有的1~2年内即可发病，称之为"速发型矽肺"。

有的矽尘作业工人吸入矽尘浓度高、时间短，接尘期间未见发病，但在脱离矽尘作业若干年后却发现矽肺，称之为"晚发型矽肺"。矽肺的基本病理变化是肺部进行性、结节性纤维化及弥漫性肺间质纤维化。

（2）煤工尘肺：煤矿工人肺内以煤尘的积沉，并引起的肺内组织反应的一种尘肺，是煤炭生产中影响劳动力、威胁矿工健康的一种最普遍、最严重的职业病。

（3）石墨尘肺：石墨是自然界存在的单质碳，按其生成来源，可分为天然石墨和人造石墨。石墨尘肺是长期吸入石墨粉尘所引起的一种尘肺，多发生于石墨工厂的工人。

（4）炭黑尘肺：长期吸入炭黑粉尘所致的尘肺。患者可有气短、胸痛、咳嗽、咳痰等症状。

（5）石棉肺：在硅酸盐尘肺中，石棉肺危害较严重。其临床表现主要为慢性支气管炎、肺气肿及肺硬化综合症候群，患者常有咳嗽、气短、劳动时加重。

（6）滑石尘肺：滑石矿开采、滑石粉加工等作业工人在滑石开采、加工、使用过程中，长期吸入滑石粉尘而引起的肺部广泛纤维化病变的一种尘肺。

（7）水泥尘肺：水泥尘肺是一种病变较轻的硅酸盐尘肺。患者可有气短、胸痛、咳嗽、咳痰等症状。

（8）云母尘肺：长期吸入纯云母粉尘引起的一种尘肺。临床表现与矽肺相似，主要为气短、咳嗽、咳痰、胸痛、胸闷。

（9）陶工尘肺：陶工尘肺为陶瓷制造和黏土采矿工人所患尘肺。

（10）铝尘肺：长期吸入铝、铝合金、氧化铝粉尘引起的一种尘肺。

（11）电焊工尘肺：由于长期吸入电焊时产生的烟、尘所引起的尘肺病，是一种混合性尘肺。

（12）铸工尘肺：是机械制造业的铸造工人长期吸入高浓度的生产性粉尘而引起的一种尘肺，以病变进展较缓慢为其特点。

（13）根据《职业性尘肺病的诊断》（GBZ 70—2015）和《职业性尘肺病的病理诊断》（GBZ 25—2014）可以诊断的其他尘肺。

7.2.3　尘肺病的发病症状

尘肺病的发展有一定的过程，轻者影响劳动生产力，严重时丧失劳动能力，甚至死亡。这一发展过程是不可逆转的，因此要及早发现，及时治疗，以防病情加重，从自觉症状上，尘肺病分为三期：

第一期，重体力劳动时，呼吸困难、胸痛、轻度干咳。

第二期，中等体力劳动或正常工作时，感觉呼吸困难，胸痛、干咳或带痰咳嗽。

第三期，做一般工作甚至休息时，也感到呼吸困难、胸痛、连续带痰咳嗽，甚至咯血和行动困难。

7.2.4 影响尘肺病的发病因素

（1）粉尘粒径及分散度。肺尘埃沉着病变主要是发生在肺脏的最基本单元即肺泡内。粉尘粒径不同，对人体的危害性也不同。粒径 $5\mu m$ 以上的粉尘对肺尘埃沉着病的发生影响不大；$5\mu m$ 以下的粉尘可以进入下呼吸道并沉积在肺泡中，最危险的是粒径 $2\mu m$ 左右的粉尘。由此可见，矿尘的粒径越小，分散度越高，对人体的危害就越大。

（2）粉尘的成分。能够引起肺部纤维病变的粉尘，多半含有游离 SiO_2，由于游离的 SiO_2 表面活性很强，加速了肺泡组织的死亡，故其含量越高，发病工龄越短，病变的发展程度越快，肺硅尘埃沉着病是发病期最短、病情发展最快也最为严重的一种。对于炭尘，引起炭系肺尘埃沉着病的主要是它的有机质，有机质含量越高，发病越快。

（3）粉尘浓度。肺尘埃沉着病的发生和进入肺部的粉尘量有直接的关系，也就是说，肺尘埃沉着病的发病工龄和作业场所的粉尘浓度成正比。粉尘浓度越高，被吸入肺部的量越多，患肺尘埃沉着病越快。事实表明，在粉尘浓度为 $1000mg/m^3$ 的环境中工作 1~3 年即能致病，而在国家规定的粉尘浓度以下的环境中工作几十年，肺部积尘总量也达不到致病的程度。国外的统计资料表明，在高粉尘浓度的场所工作时，平均 5~10 年就有可能导致肺尘埃沉着病，如果粉尘中的游离 SiO_2 含量达 80%~90%，甚至 1.5~2 年即可发病。部分工作场所空气中粉尘职业接触限值见表 7-4。

表 7-4　部分工作场所空气中粉尘职业接触限值

序号	中文名	PC-TWA		临界不良健康效应
		总尘	呼尘	
1	白云石粉尘	8	4	尘肺病
2	大理石粉尘（碳酸钙）	8	4	眼、皮肤刺激；尘肺病
3	电焊烟尘	4	—	电焊工尘肺
4	二氧化钛粉尘	8	—	下呼吸道刺激
5	滑石粉尘（游离 SiO_2 含量小于10%）	3	1	滑石粉尘
6	活性炭粉尘	5	—	尘肺病
7	聚丙烯腈纤维粉尘	2	—	肺通气功能损伤
8	聚氯乙烯粉尘	5	—	下呼吸道刺激；肺功能改变
9	铝尘 铝金属、铝合金粉尘 氧化铝粉尘	 3 4	 — —	铝尘肺；眼损害；黏膜、皮肤刺激
10	麻尘 （游离 SiO_2 含量小于10%） 亚麻 黄麻 苎麻	 1.5 2 3	 — — —	棉尘病
11	煤尘（游离 SiO_2 含量小于10%）	4	2.5	煤工尘肺

续表 7-4

序号	中文名	PC-TWA		临界不良健康效应
		总尘	呼尘	
12	炭黑粉尘	4	—	炭黑尘肺
13	矽尘	1	0.7	矽肺
	游离 SiO$_2$ 含量 10%～50%			
	游离 SiO$_2$ 含量 50%～80%	0.7	0.3	
	游离 SiO$_2$ 含量大于 80%	0.5	0.2	

（4）接触粉尘的时间。连续在含粉尘的环境中工作的时间越长，吸尘越多，发病率越高。据统计，工龄在 10 年以上的工人比同工种 10 年以下的工人发病率高 2 倍。

（5）个体方面的因素。粉尘引起肺尘埃沉着病是通过人体而进行的，所以人的机体条件，如年龄、营养、健康状况、生活习性、卫生条件等，对肺尘埃沉着病的发生、发展有一定的影响。

7.3　粉尘爆炸与预防

7.3.1　粉尘爆炸的条件及爆炸过程

（1）粉尘爆炸的条件。粉尘爆炸必须同时具备以下三个条件：

1）粉尘本身具有爆炸性。这是粉尘爆炸的必要条件，粉尘爆炸的危险性必须经过试验确定。

2）粉尘悬浮在一定含氧量的空气中，并达到一定浓度。爆炸只在一定浓度范围内才能发生，这一范围的极值浓度称为爆炸的浓度极限，它又有爆炸上限和下限之分，前者是指粉尘能发生爆炸的最高浓度，后者则是指能发生爆炸的最低浓度，粉尘浓度处于上下限浓度之间则有爆炸危险，而在此浓度范围之外的粉尘不可能发生爆炸。

3）有足以引起粉尘爆炸的点火源。如煤尘爆炸的引燃温度在 610～1050℃ 之间，一般为 700～800℃，最小点火能为 4.5～40mJ，这样的温度条件，几乎一切火源均可达到，如电气火花、气体燃烧或爆炸、火灾等。

以上三个条件缺任何一个都不可能造成粉尘的爆炸。

（2）爆炸过程。粉尘爆炸是个非常复杂的过程，受很多物理因素的影响。一般认为，粉尘爆炸经过以下发展过程：

1）粉尘粒子表面通过热传导和热辐射，从点火源获得点火能量，使表面温度急剧增高。

2）粒子表面的分子，由于热分解或干储作用，在粒子周围生成气体。

3）这些气体与空气混合，生成爆炸性混合气体，遇火产生火焰。

4）另外，粉尘粒子本身从表面一直到内部相继发生熔融和气化，迸发出微小的火花成为周围未燃烧粉尘的点火源，使粉尘着火，从而扩大了爆炸范围。

5）由于燃烧产生的热量，更进一步促进粉尘的分解，不断地放出可燃气体和空气混合而使火焰继续传播。这是一种连锁反应，当外界热量足够时，火焰传播进度越来越快，最后引起爆炸；若热量不足，火焰则会熄灭。

7.3.2 粉尘爆炸的特性

与气体爆炸相比，粉尘爆炸有如下特性：

（1）点燃粉尘所需的初始能量大，为气体爆炸的近百倍。粉尘爆炸中，热辐射起的作用比热传导更大。

（2）粉尘爆炸的感应期长，可达数十秒，为气体爆炸的数十倍，这是因为粉尘燃烧是一种团体燃烧，其过程比气体燃烧复杂。

（3）破坏力更强。粉尘密度比气体大，爆炸时能量密度也大，爆炸产生的温度、压力很高，冲击波速度快，例如，煤尘的火焰温度为 1600 ~ 19000℃，火焰传播速度可达 1120m/s，冲击波速度可达 2340m/s，初次爆炸的平均理论炸压力为 736kPa。

（4）易发生不完全燃烧，爆炸生成气体中 CO 含量更大。如煤尘爆炸时产生的 CO，在灾区气体中的浓度可达 2% ~ 3%，甚至高达 8% 左右。爆炸事故中受害者的大多数（70% ~ 80%）是由于 CO 中毒造成的。

（5）发生二次爆炸或多次连续爆炸的可能性较大，且爆炸威力跳跃式增大。由于初次粉尘爆炸的冲击波速度快，可扬起沉积的粉尘，在新空间形成爆炸浓度而产生二次爆炸或多次连续爆炸，且爆炸压力随着离开爆源距离的延长而跳跃式增大。爆炸过程中如遇障碍物，压力将进一步增加，尤其是二次爆炸或多次连续爆炸，后一次爆炸的理论压力将是前一次的 5~7 倍。

（6）多半会产生"粘渣"，并残留在爆炸现场附近。粉尘爆炸时因粒子一面燃烧一面飞散，一部分粉尘会被焦化，黏结在一起，残留在爆炸现场附近，如气煤、肥煤、焦煤等黏结性煤的煤尘爆炸，会形成煤尘爆炸所特有的产物——焦炭皮渣或粘块，统称"粘焦"。

7.3.3 影响粉尘爆炸的主要因素

粉尘爆炸比可燃气爆炸复杂，影响因素也较多，可以分为粉尘自身性质和外部条件两大方面的影响。下面择其主要分述之：

（1）粒径及分散度。粒径对爆炸性的影响极大。粉尘越细越易飞扬，且粒径小的粉尘比表面积大，表面活性大，爆炸性强。粒径 1mm 以下的粉尘粒子都可能参与爆炸，而且爆炸的危险性随粒度的减小而迅速增大，75μm 以下的粉尘，特别是 20~75μm 的粉尘爆炸性最强。

（2）粉尘的化学组分及性质。粉尘的化学组分及性质对能否引起粉尘爆炸具有决定性作用，如粉尘中没有会燃烧的成分，则不会发生爆炸；粉尘的燃烧热大，其爆炸性强；粉尘中含有的挥发分（可燃气成分）越多，越易爆炸。

（3）氧含量。对于粉尘和空气混合物，气相中氧含量的多少对其爆炸特性影响很大。粉尘爆炸体系是一个缺氧的体系，所以气相中氧含量增加，粉尘的爆炸下限浓度降低，上限浓度增高，爆炸范围扩大。在纯氧中的爆炸下限浓度只为在空气中爆炸下限的 1/3 ~ 1/4，而能发生爆炸的最大颗粒尺寸则加大到空气中相应值的 5 倍。

（4）灰分及水分。灰分是指不燃性物质，它能吸收能量，阻挡热辐射，破坏链反应，降低粉尘的爆炸性。水的吸热能力大，能促使细微尘粒聚结为较大的颗粒，减小尘粒总表面积，同时还能降低落尘的飞扬能力，粉尘中含水量越大，粉尘爆炸的危险性越小。

（5）点火能量。随着火源的能量强弱不同，粉尘爆炸浓度下限有 2~3 倍的变化，火源能量大时，爆炸下限较低。

（6）可燃气含量。可燃气的存在会使粉尘爆炸浓度下限下降，最小点燃能量也降低，增加了粉尘爆炸的危险。

（7）粉尘粒子形状和表面状态。在自然界或工业生产过程中产生的粉尘，不仅形状不规则，而且其粒度分布范围也广。粉尘形状和表面状态不同时，爆炸危险性也不一样。扁平状粒子爆炸危险性最大，针状粒子次之，球形粒子最小。粒子表面暴露时间短，则爆炸危险性高。

7.3.4　防治粉尘爆炸的技术措施

要防止粉尘爆炸的技术措施就是要破坏粉尘爆炸必须同时具备的条件之一或二，可采取的措施包括：防止粉尘自燃，消除点火源，添加惰化气体或粉体。

7.3.4.1　防止粉尘自燃

（1）具有自然性的热粉料，贮存前应冷却到正常贮存温度。

（2）在通常贮存条件下，大量贮存具有自燃性的散装粉料时，应对粉料温度进行连续监测；当发现温度升高或气体析出时，应采取使粉料冷却的措施。

（3）对遇湿自燃的金属粉尘，其收集、堆放与贮存时应采取防水措施。

7.3.4.2　消除引火源

A　防止明火与热表面引燃

（1）粉尘爆炸危险场所不应存在明火。当需要进行动火作业时，应遵守下列要求：1）由安全生产管理负责人批准并取得动火审批作业证；2）动火作业前，应清除动火作业场所 10 米范围内的可燃粉尘并配备充足的灭火器材；3）动火作业区段内涉粉作业设备应停止运行；4）动火作业的区段应与其他区段有效分开或隔断；5）动火作业后应全面检查设备内外部，确保无热熔焊渣遗留，防粉尘阴燃；6）动火作业期间和作业完成后的冷却期间，不应有粉尘进入明火作业场所。

（2）与粉尘之间接触的设备或装置（如电机外壳、传动轴、加热源等），其表面最高允许温度应低于相应粉尘的最低着火温度。

（3）粉尘爆炸危险场所设备和装置的传动机构符合下列规定：1）工艺设备的轴承应密封防尘并定期维护；有过热可能时，应设置轴承温度连续监测装置；2）使用皮带传动时应设置打滑监测装置；当发生皮带打滑时，应进行自动停车或发生声光报警信号；3）金属粉末干磨设备应设置温度监测装置，当金属粉末温度超过规定值时应自动停机。

B　防止电弧和电火花

（1）粉尘爆炸危险场所建构筑物应按有关规定采取相应防雷措施。

（2）当存在静电引燃危险时，应遵守下列规定：1）所有金属设备、装置外壳、金属管道、支架、构件、部件等，应采取防静电直接接地措施；不便或工艺不准许直接接地的，可通过导静电材料或制品间接接地；2）直接用于盛装起电粉料的器具、输送粉料的管道（带）等，应采用金属或防静电材料制成；3）金属管道连接处（如法兰），应进行防静电跨接；4）操作人员应采取防静电措施。

（3）粉尘爆炸危险场所用电气设备应符合相关规定：应防止由电气设备或线路产生的火花、防止可燃性粉尘进入产生电火花或高温部件的外壳内。

（4）粉尘爆炸危险场所电气设计、安装应按有关规定执行。

C 防止摩擦、碰撞火花

（1）粉尘爆炸危险场所设备和装置应采取防止发生摩擦、碰撞的措施。

（2）在工艺流程的进料处，应设置能除去混入料中杂物的磁铁、气动分离器或筛子等防止杂物进入的设备或设施。

（3）应采取有效措施防止铝、镁、钛、锆等金属粉末或含有这些金属的粉末与不锈钢摩擦产生火花。

（4）使用旋转磨轮和旋转切盘进行研磨和切割，应采用与动火作业相同的安全措施。

（5）粉尘输送管道中存在火花等点火源时，如与木质板材加工用砂光机连接的除尘风管，纺织梳棉麻设备除尘风管等，应设置火花探测与消除火花的装置。

7.3.4.3 添加惰化气体或粉体

惰化气体可以隔绝空气和降低空气中氧含量，使其降到极限氧浓度以下，以使粉尘爆炸不可能发生；惰化粉体可以增加爆炸性粉尘的灰分，阻挡粉尘爆炸形成过程的热辐射，破坏链反应，防止粉尘爆炸。

在生产或处理易燃粉末的工艺设备中，采取防止点燃措施后仍不能保证安全时，宜采取惰化技术。并且对采取惰化防爆的工艺设备应进行氧浓度监测灭火。常用的惰化气体有 N_2、CO_2、水蒸气、卤代烃等；可作为惰化粉体的材料有石灰岩粉、泥岩粉等。

7.3.5 控制粉尘爆炸扩大的技术措施

粉尘爆炸的显著特点是可连续爆炸，且其破坏力更强，因此，采取控制粉尘爆炸扩大的技术措施，减少爆炸产生的危害，有着非常重要的意义。这里主要介绍地下空间和管道容器的控制粉尘爆炸扩大的技术措施。

7.3.5.1 地下空间控制粉尘爆炸扩大的技术措施

地下空间控制粉尘爆炸扩大的技术措施主要有：安设岩粉棚、安设水棚、撒布岩粉、安设自动隔爆装置等措施。

（1）岩粉棚。岩粉棚由安装在某些地下空间（如巷道）上部的若干块岩粉台板组成，台板上放置一定数量的惰性岩粉，当发生粉尘爆炸事故时，火焰前的冲击波将台板摺倒，岩粉即弥漫于巷道中，火焰到达时，岩粉从燃烧的煤尘中吸收热量，使火焰传播速度迅速下降，直至熄灭。

（2）水棚。水棚包括水槽棚和水袋棚两种。水槽槽体质硬、易碎，地下一旦发生爆炸，冲击波将水槽击碎或崩翻，水雾形成一道屏障，起到阻隔、熄灭爆炸火焰，防止爆炸传播的作用。水袋棚原理与水槽棚相似，所不同的是，水袋棚采用专用的挂钩吊挂，爆炸冲击波冲击后使得挂钩脱钩后水袋脱落而形成水雾，它是一种经济可行的辅助隔爆措施。水槽棚一般为主要隔爆棚，水袋棚作为辅助隔爆棚。

（3）撒布岩粉。它是指定期在地下某些空间中撒布惰性岩粉，增加沉积爆炸性粉尘的灰分，抑制爆炸性粉尘爆炸的传播。惰性岩粉一般为石灰岩粉和泥岩粉。

（4）安设自动隔爆装置。自动隔爆装置利用各种传感器瞬间测量爆炸产生的各物理参量，并通过指令机构演算器选择恰当时间发出动作信号，让隔爆装置强制喷洒固体、气体或液体等消火剂，以及时扑灭爆炸火焰，阻隔爆炸蔓延。

7.3.5.2　控制管道容器粉尘爆炸扩大的技术措施

控制管道容器粉尘爆炸扩大的技术措施包括从工艺及设备设计上控制粉尘爆炸扩大、安设爆破片以及安设阻火装置等。

（1）从工艺及设备设计上控制粉尘爆炸扩大。从工艺及设备设计上控制粉尘爆炸扩大的措施有：设备的强度应能承受设备内部爆炸所产生的最大压力；对内部能形成爆炸源的设备，如磨粉机、粉碎机、提升机、输送机等，为了降低爆炸威力，应尽可能减小产生爆炸浓度的空间；尽可能不采用地下仓库结构；多采用分离式建筑结构，粉尘爆炸危险性大的工序实行隔离操作；减少中间连接接头和通道；房顶尽量采用钢架结构，少用砖、水泥结构；除尘器应尽可能设置在建筑物外部。

（2）安设爆破片。爆破片又称防爆膜、泄压膜，是一种断裂型的安全泄压装置。它的一个重要作用就是当设备发生化学性爆炸时，保护设备免遭破坏。其工作原理是根据爆炸过程的特点，在设备或容器的适当部位设置一定大小面积的脆性材料，构成薄弱环节，当爆炸刚发生时，这些薄弱环节在较小的爆炸压力作用下，首先遭受破坏，立即将大量气体和热量释放出去，爆炸压力也就很难再继续升高，从而保护设备或容器的主体免遭更大损失，使在场的生产人员不致遭受致命的伤害。爆破片的安全可靠性取决定爆破片的厚度、泄压面积和膜片材料的选择。

（3）安设阻火装置。阻火装置的作用是防止火焰窜入设备、容器与管道内，或阻止火焰在设备和管道内扩展。阻火器中起阻火作用的是阻火元件，它具有足够小的缝隙。当火焰进入阻火器时，将变成若干细小的火焰，与通道壁的接触面积增大，热量被大量吸收，火焰温度降到着火点以下而熄灭，阻止火焰蔓延。设计阻火器内部的阻火元件时，则尽可能扩大细小火焰和通道壁的接触面积，强化传热。

7.4　粉尘分离机理

7.4.1　流体阻力

在不可压缩的连续流体中，做稳定运动的颗粒必然受到流体阻力的作用。这种阻力是两种现象引起的。一是由于颗粒具有一定的形状，运动时必须排开其周围的流体，导致其前面的压力较后面大，产生了所谓形状阻力；二是由于颗粒与其周围流体之间存在着摩擦，导致了所谓的摩擦阻力。通常把两种阻力同时考虑在一起，称为流体阻力。流体阻力的大小取决于颗粒的形状、粒径、表面特性、运动速度及流体的种类和性质。阻力的方向总是和速度向量方向相反，其大小可按如下标量方程计算：

$$F_D = \frac{1}{2}C_D A_P \rho u^2 \qquad (7\text{-}7)$$

式中　C_D——由实验确定的阻力系数，无量纲；

　　　A_P——颗粒在其运动方向上的投影面积，m^2，球形颗粒 $A_P = \pi d_P^2/4$；

　　　ρ——流体的密度，kg/m^3；

　　　u——颗粒与流体之间的相对运动速度，m/s。

由相似理论可知，阻力系数是颗粒雷诺数的函数，即：

$$C_D = f(Re_P) \qquad (7\text{-}8)$$

$$Re_P = d_P \rho u/\mu$$

式中　d_P——颗粒的定性尺寸，m，球形颗粒为其直径；

　　　μ——流体的黏度，$Pa \cdot s$。

图 7-3 给出了 C_D 随 Re_P 变化的实验曲线，一般可分为 3 个区域：斯托克斯区域（$Re_P \leqslant 1$），湍流过渡区域（$KRe_P < 500$）和牛顿区域（$500 < Re_P < 2 \times 10^5$）。

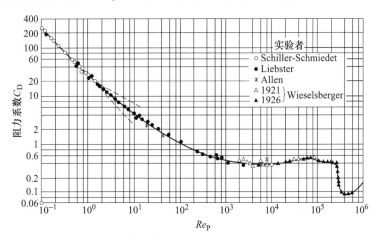

图 7-3　球形颗粒的流体阻力系数与颗粒雷诺数的函数关系

当 $Re_P \leqslant 1$ 时，颗粒运动处于层流状态，C_D 与 Re_P 与近似呈直线关系：

$$C_D = \frac{24}{Re_P} \qquad (7\text{-}9)$$

对于球形颗粒，将上式代入式（7-7）中得到：

$$F_D = 3\pi\mu d_P u \qquad (7\text{-}10)$$

上式即是著名的斯托克斯（Stokes）阻力定律。通常把 $Re_P \leqslant 1$ 的区域称为斯托克斯区域。

当 $1 < Re_P < 500$ 时，颗粒运动处于湍流过渡区域，C_D 与 Re_P 与呈曲线关系，计算 C_D 的经验公式有多种，如伯德（Bird）公式：

$$C_D = \frac{18.5}{Re_P^{0.6}} \qquad (7\text{-}11)$$

当 $500 < Re_P < 2 \times 10^5$ 时，颗粒运动处于湍流状态，C_D 几乎不随 Re_P 变化，近似取 $C_D =$

0.44，是通常所说的牛顿区域，流体阻力公式为：

$$F_D = 0.055\pi\rho d_P^2 u^2 \tag{7-12}$$

当颗粒尺寸小到与气体分子平均自由程大小差不多时，颗粒开始脱离与气体分子接触，颗粒运动发生所谓"滑动"。这时，相对颗粒来说，气体不再具有连续流体介质的特性，流体阻力将减小。为了对这种滑流运动进行修正，可以将坎宁汉（Cunningham）修正系数 C 引入斯托克斯定律，则流体阻力计算公式为：

$$F_D = \frac{3\pi\mu d_P u}{C} \tag{7-13}$$

坎宁汉修正系数的值取决于克努森（Knudsen）数 $K_n = 2\lambda/d_P$，可用戴维斯（Davis）建议的公式计算：

$$C = 1 + K_n\left[1.257 + 0.400\exp\left(-\frac{1.10}{K_n}\right)\right] \tag{7-14}$$

气体分子平均自由程 λ 可按下式计算：

$$\lambda = \frac{\mu}{0.499\rho\bar{v}} \tag{7-15}$$

$$\bar{v} = \sqrt{\frac{8RT}{\pi M}} \tag{7-16}$$

式中　$\bar{v}$——气体分子的算术平均速度；

　　　R——摩尔气体常数，$R = 8.314\text{J}/(\text{mol}\cdot\text{K})$；

　　　T——气体温度，K；

　　　M——气体的摩尔质量，kg/mol。

坎宁汉修正系数 C 与气体的温度、压力和颗粒大小有关，温度越高、压力越低、粒径越小，C 值越大。

7.4.2　阻力导致的减速运动

对于在接近静止的气体中，以某一初速度 u_0 运动的球形颗粒，除了气体阻力外再无其他力作用时，颗粒不能相对气体做稳态运动，只能做非稳态减速运动。根据牛顿第二定律：

$$\frac{\pi d_P^3}{6}\rho_P\frac{du}{dt} = -F_D = -C_D\frac{\pi d_P^2}{4}\cdot\frac{\rho u^2}{2} \tag{7-17}$$

即由阻力导致的减速度：

$$\frac{du}{dt} = -\frac{3}{4}C_D\frac{\rho}{\rho_P}\cdot\frac{u^2}{d_P} \tag{7-18}$$

根据菲克的研究，Re_P 不超过几百时，假定阻力大小与减速度无关，并不会产生显著的误差，因此可忽略减速度对 C_D 值的影响。

若只考虑斯托克斯区域颗粒的减速运动，则气体阻力系数 C_D 可用式（7-17）确定，式（7-18）化为：

$$\frac{du}{dt} = \frac{18\mu}{d_P^2\rho_P}u = -\frac{u}{\tau} \tag{7-19}$$

式中 τ ——表征颗粒-气体运动体系的一个基本特征参数,称为颗粒的弛豫时间,$\tau = d_P^2 \rho_P / 18\mu$。

在时间 $t=0$ 时运动速度为 u_0 的颗粒,减速到 u 所需的时间 t,由式(7-19)作定积分得到:

$$t = \tau \ln \frac{u_0}{u} \tag{7-20}$$

在时间 t 时颗粒的速度:

$$u = u_0 e^{-t/\tau} \tag{7-21}$$

对于颗粒由初速度 u_0 减速到 u 所迁移的距离 x 利用 $u = \mathrm{d}x/\mathrm{d}t$ 变换式(7-21),积分后得到:

$$x = \tau(u_0 - u_0) = \tau u_0(1 - e^{-t/\tau}) \tag{7-22}$$

从以上讨论可见,弛豫时间 τ 的物理意义可以叙述为:由于流体阻力使颗粒的运动速度减小到它的初速度的 $1/e$(约 36.8%)时所需的时间。

对于处于滑流区域的颗粒,则应引入坎宁汉修正系数相 C,相应的迁移时间和迁移距离为:

$$t = \tau C \ln \frac{u_0}{u} \tag{7-23}$$

$$x = \tau u_0 C \left[1 - \exp\left(-\frac{t}{\tau C} \right) \right] \tag{7-24}$$

使颗粒由初速度 u_0 必达到静止所需的时间是无限长的,但颗粒在达到静止之前所迁移的距离却是有限的,这个距离称为颗粒的停止距离:

$$x_s = \tau u_0 \quad \text{或} \quad x_s = \tau u_0 C \tag{7-25}$$

7.4.3 重力沉降

在静止流体中的单个球形颗粒,在重力作用下沉降时,所受的作用力有重力 F_G、流体浮力 F_B 和流体阻力 F_D,三力平衡关系式为:

$$F_D = F_G - F_B = \frac{\pi d_P^3}{6}(\rho_P - \rho)g \tag{7-26}$$

对于斯托克斯区域的颗粒,代入阻力计算式(7-26),得到颗粒的重力沉降末端速度:

$$u_s = \frac{d_P^2(\rho_P - \rho)g}{18\mu} \tag{7-27}$$

当流体介质是气体时,$\rho_P \gg \rho$,可忽略浮力的影响,则沉降速度公式简化为:

$$u_s = \frac{d_P^2 \rho_P}{18\mu}g = \tau g \tag{7-28}$$

对于坎宁汉滑流区域的小颗粒,应修正为:

$$u_s = \frac{d_P^2 \rho_P}{18\mu}gC = \tau g C \tag{7-29}$$

式(7-28)对粒径为 $1.5 \sim 75\mu m$ 的单位密度的颗粒,计算精度在 $\pm 10\%$ 以内。当考虑坎宁汉修正后，对小至 $0.001\mu m$ 的微粒也是精确的。对于较大的球形颗粒（$Re_P > 1$），将式（7-28）代入式（7-29）中，则得到重力作用下的末端沉降速度：

$$u_s = \left[\frac{4d_P(\rho_P - \rho)g}{3C_D\rho}\right]^{1/2} \tag{7-30}$$

按上式计算 u_s，必须确定 C_D 值。对于湍流过渡区，代入式（7-30）得：

$$u_s = \frac{0.153d_P^{1.14}(\rho_P - \rho)^{0.714}g^{0.714}}{\mu^{0.428}\rho^{0.286}} \tag{7-31}$$

对于牛顿区，$C_D = 0.44$，则：

$$u_s = 1.74\left[d_P(\rho_P - \rho)\rho_P g/\rho\right]^{1/2} \tag{7-32}$$

最后，对前述的斯托克斯直径 d_s 和空气动力学当量直径 d_a 的计算在此做一讨论。根据斯托克斯沉降速度式（7-27），可以得到斯托克斯直径：

$$d_s = \sqrt{\frac{18\mu u_s}{\rho_P gC}} \tag{7-33}$$

如果尘粒不是处于静止空气中，而是处下流速为 u_s 的上升气流中，尘粒将会处于悬浮状态，这时的气流速度称为悬浮速度。悬浮速度和沉降速度的数值相等，但意义不同。沉降速度是指尘粒下落时所能达到的最大速度，悬浮速度是指要使尘粒处于悬浮状态，上升气流的最小上升速度，悬浮速度用于除尘管道的设计。

由空气动力学当量直径的定义，单位密度（$\rho_P = 1000kg/m^3$）球形颗粒的空气动力学当量直径：

$$d_a = \sqrt{\frac{18\mu u_s}{1000gC_a}} \tag{7-34}$$

则空气动力学当量直径与斯托克斯直径的关系为：

$$d_a = d_s\left(\frac{\rho_P C}{C_a}\right)^{1/2} \tag{7-35}$$

式中　ρ_P——颗粒密度，g/cm^3；

　　　C_a——与空气动力学当量直径 d_a 相应的坎宁汉修正系数。

7.4.4　离心沉降

旋风除尘器是应用离心力的分离作用的一种除尘装置，也是造成旋转运动和涡旋的一种体系。此外，离心力也是惯性碰撞和拦截作用的主要除尘机制之一，但这些属于非稳态运动的情况。

随着气流一起旋转的球形颗粒，所受离心力可用牛顿定律确定：

$$F_c = \frac{\pi}{6}d_P^3\rho_P\frac{u_t^2}{R} \tag{7-36}$$

式中　R——旋转气流流线的半径，m；

　　　u_t——R 处气流的切向速度，m/s。

在离心力作用下，颗粒将产生离心的径向运动（垂直于切向）。若颗粒运动处于斯托克斯区，则颗粒所受向心的径向流体阻力可用式（7-30）确定。当颗粒所受离心力和向心阻力达到平衡时，颗粒便达到了一个离心沉降的末端速度：

$$u_c = \frac{d_P^2 \rho_P}{18\mu} \frac{u_t^2}{R} = \tau a_c \qquad (7\text{-}37)$$

式中　　a_c——离心加速度，$a_c = u_t^2/R$。

若颗粒运动处于滑流区，还应乘以坎宁汉修正系数 C。

7.4.5　静电沉降

在强电场中，如在电除尘器中，忽略重力和惯性力等的作用，荷电颗粒所受作用力主要是静电力（即库仑力）和气流阻力。静电力为：

$$F_E = qE \qquad (7\text{-}38)$$

式中　　q——颗粒的电荷，C；

E——颗粒所处位置的电场强度，V/m。

对于斯托克斯区域的颗粒，颗粒所受气流阻力按式（7-10）确定，当静电力和气流阻力达到平衡时，颗粒便达到一个静电沉降的末端速度，习惯上称为颗粒的驱进速度，并用 ω 表示：

$$\omega = \frac{qE}{3\pi\mu d_P} \qquad (7\text{-}39)$$

同样，对于滑流区的颗粒，还应乘以坎宁汉修正系数 C。

7.4.6　惯性沉降

通常认为，气流中的颗粒随着气流一起运动，很少或不产生滑动。但是，若有一静止的或缓慢运动的障碍物（如液滴或纤维等）处于气流中时，则成为一个靶子，使气体产生绕流，可能使某些颗粒沉降到上面。颗粒能否沉降到靶上，取决于颗粒的质量及相对于靶的运动速度和位置。图 7-4 中所示为颗粒捕集的几种机制示意图。

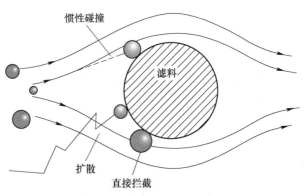

图 7-4　颗粒捕集机制示意图

由于惯性碰撞和拦截皆是唯一靠靶来捕集尘粒的重要除尘机制，所以有必要作为单独问题进行讨论。在惯性捕集过程中，如果以某一初速度 u_0 运动的颗粒，除了受气流阻力作用外，不再受其他外力的作用，则属于非稳态的减速运动。

7.4.6.1 惯性碰撞

惯性碰撞的捕集效率主要取决于三个因素：

（1）气流速度在捕集体（即靶）周围的分布：它随气体相对捕集体流动的雷诺数 Re_D 的变化而变化。Re_D 定义式为：

$$Re_D = \frac{u_0 \rho D_c}{\mu} \tag{7-40}$$

式中 u_0——未被扰动的上游气流相对捕集体的流速，m/s；

D_c——捕集体的定性尺寸，m。

在高 Re_D 下（势流），除了邻近捕集体表面附近外，气流流型与理想气体一致；当 Re_D 较低时，气流受黏性力支配（黏性流）。

（2）颗粒的运动轨迹：它取决于颗粒的质量、气流阻力、捕集体的尺寸、形状及气流速度。描述颗粒运动的特征参数，可以采用量纲为一的惯性碰撞参数 Stk，也称斯托克斯准数，定义为颗粒运动的停止距离 x_s 与捕集体直径 D_c 之比。对于球形的斯托克斯颗粒：

$$Stk = \frac{x_s C}{D_c} = \frac{u_0 \tau C}{D_c} = \frac{d_P^2 \rho_P u_0 C}{18 \mu D_c} \tag{7-41}$$

（3）颗粒对捕集体的附着：通常假定与捕集体碰撞的颗粒能 100% 附着。

7.4.6.2 拦截

颗粒在捕集体上的直接拦截，一般刚好发生在颗粒距捕集体表面 $d_P/2$ 的距离内，所以用一量纲为一的特征参数——直接拦截比夫 R 来表示其特性：

$$R = \frac{d_P}{D_c} \tag{7-42}$$

对于惯性大沿直线运动的颗粒，即 Stk 很大时，除了在直径为 D_c 的流管内的颗粒都能与捕集体碰撞外，与捕集体表面的距离为 $d_P/2$ 的颗粒也会与捕集体表面接触，而被拦截。因此，靠拦截引起的捕集效率的增量 η_{DI} 是：对于圆柱形捕集体 $\eta_{DI} = R$；对于球形捕集体 $\eta_{DI} = 2R + R^2 \approx 2R$。

对于惯性小沿流线运动的颗粒，即 Stk 很小时，拦截效率分别为：

对于绕过圆柱体的势流：

$$\eta_{DI} = 1 + R - \frac{1}{1 + R} \approx 2R \quad (R < 0.1) \tag{7-43}$$

对于绕过球体的势流：

$$\eta_{DI} = (1 + R)^2 - \frac{1}{1 + R} \approx 3R \quad (R < 0.1) \tag{7-44}$$

对于绕过圆柱体的黏性流（$Re_D < 1$）：

$$\eta_{DI} = \frac{1}{2.002 - \ln Re_D} \left[(1 + R)\ln(1 + R) - \frac{R(2 + R)}{2(1 + R)} \right] \approx \frac{R^2}{2.002 - \ln Re_D} \quad (R < 0.07)$$

$$\tag{7-45}$$

对于绕过球体的黏性流 $Re_D<1$：

$$\eta_{DI} = (1 + R)^2 - \frac{3(1 + R)}{2} + \frac{1}{2(1 + R)} \approx 3\frac{R^2}{2} \quad (R < 0.1) \quad (7\text{-}46)$$

7.4.7 扩散沉降

7.4.7.1 扩散系数和均方根位移

捕集很小的颗粒往往要比按惯性碰撞机制估计的结果更为有效。这是由于布朗扩散作用的结果。由于小颗粒受到气体分子的无规则撞击，使它们像气体分子一样做无规则运动，便会发生颗粒从浓度较高的区域向浓度较低的区域的扩散。颗粒的扩散过程类似于气体分子的扩散过程，并可用形式相同的微分方程式来描述：

$$\frac{\partial n}{\partial t} = D\left(\frac{\partial^2 n}{\partial x^2} + \frac{\partial^2 n}{\partial y^2} + \frac{\partial^2 n}{\partial z^2}\right) \quad (7\text{-}47)$$

式中　n——颗粒的个数（或质量）浓度，个/m^3（或 g/m^3）；

　　　t——时间，s；

　　　D——颗粒的扩散系数，m^2/s。

颗粒的扩散系数。决定于气体的种类和温度，以及颗粒的粒径，其数值要比气体扩散系数小几个数量级，可由两种理论方程求得。

对于粒径约等于或大于气体分子平均自由程（$Kn \leq 0.5$）的颗粒，可用爱因斯坦（Einstein）公式计算：

$$D = \frac{CkT}{3\pi\mu d_P} \quad (7\text{-}48)$$

式中　k——玻耳兹曼常数，$k = 1.38 \times 10^{-23}$ J/K；

　　　T——气体温度，K。

对于粒径大于气体分子但小于气体分子平均自由程（$Kn>0.5$）的颗粒，可由朗缪尔（Langmuir）公式计算：

$$D = \frac{4kT}{3\pi d_P^2 p}\sqrt{\frac{8RT}{\pi M}} \quad (7\text{-}49)$$

式中　p——气体的压力，Pa；

　　　R——摩尔气体常数，$R = 8.314$ J/(mol·K)；

　　　M——气体的摩尔质量，kg/mol。

表 7-5 给出了颗粒在 293K 和 101325Pa 干空气中的扩散系数的计算值。式（7-48）中的坎宁汉修正系数 C 是按式（7-14）计算的。

表 7-5　颗粒的扩散系数

粒径 d_P/μm	Kn	扩散系数 D/$m^2 \cdot s^{-1}$	
		爱因斯坦公式	朗缪尔公式
10	0.0131	2.41×10^{-12}	—
1	0.131	2.76×10^{-11}	—

续表 7-5

粒径 $d_P/\mu m$	Kn	扩散系数 $D/m^2 \cdot s^{-1}$	
		爱因斯坦公式	朗缪尔公式
0.1	1.31	6.78×10^{-10}	7.84×10^{-10}
0.01	13.1	5.25×10^{-8}	7.84×10^{-8}
0.001	131	—	7.84×10^{-6}

根据爱因斯坦研究的结果，由于布朗扩散，颗粒在时间 t（单位：s）内沿 x 轴的均方根位移为：

$$\bar{x} = \sqrt{2Dt} \tag{7-50}$$

表 7-6 给出了单位密度的球形颗粒在 1s 内由于布朗扩散的平均位移 x_{BM} 和由于重力作用的沉降距离 x_G。

表 7-6　在标准状况下布朗扩散的平均位移与重力沉降距离的比较

粒径 $d_p/\mu m$	x_{BM}/m	x_G/m	x_{BM}/x_G
0.00037[①]	6×10^{-3}	2.4×10^{-9}	2.5×10^6
0.01	2.6×10^{-4}	6.6×10^{-8}	3900
0.1	3.0×10^{-5}	8.6×10^{-7}	35
1.0	5.9×10^{-6}	3.5×10^{-5}	0.17
10	1.7×10^{-6}	3.0×10^{-3}	5.7×10^{-4}

① 等于一个"空气分子"的直径。

由表可见，随着粒径的减小，在相同时间内，颗粒由于布朗扩散的平均位移要比重力沉降距离大得多。

7.4.7.2　扩散沉降效率

扩散沉降效率取决于捕集体的质量传递佩克莱（Peclet）数 Pe 和雷诺数 Re_D。佩克莱数 Pe 定义为：

$$Pe = \frac{u_0 D_c}{D} \tag{7-51}$$

佩克莱数 Pe 是由惯性力产生的颗粒的迁移量与布朗扩散产生的颗粒的迁移量之比，是捕集过程中扩散沉降重要性的特征参数。Pe 值越小，颗粒的扩散沉降越重要。

图 7-5 给出了不同 Pe 值和 Stk 值条件下颗粒典型沉积形态。

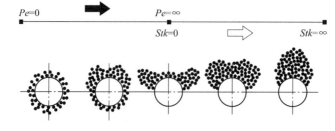

图 7-5　颗粒沉积形态与 Pe 和 Stk 值的关系

对于黏性流，朗缪尔给出的计算颗粒在孤立的单个圆柱形捕集体上的扩散沉降效率为：

$$\eta_{BD} = \frac{1.71Pe^{-2/3}}{(2 - \ln Re_D)^{1/3}}$$ （7-52）

纳坦森（Natanson）和弗里德兰德（Friedlander）等人也分别导出了类似的方程。在他们的方程中分别用 2.92 和 2.22 代替了式（7-52）中的 1.71。

对于势流，速度场与 Re_D 分无关，在高 Re_D 下纳坦森等提出了如下方程：

$$\eta_{BD} = \frac{3.19}{Pe^{1/2}}$$ （7-53）

从这些方程可以看出，除非 Pe 非常小，否则颗粒的扩散沉降效率将是非常低的。此外，从理论上讲 $\eta_{BD} > 1$ 是可能的，因为布朗扩散可能导致来自 D_c 距离之外的颗粒与捕集体碰撞。

对于孤立的单个球形捕集体，约翰斯通（Johnstone）和罗伯特（Roberts）建议用下式计算扩散沉降效率：

$$\eta_{BD} = \frac{8}{Pe} + 2.23Re_D^{1/8} Pe^{-5/8}$$ （7-54）

对于大颗粒的捕集，布朗扩散的作用很小，主要靠惯性碰撞作用；反之，对于很小的颗粒，惯性碰撞的作用微乎其微，主要是靠扩散沉降。在惯性碰撞和扩散沉降均无效的粒径范围内捕集效率最低。

思考题及习题

7-1 按粉尘的颗粒大小，粉尘可分为哪几类？

7-2 粉尘有哪些基本性质？

7-3 粉尘密度真密度和假密度有何区别？何种情况粉尘分散度低？

7-4 试述粉尘进入人体的过程。

7-5 粉尘爆炸应具备哪些条件？影响粉尘爆炸的主要因素有哪些？

7-6 控制粉尘爆炸扩大的技术措施有哪些？

7-7 粒子雷诺数 Re 变化时，粉尘在空气中受到的阻力计算有何变化？

7-8 沉降速度和悬浮速度的物理意义有何不同？各有什么用处？

7-9 如何判断颗粒将在何种作用效应下发生沉降。

8 除 尘 装 置

▶▶▶

本章学习目标

1. 掌握除尘装置的分类和性能指标。
2. 掌握机械式、过滤式、电除尘、湿式除尘装置的工作原理。
3. 了解复合除尘装置。
4. 掌握除尘装置优缺点、适用性及选择。

▶▶▶

8.1 除尘装置的分类和主要指标

8.1.1 除尘装置分类

根据主要除尘机理的不同，目前常用的除尘器可分为以下几类：

（1）重力除尘，如重力沉降室；

（2）惯性除尘，如惯性除尘器；

（3）离心力除尘，如旋风除尘器；

（4）过滤除尘，如袋式除尘器、颗粒层除尘器、纤维过滤器、纸过滤器；

（5）洗涤除尘，如自激式除尘器、卧式旋风水膜除尘器；

（6）静电除尘，如电除尘器。

根据气体净比程度的不同，可分为以下几类：

（1）粗净化。主要除掉较粗的尘粒，一般用作多级除尘的第一级。

（2）中净化。主要用于通风除尘系统，要求净化后的气体含尘浓度达到国家大气污染物排放标准限值以下。

（3）细净化。主要用于通风空调系统的进风系统和再循环系统，要求净化后的空气含尘浓度达到工业企业卫生标准限值以下。

（4）超净化。主要需按空气洁净度指标核计，常用计数含尘浓度表示。用于清洁度要求较高的环境，净化后的空气含尘浓度视工艺要求而定。

8.1.2 主要技术指标

8.1.2.1 处理风量和漏风率

处理含尘气体量可简称为风量，是衡量除尘装置处理气体能力的指标，一般用体积流量表示。考虑装置漏气等因素的影响，一般用除尘装置进出口气体流量的平均值表示气体风量，公式如下：

$$Q = \frac{Q_1 + Q_2}{2} \qquad (8\text{-}1)$$

式中　Q_1——除尘装置入口气体体积流量，m^3/min；

　　　Q_2——除尘装置出口气体体积流量，m^3/min；

　　　Q——除尘装置处理风量，m^3/min。

　　除尘装置的漏风率是用来表示严密程度的指标，用 δ 表示，计算公式如下：

$$\delta = \frac{Q_1 - Q_2}{Q_1} \qquad (8\text{-}2)$$

式中符号同上式。

8.1.2.2　通风阻力

　　通风阻力是除尘装置的主要技术指标之一，反映了除尘装置运行能耗。除尘装置的压力损失越大，动力消耗也越大，运行费用也越高。通常，除尘装置的压力损失控制在 2000Pa 以下。从通风阻力产生的角度看，除尘装置的通风阻力为摩擦阻力和局部阻力之和，在实际通风工程中，除尘装置的摩擦阻力可忽略不计，主要表现为局部阻力；从能量损失的角度看，根据单位体积实际流体的能量方程可知，通风阻力 h_R 为：

$$h_R = P_1 - P_2 + \left(\frac{v_1^2 \rho_1 - v_2^2 \rho_2}{2} \right) + g(Z_1 \rho_1 - Z_2 \rho_2) \qquad (8\text{-}3)$$

式中　v_1，v_2——除尘装置入口、出口的风速，m/s；

　　　P_1，P_2——除尘装置入口、出口的绝对静压，Pa；

　　　ρ_1，ρ_2——除尘装置入口、出口的含尘空气密度，kg/m^3；

　　　Z_1，Z_2——除尘装置入口、出口相对某一基准面的高度，m；

　　　式（8-3）表明，除尘装置的通风阻力为除尘装置入出口的静压差、动压差和位压差之和。如除尘装置入出口不存在高度差，则除尘装置的通风阻力为除尘装置的静压差和动压差之和，也就是全压差；如进出口的断面相等，漏风可以忽略，则除尘装置的通风阻力为除尘装置的静压差。

8.1.2.3　除尘器效率和除尘机理

　　除尘器效率是评价除尘器性能的重要指标之一，它是指除尘器从气流中捕集颗粒物的能力，常用除尘器全效率、分级效率和穿透率表示。

　　A　全效率

　　含尘气体通过除尘器时所捕集的颗粒物质量占进入除尘器的颗粒物总量的百分数称为除尘器全效率，以 η 表示。

$$\eta = \frac{G_3}{G_1} \times 100\% = \frac{G_1 - G_2}{G_1} \times 100\% \qquad (8\text{-}4)$$

式中　G_1——进入除尘器的颗粒物量，g/s；

　　　G_2——从除尘器排出的颗粒物量，g/s；

　　　C_3——除尘器所捕集的颗粒物量，g/s。

如果除尘器结构严密，没有漏风，式（8-4）可改写为：

$$\eta = \frac{Lc_1 - Lc_2}{Lc_1} \times 100\% \qquad (8-5)$$

式中 L——除尘器处理的空气量，m^3/s；

　　　c_1——除尘器进口的空气含尘浓度，g/m^3；

　　　c_2——除尘器出口的空气含尘浓度，g/m^3。

式（8-5）要通过进尘、收尘或排尘质量比求得全效率，称为质量法，用这种方法测出的结果比较准确，主要用于实验室。在现场测定除尘器效率时，通常先同时测出除尘器前后的空气含尘浓度，再按式（8-4）求得全效率，这种方法称为浓度法。含尘空气管道内的浓度分布既不均匀又不稳定，要测得准确结果比较困难。

在除尘系统中为提高除尘效率，常把两个除尘器串联使用（见图8-1），两个除尘器串联时的总除尘效率为：

$$\eta = \eta_1 + \eta_2(1 - \eta_1) = 1 - (1 - \eta_1)(1 - \eta_2) \qquad (8-6)$$

式中 η_1——第一级除尘器效率；

　　　η_2——第二级除尘器效率。

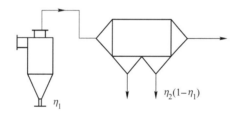

图8-1 两级除尘器串联

应当注意，两个型号相同的除尘器串联运行时，由于它们处理颗粒物的粒径不同，η_1 和 η_2 是不相同的。

进一步可推知，n 个除尘器串联时其总效率为：

$$\eta_0 = 1 - (1 - \eta_1)(1 - \eta_2) \cdots (1 - \eta_n) \qquad (8-7)$$

B 穿透率

有时两台除尘器的全效率分别为99.0%和99.5%，两者非常接近，似乎两者的除尘效果差别不大。但是从大气污染的角度去分析，两者的差别是很大的，前者排入大气的颗粒物量要比后者高出一倍。因此，有些文献中，除了用除尘器效率外，还用穿透率 P 表示除尘器的性能，即：

$$P = (1 - \eta) \times 100\% \qquad (8-8)$$

C 除尘器的分级效率

除尘器全效率的大小与处理颗粒物的粒径有很大关系，例如，有的旋风除尘器处理 $40\mu m$ 以上的颗粒物时，效率接近100%，处理 $5\mu m$ 以下的颗粒物时，效率会下降到40% 左右。因此，只给出除尘器的全效率对工程设计是意义不够，必须同时说明试验颗粒物的真密度和粒径分布或该除尘器的应用场合。要正确评价除尘器的除尘效果，必须按粒径标定除尘器效率，这种效率称为分级效率。图8-2是某种除尘器的分级效率。

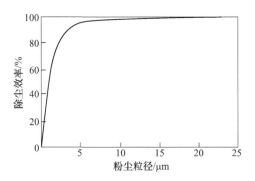

图 8-2 某除尘器的分级效率

在工程应用中，为便于实际操作，常采用分级效率进行除尘器的选择。

含尘量 $G = L \cdot c$，其中气体量为 L，含尘浓度为 c，$f_1(d_c)$ 为颗粒物的粒径分布密度，那么进入除尘器的粒径在 $d_c \pm \frac{1}{2}\Delta d_c$ 范围内的颗粒物量为：

$$\Delta G_1(d_c) = G_1 f_1(d_c) \cdot d_c \tag{8-9}$$

同理，在除尘器出口处，排出的颗粒物量为：

$$\Delta G_2(d_c) = G_2 f_2(d_c) \cdot d_c \tag{8-10}$$

除尘器在粒径 $d_c \pm \frac{1}{2}\Delta d_c$ 区间的分级效率为：

$$\eta(d_c) = 1 - \frac{\Delta G_2(d_c)}{\Delta G_1(d_c)} = 1 - \frac{G_2 f_2(d_c) \cdot d_c}{G_1 f_1(d_c) \Delta d_c} \tag{8-11}$$

除尘器捕集的粒径在 $d_c \pm \frac{1}{2}\Delta d_c$ 范围内的颗粒物量为：

$$\Delta G_3(d_c) = (G_1 - G_2) f_3(d_c) \Delta d_c \tag{8-12}$$

除尘器在 $d_c \pm \frac{1}{2}\Delta d_c$ 区间范围的分级效率还可以表述为：

$$\eta(d_c) = \frac{(G_1 - G_2) f_3(d_c) \Delta d_c}{G_1 f_1(d_c) \Delta d_c} \tag{8-13}$$

除尘器的分级效率是指除尘器捕集的粒径为 d_c 的颗粒物占进入除尘器该粒径颗粒物总量的百分数，可表示为：

$$\eta(d_c) = \frac{G_3(d_c)}{G_1(d_c)} \times 100\% \tag{8-14}$$

研究表明，大多数除尘器的分级效率可用下列经验公式表示：

$$\eta(d_c) = 1 - \exp(-\alpha d_c^m) \tag{8-15}$$

式中　α，m——待定的常数。

当 $\eta(d_c) = 50\%$ 时，$d_c = d_{c50}$。我们把除尘器分级效率为 50% 时的粒径 d_{c50} 称为分割粒径或临界粒径。根据式（8-15）有：

$$0.5 = 1 - \exp(-\alpha d_{c50}^m)$$

$$\alpha = \frac{\ln 2}{d_{c50}^m} = \frac{0.693}{d_{c50}^m} \tag{8-16}$$

把上式代入式（8-15），则得：

$$\eta(d_c) = 1 - \exp\left[-0.693\left(\frac{d_c}{d_{c50}}\right)^m\right] \tag{8-17}$$

只要已知 d_{c50} 和除尘器特性系数 m，就可以求得不同粒径下的分级效率。

例 8-1 对某除尘装置进行现场测定,测得除尘装置入口气体和出口气体含尘浓度分别为 $4×10^3 g/m^3$ 和 $500 g/m^3$，除尘装置不漏风，除尘装置入口粉尘和出口粉尘的粒径分布见表 8-1。

试计算该除尘装置 $5 \sim 10 \mu m$ 粒径范围内的分级效率和除尘总效率。

表 8-1   除尘装置入口和出口粉尘粒径分布

粒径/μm	0~5	5~10	10~20	20~40	>40
入口浓度（质量分数）/%	20	10	15	20	35
出口浓度（质量分数）/%	78	14	7.4	0.6	0

解：

（1）计算除尘装置的分级效率

$$\eta_{5\sim10} = 1 - \frac{g_{d2}c_2}{g_{d1}c_1} = 1 - \frac{14 \times 500}{10 \times 4000} = 82.5\%$$

（2）计算除尘装置的除尘总效率

$$\eta = \left(1 - \frac{c_2}{c_1}\right) \times 100\% = \left(1 - \frac{500}{4000}\right) = 87.5\%$$

8.2 机械除尘器

8.2.1 重力沉降室

重力沉降室是通过重力使尘粒从气流中分离的，它的结构如图 8-3 所示。含尘气流进入重力沉降室后，由于扩大的流动截面积使得气体流速迅速下降，在层流或接近层流的状态下运动，其中的尘粒在重力作用下缓慢向灰斗沉降。

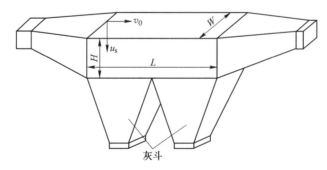

图 8-3   重力除尘装置

气流在沉降室内停留的时间为：

$$t_1 = l/v \tag{8-18}$$

式中　l——沉降室长度，m；

　　　v——沉降室内气流运动速度，m/s。

沉降速度为 v_s 的尘粒从除尘器顶部降落到底部所需的时间为 t_2；

$$t_2 = H/v_s \tag{8-19}$$

式中　H——重力沉降室长度，m。

要把沉降速度为 v_s 的尘粒在沉降室内全部除掉，必须满足 $t_1 \geqslant t_2$，即：

$$\frac{l}{v} \geqslant \frac{H}{v_s} \tag{8-20}$$

把式（8-16）代入式（8-20），并认为尘粒的密度 ρ_c 远远大于空气的密度 ρ，就可以求得重力沉降室能 100% 捕集的最小粒径。

$$d_{min} = \sqrt{\frac{18\mu Hv}{g\rho_c l}} \tag{8-21}$$

式中　d_{min}——重力沉降室能 100% 捕集的最小捕集粒径，m。

沉降室内的气流速度 v_0 要根据尘粒的密度和粒径确定，一般为 0.3~2m/s。

设计新的重力降尘室时，先要根据式（8-21）算出捕集尘粒的沉降速度 v_s，假设沉降室内的气流速度和沉降室高度（或宽度），然后再求得沉降室的长度和宽度（或高度）。

沉降室长度：

$$l \geqslant \frac{H}{v_s}v \tag{8-22}$$

沉降室宽度：

$$W = \frac{L}{Hv_0} \tag{8-23}$$

式中　L——沉降室处理的空气量，m³/s。

重力沉降室一般适用于捕集 50μm 以上的颗粒物，由于它对粉尘的除尘效率低、占地面积大，通风净化工程中主要作为预除尘应用。

8.2.2　惯性分离器

为了改善重力沉降室的除尘效果，可在其中设置各种形式的挡板，使气流方向发生急剧转变，利用尘粒的惯性使其和挡板发生碰撞而捕集，这种除尘器称为惯性除尘器。惯性除尘器的结构形式分为碰撞式和回转式两类，如图 8-4 所示。气流在撞击或方向转变前速度愈高，方向转变的曲率半径愈小，则除尘效率愈高。

图 8-5 所示的百叶窗式分离器，也是一种惯性除尘器。含尘气流进入锥形的百叶窗式分离器后，大部分气体从栅条之间的缝隙流出。气流绕过栅条时突然改变方向，尘粒由于自身的惯性继续保持直线运动，随部分气流（5.0%~20%）一起进入下部灰斗，在重力和惯性力作用下，尘粒在灰斗中分离。百叶窗式分离器的主要优点是外形尺寸小，除尘器阻力比旋风除尘器小。

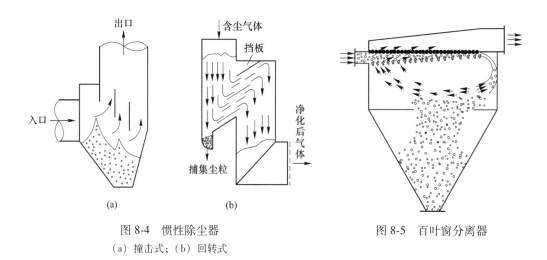

图 8-4　惯性除尘器
(a) 撞击式；(b) 回转式

图 8-5　百叶窗分离器

一般惯性除尘器的气流速度愈高，气流方向转变角度愈大，转变次数愈多，净化效率愈高，压力损失也愈大。惯性除尘器用于净化密度和粒径较大的金属或矿物性粉尘时，具有较高除尘效率。对黏结性和纤维性粉尘，则因易堵塞而不宜采用。由于惯性除尘器的净化效率不高，故一般只用于多级除尘中的第一级除尘，捕集 $10 \sim 20 \mu m$ 以上的粗尘粒。压力损失依类型而定，一般为 $100 \sim 1000 Pa$。

8.2.3　旋风除尘器

旋风除尘器是利用气流旋转过程中作用在尘粒上的惯性离心力，使尘粒从气流中分离的设备，它结构简单、体积小、维护方便。旋风除尘器主要用于粉尘气体中较粗颗粒物的去除，也可用于气力输送中的物料分离。

8.2.3.1　工作原理

A　气流与尘粒的运动

普通的旋风除尘器由筒体、锥体、排出管三部分组成，有的在排出管上设有蜗壳形出口，如图 8-6 所示。含尘气流沿切线进入除尘器，沿外壁由上向下做螺旋形旋转运动，这股向下旋转的气流称为外涡旋。外涡旋到达锥体底部后，转而向上，沿轴心向上旋转，最后经排出管排出。这股向上旋转的气流称为内涡旋。向下的外涡旋和向上的内涡旋，两者的旋转方向是相同的。气流做旋转运动时，尘粒在惯性离心力的推动下，要向外壁移动，到达外壁的尘粒在气流和重力的共同作用下，沿壁面落入灰斗。

气流从除尘器顶部向下高速旋转时，由于排出管处压力较小，一部分气流会带着细小的尘粒沿外壁旋转向

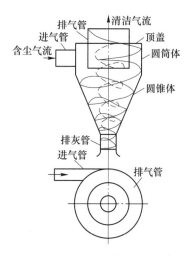

图 8-6　旋风除尘器示意图

上，到达顶部后，再沿排出管外壁旋转向下，从排出管排出。这股旋转气流称为上涡旋。

如果除尘器进口和顶盖之间保持一定距离，没有进口气流干扰，上涡旋表现比较明显。

B　切向速度

切向速度是决定气流速度大小的主要速度分量，也是决定气流中质点离心力大小的主要因素。

图8-7是实测位于正压管段侧的旋风除尘器某一断面上的速度分布和压力分布。从该图可以看出，外涡旋的切向速度 v_t 是随半径 r 的减小而增大的，在内、外涡旋交界面上，v_t 达到最大。可以近似认为，内外涡旋交界面的半径 $d_0 \approx (0.6 \sim 0.65)D_P$（$D_P$ 为排出管半径）。内涡旋的切向速度是随 r 的减小而减小的，类似于刚体的旋转运动。旋风除尘器内某一断面上的切向速度分布规律可用下式表示：

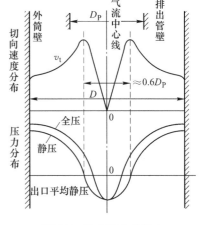

图 8-7　除尘器内的切向
速度和压力分布

外涡旋 $\qquad v_t^{1/n} r = c \qquad$ (8-24)

内涡旋 $\qquad v_t / r = c' \qquad$ (8-25)

式中　v_t——切向速度；

　　　r——距轴心的距离；

c'，c，n——常数，通过实测确定。

一般 $n = 0.5 \sim 0.8$，如果近似地取 $n = 0.5$，则式（8-24）可以改写为：

$$v_t^2 t = c \qquad (8-26)$$

C　径向速度

实测表明，旋风除尘器内的气流除了作切向运动外，还要做径向的运动。气流的切向分速度 v_t 和径向分速度 w 对尘粒的分离起着相反的影响，前者产生惯性离心力，使尘粒有向外的径向运动，后者则造成尘粒作向心的径向运动，把它推入内涡旋。

如果认为外涡旋气流均匀地经过内、外涡旋交界面进入内涡旋，如图8-8所示，那么在交界面上气流的平均径向速度为：

$$w_0 = L/2\pi r_0 H \qquad (8-27)$$

式中　L——旋风除尘器处理风量，m^3/s；

　　　H——假想圆柱面（交界面）高度，m；

　　　r_0——交界面的半径，m。

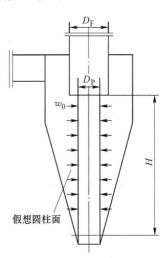

D　轴向速度

外涡旋的轴向速度向下，内涡旋的轴向速度向上。在内涡旋，随气流逐渐上升，轴向速度不断增大，在排气管底部达到最大值。

E　压力分布

旋风除尘器内轴向各截面上的速度分布差别较小，

图 8-8　交界面上气流的径向速度

因此轴向压力的变化较小。从图8-7可以看出，切向速度在径向有很大变化，因此径向的压力变化很大（主要是静压），外侧高中心低。这是因为气流在旋风除尘器内做圆周运动时，要有一个向心力与离心力相平衡，所以外侧的压力要比内侧高。在外壁附近静压最高，轴心处静压最低。试验研究表明，即使在正压下运行，旋风除尘器轴心处也保持负压，这种负压能一直延伸到灰斗。据测定，有的旋风除尘器当轴心处静压为+900Pa时，除尘器下部静压为-300Pa。因此，如果除尘器下部不保持严密，会有空气渗入，把已分离的颗粒物重新卷入内涡旋。

8.2.3.2 分割粒径与阻力的计算

A 分级效率的分割粒径

旋风除尘器分割粒径计算大多采用平衡轨道理论为基础的设计方法。筛分理论是平衡轨道理论的经典设计方法，它从切向和径向气流作用于颗粒物粒子的受力平衡来分析设备的除尘原理。

处于外涡旋的尘粒在径向会受到两个力的作用。

惯性离心力：

$$F_1 = \frac{\pi}{6} d_c^3 \rho_c v_t^2 / r \tag{8-28}$$

式中 v_t——尘粒的切线速度，可以近似认为等于该点气流的切线速度，m/s；

r——旋转半径，m。

向心运动的气流给予尘粒的作用力：

$$p = 3\pi\mu w d_c \tag{8-29}$$

式中 w——气流与尘粒在径向的相对运动速度 m/s。

这两个力方向相反，因此作用在尘粒上的合力为：

$$F = F_1 - P = \frac{\pi}{6} d_c^3 \rho_c v_t^2 / r - 3\pi\mu w d_c \tag{8-30}$$

由于粒径分布是连续的，必定存在某个临界粒径 d_k，作用在该尘粒上的合力恰好为零，即 $F = F_l - P = 0$。这就是说，惯性离心力的向外推移作用与径向气流造成的向内飘移作用恰好相等。对于 $d_c > d_k$ 的尘粒，因 $F_1 > P$，尘粒会在惯性离心力推动下移向外壁。对于 $d_c < d_k$ 的尘粒，因 $F_1 < P$，尘粒会在向心气流推动下进入内涡旋。有人假想在旋风除尘器内似乎有一张孔径为 d_k 的筛网在起筛分作用，$d_c > d_k$ 的粒径被截留在筛网一面，$d_c < d_k$ 的尘粒则通过筛网排出。那么筛网置于什么位置呢？在内、外涡旋交界面上切向速度最大，尘粒在该处所受到的惯性离心力也最大，因此可以设想筛网的位置应位于内、外涡旋交界面上。对于粒径为 d_k 的尘粒，因 $F_1 = P$ 它将在交界面不停地旋转。实际上由于气流紊流等因素的影响，从概率统计的观点看，处于这种状态的尘粒有50%的可能被捕集，有50%的可能进入内涡旋，这种尘粒的分离效率为50%，因此根据式（8-30），在内外涡旋交界面上，当 $F_1 = P$ 时，有：

$$\frac{\pi}{6} d_{c50}^3 \rho_c v_{ot}^2 / r_0 = 3\pi\mu\omega_0 d_{c50} \tag{8-31}$$

旋风除尘器的分割粒径为：

$$d_{c50} = \left(\frac{18\mu w_0 r_0}{\rho_c v_{0t}^2} \right)^{\frac{1}{2}} \tag{8-32}$$

式中　r_0——界面的半径，m；

　　　　w_0——交界面上的气流径向速度，m/s；

　　　　v_{0t}——交界面上的气流切向速度，m/s。

应当指出，颗粒物在旋风除尘器内的分离过程是很复杂的，上述计算方法具有局限性。例如它只是分析单个尘粒在除尘器内的运动，没有考虑尘粒相互间碰撞及局部涡流对尘粒分离的影响，浓度越大，尘粒间的相互作用也会越明显。由于尘粒之间的碰撞，粗大尘粒向外壁移动时，会带着细小的尘粒一起运动，结果有些理论上不能捕集的细小尘粒也会一起除下。相反，由于局部涡流和轴向气流的影响，有些理论上应被除下的粗大尘粒却被卷入内涡旋，排出除尘器。另外，有些已分离的尘粒，在下落过程中也会重新被气流带走。外涡旋气流在锥体底部旋转向上时，会带走部分已分离的尘粒，这种现象称为返混。因此，理论计算的结果和实际情况仍有一定差别。

B　旋风除尘器的阻力

由于气流运动的复杂性，旋风除尘器阻力以局部阻力的形式进行计算，其阻力系数目前还难于用公式求得，一般要通过试验或现场实测确定。

$$\Delta P = \xi \frac{u^2}{2} \rho, \ Pa \tag{8-33}$$

式中　ξ——局部阻力系数，通过实测求得；

　　　　u——进口速度，m/s；

　　　　ρ——气体密度，kg/m³。

8.2.3.3　影响旋风除尘器性能的因素

（1）入口速度 u。入口速度对除尘效率和除尘器阻力具有重大影响。除尘效率和除尘器阻力是随 u 的增大而增高的，由于阻力与入口速度的平方成比例，因此 u 值不宜过大，一般控制在 12~25m/s 之间。

（2）筒体直径 D_0 和排出管直径 D_P。筒体直径愈小，尘粒受到的惯性离心力愈大，除尘效率愈高。目前常用的旋风除尘器直径一般不超过 800mm，风量较大时可用几台除尘器并联运行。

一般认为，内外涡旋交界面的直径 $D_0 \approx 0.6D_P$，内涡旋的范围是随 d_P 的减小而减小的，减小内涡旋有利于提高除尘效率。但是 D_P 不能过小，以免阻力过大。一般取 $D_P = (0.50~0.60)D_0$。

（3）旋风除尘器的筒体和锥体高度。由于在外涡旋内有气流的向心运动，外涡旋在下降时不一定能达到除尘器底部，因此，筒体和锥体的总高度过大，对除尘效率影响不大，反而使阻力增加。实践证明，筒体和锥体的总高度以不大于筒体直径的 5 倍为宜。

（4）除尘器下部的严密性。从压力分布图可以看出，由外壁向中心静压是逐渐下降的，即使旋风除尘器在正压下运行，锥体底部也会处于负压状态。如果除尘器下部不严密，渗入外部空气，会把正在落入灰斗的颗粒物重新带走，使除尘效率显著下降。

8.3　过滤除尘器

8.3.1　袋式除尘器

袋式除尘器是各类工业除尘器中应用最多的一类，就数量而言，袋式除尘器占除尘器行业应用总量的60%以上。其应用广泛的原因在于除尘效率高，能满足严格的环保要求；运行稳定，粉尘适应能力强，容易满足各种工况除尘工程的净化需求。其缺点是不适于高温的烟气净化。

袋式除尘器是一种干法高效除尘器，它是利用含尘气流通过滤料时将颗粒物分离捕集的装置。滤袋通常做成圆筒形（直径为110~500mm），有时也做成扁方形，滤袋长度可以做到8~12m。近年来，由于高温滤料和清灰技术的发展，袋式除尘器在冶金、建材、电力、机械等不同工业部门得到广泛应用。

8.3.1.1　工作原理

袋式除尘器主要是利用纤维加工的滤料进行过滤除尘。图8-9是简单的机械振动袋式除尘器。含尘气流从下部孔板进入圆筒形滤袋内，在通过滤料的孔隙时，粉尘被捕集于滤料上，透过滤料的清洁气体由排出口排出。沉积在滤料上的粉尘，可在机械振动的作用下从滤料表面脱落，掉落至灰斗，随后经卸灰装置排出。常用滤料由棉、毛、人造纤维等加工而成，滤料本身网孔较大，孔径一般为20~50μm，表面起绒的滤料滤袋含尘气流为5~10μm。

含尘气流通过过滤介质（滤料）的孔隙时，因截留、惯性碰撞、静电和扩散等作用，气体中的粉尘被分离并吸附在滤料上，在网孔中产生"架桥现象"。随着含尘的气流不断通过过滤介质，过滤介质孔隙间粉尘的"架桥"现象不断增强。一段时间后，过滤介质迎尘侧会形成粉尘层，常称为"粉尘初层"或"尘饼"，如图8-10所示。此后对含尘气流的过滤作用以"粉尘初层"的筛分作用为主，可实现对更加微细粉尘的捕集。即含尘气流中的粉尘颗粒被过滤介质分离出来，主要分两个步骤：一是过滤介质对粉

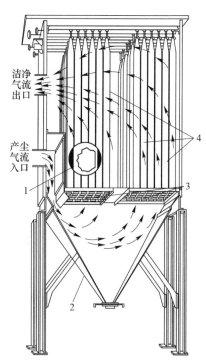

图8-9　常见除尘器内部结构示意
1—滤袋截面放大图；2—灰斗；
3—花板；4—滤袋

尘颗粒的直接捕集，由于尘粒会嵌入滤料网眼，这一过程也可称为深层过滤；二是过滤介质表面所形成的粉尘初层对粉尘颗粒的捕集，这一过程尘粒不进入过滤介质内部，称为表层过滤。从粉尘过滤时间和精度等角度上分析，后者具有更重要的意义。

过滤介质对含尘气流中粉尘颗粒的捕集作用主要有扩散、惯性碰撞、直接拦截、筛滤、静电吸引、重力沉降等效应。

随着颗粒物在过滤介质上的积聚，滤料两侧的压差增大，颗粒物内部的空隙变小，空气通过滤料孔眼时的流速增高。这样会把黏附在缝隙间的尘粒带走，使除尘效率下降。另外阻力过大，会使滤袋透气性下降，造成通风系统风量下降。因此，袋式除尘器运行一段时间后，要及时进行清灰，清灰时要避免破坏初层，以免效率下降。

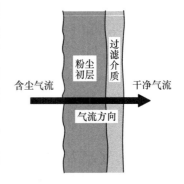

图 8-10 过滤形成"粉尘初层"

由于颗粒物渗透到滤料层内易造成滤料阻力上升，有的滤料改进为覆膜滤料，采用表层覆膜形成人造初层，实现滤料的表面过滤，保证滤料长期使用性能稳定。

过滤风速是影响袋式除尘器性能的另一个重要因素。过滤风速即是指过滤气体通过滤料表面的速度，单位是 m/min，即：

$$v_F = L/60F \tag{8-34}$$

式中 L——除尘器处理风量，m^3/s；

　　　F——过滤面积，m^2。

选用较高的过滤风速可以减小过滤面积，但会使阻力上升快、清灰频繁，影响到滤袋的使用寿命。每一个过滤系统根据它的清灰方式、滤料、颗粒物性质、处理气体温度等因素都有一个最佳的过滤风速，一般处理高浓度颗粒物的过滤风速要比处理低浓度颗粒物的值低，大除尘器的过滤风速要比小除尘器的低（因大除尘器气流分布不均匀目前设计中通常采用的过滤风速为 0.60~1.20m/min）。

有时用气布比 K_{LF} 表示，即单位时间通过的气体量与滤料面积之比，即：

$$K_{LF} = L/60F \tag{8-35}$$

为了避免高速气流对滤料表面的直接冲击，可把滤料设置成折叠形（如滤筒，滤筒除尘器为袋式除尘器的特殊形式），用较大的气布比来降低滤料表面的气流速度。采用该种设计时，除尘空间的含尘气流速度大，易造成收尘二次返混。当过滤表面接近平板形时，过滤风速与含尘空间的气流速度是比较接近的。

8.3.1.2 过滤阻力

袋式除尘器的阻力与除尘器结构、滤袋布置、颗粒物层特性、清灰方法、过滤风速、颗粒物浓度等因素有关。一般认为，过滤总阻力包括滤料本身的阻力和粉尘层的阻力，如下式：

$$\Delta P_T = \Delta P_F + \Delta P_C = k_1 v_f + k_2 v_f W \tag{8-36}$$

式中 ΔP_T——总过滤阻力，Pa；

　　　ΔP_F——滤料阻力，Pa；

　　　ΔP_C——粉尘层阻力，Pa；

　　　k_1——滤料阻力系数，$Pa \cdot s/m$；

　　　k_2——粉尘层比阻系数，s^{-1}；

　　　v_f——面过滤风速，m/s；

　　　W——单位面积滤料捕集的粉尘质量，g/m^2。

粉尘层的阻力系数可以用下式表示：

$$S = \Delta P_\mathrm{C} / v_\mathrm{f} = k_2 W \qquad (8\text{-}37)$$

式中　S——粉尘层阻力系数，$\mathrm{Pa \cdot s/m}$。

其中 k_2 可以用下面的关系式表示：

$$k_2 = f v_\mathrm{f}^n \qquad (8\text{-}38)$$

式中，f 和 n 为常数，n 代表了粉尘层随风速变化的压缩性。

粉尘层因压缩产生阻力变化与孔隙率（ε）之间存在如下关系：

$$k_2 = 180(1 - \varepsilon) \cdot \varepsilon^{-3} \cdot (\rho_\mathrm{P} \varphi_\mathrm{s}^2 d_\mathrm{s})^{-1} \cdot \mu \qquad (8\text{-}39)$$

式中　ε——煤尘层孔隙率，无量纲；

ρ_P——粉尘真密度，$\mathrm{g/cm^3}$；

d_s——索尔粒径，$\mathrm{\mu m}$；

φ_s——球形度，无量纲；

μ——空气黏性，$\mathrm{kg/(s \cdot m)}$。

根据式（8-38）可得到阻力系数 k_2，然后通过式（8-39）计算粉尘层孔隙率 ε。

一般认为，随着过滤的进行，滤料上的阻力变化分为三个阶段：加速上升，减速上升和平稳上升。加速上升阶段为粉尘在滤料内部的深层过滤，深层过滤对阻力的影响较缓慢；减速上升阶段为内部过滤和滤料表面粉尘层开始形成的过渡阶段；直线上升阶段为粉尘层形成后，粉尘在粉尘层上积累，可以认为是表层过滤，表层过滤对阻力的影响较明显。

对于除尘系统而言，运行过程中阻力的变化不仅与粉尘特性有关，而且与除尘系统几何参数、气流分布、滤料特性、气体特性、温度、湿度等有关，还有喷嘴类型、喷吹高度、脉冲压力、脉冲宽度、脉冲周期、气包压力、气包容量等密不可分。

一般认为，粉尘颗粒越细，过滤阻力上升越快，过滤效率越高。颗粒越不规则，过滤时压缩性越大，导致的阻力上升速率也越大。对于纳米尺度的颗粒，过滤效率受密度的影响不大，而受形状的影响很显著，但对滤料进行覆油处理后可以降低形状的影响。

8.3.1.3　滤袋清灰

运行一段时间后，要及时进行清灰以降低运行阻力。当处理含尘浓度低的气体时，清灰间隔可以适当加长；进口含尘浓度低、清灰间隔长、清灰效果好的除尘器，可以选用较高的过滤风速；相反，则应选用较低的过滤风速。

按照清灰方式，滤筒除尘器主要可分为机械振动、气流反吹和脉冲喷吹三类。

（1）机械振动清灰。利用机械装置振打或摇动悬吊滤芯的框架，使滤芯产生振动而清落粉尘，多在顶部施加振动，使之产生垂直的或水平的振动，或者垂直与水平两个方向同时振动，施加振动的位置也可在滤芯中间。由于清灰时粉尘要扬起，所以振动清灰时常采用分室工作制，顺次逐室清灰，可保持除尘器的连续运转。振动清灰方式的机械构造简单，运转可靠，但清灰作用较弱。

（2）气流反吹清灰。气流反吹清灰方式多采用分室工作制度，利用阀门的调节，逐室地产生与过滤气流反向的气流。反吹清灰法多用内滤式，由于反向气流和逆压作用，滤料上产生反向风速而使沉积的粉尘层脱落。气流反吹方式的清灰作用比较弱，比振动清灰方式对滤料的损伤作用要小。

（3）脉冲喷吹清灰。滤筒的开口上方设有喷吹管，喷吹管对着每个滤筒开口的中心设有压气喷射孔（嘴），喷吹管的另一端与脉冲控制系统及压缩空气包相连接，按设定的时间或阻力值对滤筒进行脉冲喷吹清灰。在喷吹时，被清灰的滤筒不起捕尘作用，但因喷吹时间很短，且一般采用逐排滤筒清灰，几乎可以把除尘系统的捕尘作业看作是连续的。因此脉喷清灰方式下，除尘器既可以采取分室结构，实施离线清灰，也可以不分室实施在线清灰。脉喷清灰作用较强，清灰效果较好，可适当提高过滤风速。其强度和频率都是可以调节的，清灰效果与文氏管构造、射流中心线和滤筒中心线是否一致等因素有关。

除尘器过滤积灰、清灰是不断循环进行的，常用的脉冲喷吹清灰又可以分为定时（按一定时间间隔）和定阻（设定最大运行过滤阻力）两种模式。采用定阻清灰的脉冲喷吹清灰除尘器的运行过程，其过滤阻力随时间的关系符合图 8-11 所示变化趋势。袋式除尘器运行时，会在滤料表面保留一定的颗粒物初层，这时的阻力称为残余阻力。清灰后滤料随过滤时间的增加颗粒物积聚，阻力也相应增大，当阻力达到允许值时又再次清灰。

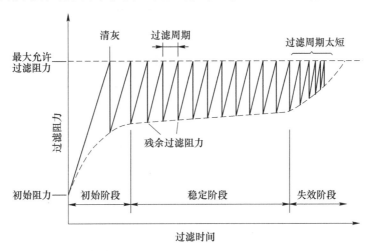

图 8-11　定阻清灰模式下过滤阻力变化的阶段性特点

对于定阻清灰，总体上过滤周期降低，残余过滤阻力升高。根据过滤周期的变化，可将过滤过程划分为三个阶段：首先是初始阶段，过滤周期降低，残余过滤阻力上升；然后进入稳定阶段，过滤周期以缓慢的速率降低，残余过滤阻力以缓慢的幅度增加；随着运行时间的增加，由于颗粒物进入滤料深层，清灰不能达到效果，残留阻力会逐步加大，造成残余阻力显著上升，使袋式除尘器工作周期缩短，甚至因阻力增大影响到系统工作风量，此时过滤周期快速降低，伴随残余过滤阻力快速上升，此时过滤已进入第三个阶段，即失效阶段。

一般来说，最大允许过滤阻力设置合理，可以观测到上述三个阶段；最大允许过滤阻力越大，稳定阶段越长；最大允许过滤阻力过小，则除尘系统会很快进入失效阶段。袋式除尘器的阻力一般为 1000~2000Pa。超过 2000Pa，通常就需要换袋。

袋式除尘器处理气体量大时，使用的滤袋要达到数千条。采用集中清灰会造成袋式除尘器处理气体量波动过大。可采用对滤袋进行分室、分区、分时段清灰模式，解决风量波动问题。

8.3.1.4   袋式除尘器分类

工业的发展对除尘器的要求越来越高，袋式除尘器在结构形式、清灰方式、箱体结构等方面不断更新发展，可根据其特点进行不同的分类。

A   按过滤方向分类

按过滤方向分类，可分为内滤式和外滤式除尘器两类。

（1）外滤式除尘器。图 8-12 中（a）、（c）为外滤式除尘器，含尘气体由滤筒外侧流向内侧，粉尘沉积在滤袋外表面上。脉冲喷吹、机械回转反吹等清灰方式多采用外滤形式。

（2）内滤式除尘器。图 8-12 中（b）、（d）为内滤式除尘器，含尘气流由滤筒内侧流向外侧，粉尘沉积在滤筒内表面上。其优点是滤筒外部为清洁气体，便于检修和更换滤筒，甚至不停机即可检修。一般机械振动、气流反吹等清灰方式多采用内滤形式。

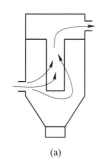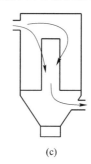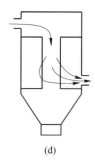

（a）   （b）   （c）   （d）

图 8-12   常见除尘器过滤和进风形式

B   按进气口位置分类

按进气口位置分类，可分为下进风式和上进风式除尘器两类。

（1）下进风式除尘器。图 8-12 中（a）、（b）为下进风式除尘器，含尘气体由除尘器下部进入，气流自下而上，大颗粒直接落入灰斗减少了滤袋磨损，延长了清灰间隔时间，但由于气流方向与粉尘下落方向相反，容易带出部分微细粉尘，降低了清灰效果，增加了阻力。下进风式过滤除尘器结构简单，成本低，应用较广。

（2）上进风式除尘器。图 8-12 中（c）、（d）为上进风式除尘器，含尘气体由除尘器上部进入。粉尘沉降与气流方向一致，有利于粉尘沉降，除尘效率有所提高，设备阻力也可降低 15%~30%。

C   按除尘器内压力分类

按除尘器内的压力分类，可分为正压式和负压式除尘器两类。

（1）正压式除尘器。风机设置在除尘器之前，除尘器在正压状态下工作，由于含尘气体先经过风机，对风机的磨损较严重，因此不适用于高浓度、粗颗粒、硬度大、强腐蚀性的粉尘。若除尘器积灰和卸灰区域密封不严，粉尘会随漏风发生泄漏，对除尘器附近区域造成污染。

（2）负压式除尘器。风机设置于除尘器之后，除尘器在负压状态下工作，由于含尘气体经净化后再进入风机，因此对风机的磨损很小，这种方式采用较多。若除尘器积灰和卸灰区域密封不严，外界气体会进入除尘器内部，除尘系统吸风口区域的风流会降低。

D　按清灰方式分类

清灰方式是影响袋式除尘器性能的一个重要因素，它与除尘器效率、压力损失、过滤风速及滤料寿命均有关系。按照清灰方式，可以分为机械振打除尘器、气流反吹除尘器和脉冲喷吹除尘器，与前述的滤袋清灰方式对应。

此外，袋式除尘器还可根据外观形状、适用范围及用途等进行分类。

8.3.2　滤筒除尘器

滤筒式除尘器早在20世纪70年代已经出现，具有体积小，效率高等优点，但因其设备容量小，过滤风速低，不能处理大风量，应用范围窄，仅在烟草、焊接等行业采用，所以多年来未能大量推广。由于新型滤料的出现和除尘器设计的改进，滤筒式除尘器在除尘工程中开始大量应用。

滤筒式除尘器的特点如下：（1）由于滤料折褶成筒状使用，使滤料布置密度大，所以除尘器结构紧凑，体积小；（2）滤筒高度小，安装方便，使用维修工作量小；（3）同体积除尘器过滤面积相对较大，过滤风速较小，阻力不大；（4）滤料折褶要求两端密封严格，不能有漏气，否则会减弱效果。

8.3.2.1　除尘器构造与原理

滤筒除尘器构造与原理与滤袋除尘器相似。滤筒除尘器主要由滤筒、花板、进风管、排风管、清灰装置（含脉冲控制仪）、箱体等组成，如图8-13所示。除尘器内部由花板分为上部的洁净室和下部的过滤室。位于过滤室的滤筒是滤筒除尘器的核心组件，滤筒对应安装在花板孔上，可以采用平式直筒或褶皱式结构。滤筒开口正上方布置喷嘴，喷嘴通过喷吹管连接气包，喷吹管上设置有电磁脉冲阀，控制脉喷清灰的启闭。

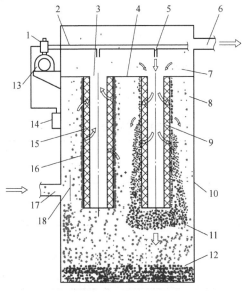

图 8-13　滤筒除尘器及其脉冲清灰装置示意图

1—电磁阀；2—喷吹管；3—滤筒开口；4—花板；5—喷嘴；6—排风管；7—洁净室；
8—过滤室；9—滤筒（清灰状态）；10—箱体；11—释放的粉尘；12—落尘；13—气包；
14—脉冲控制仪；15—滤筒（过滤状态）；16—尘饼；17—进风管；18—导流板

工作时，含尘气流从进风管到达除尘器的过滤室，在过滤室内，粉尘被滤料（或已附着在滤料表面的尘饼）所拦截，实现与气流的分离。净化后的气流穿过滤筒到达洁净室，然后经排风管排出。

滤筒的风流阻力随尘饼厚度的增加而上升，滤筒可采用与滤袋相同的清灰方式，应用最广泛的为脉冲喷吹清灰。可按设定时间或阻力阈值对滤筒清灰，脉冲喷吹清灰时，启动电磁脉冲阀，气包内的压缩空气经喷吹管到达喷嘴喷出，同时诱导周围空气（二次气流）形成高速射流进入滤筒内部，滤筒外壁尘饼受喷吹气流作用剥离，落入下方积灰区。

8.3.2.2　滤筒的构造和滤料

滤筒式除尘器的核心是其过滤元件——滤筒。根据国家标准，滤筒除尘器的主要性能和指标见表8-2。滤筒可分为平式滤筒和褶式滤筒，褶式滤筒的过滤面积可达平式滤筒的5~13倍。褶式滤筒的构造分为顶盖、金属框架、褶形滤料和底座等四部分。滤筒是用设计长度的滤料折叠成褶，首尾黏合成筒，筒的内外用金属框架支撑，上、下用顶盖和底座固定。顶盖有固定螺栓及垫圈。圆形滤筒的外形尺寸见表8-3、表8-4和图8-14。

表 8-2　滤筒除尘器的主要性能和指标

项　目	滤筒材质					
	合成纤维非组织		纸质	合成纤维非组织		纸质覆膜
入口含尘浓度（标态）/g·m^{-3}	≥15	≤15	≤5	≥15	≤15	≤5
过滤风速/m·min^{-1}	0.3~0.8	0.6~1.2	0.3~0.6	0.3~1.0	0.8~1.5	0.3~0.8
出口含尘浓度（标态）/g·m^{-3}	≤50		≤50	≤30		≤30
漏风率/%	≤2		≤2	≤2		≤2
设备阻力/Pa	≤1500		≤1500	≤1300		≤1300
耐压强度/kPa	5					

表 8-3　圆形滤筒推荐的外形尺寸　　　　　　　　　　　　（mm）

长度 H	直径 D							
	120	130	140	160	160	200	320	350
660						★	★	★
710						★	★	★
860						★	★	
1000	★	★	★	★	★	★	★	★
2000	★	★	★	★		★		

注：1. 对表述方便，D、H均为名义尺寸。

2. 滤筒长度H可按使用需要和加工技术要求延长或缩短，纸质滤筒H小于等于1000mm。

3. 有标志"★"者为推荐组合。

表 8-4　滤筒推荐的褶皱数量和深度

褶深 b/mm	褶数 n								
	35	45	88	120	140	240	250	330	350
15	★	★	★	★					
25	★	★	★	★					
48			★	★	★	★	★	★	★
50			★	★	★	★	★	★	★

注：1. 有标志"★"者为推荐组合。

　　2. 褶深 330~350mm 仅适用于纸质及其覆膜滤料。

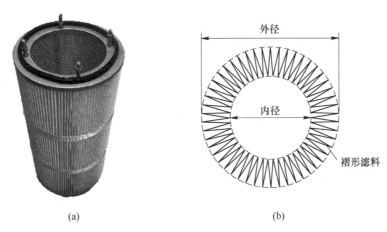

图 8-14　褶式滤筒

（a）实物图；（b）截面图

滤筒所用的滤料既区别于袋式除尘器用的滤布，又区别于空气过滤器的滤纸。滤布的纤维间的间隙一般为 12~60μm，滤纸纤维间的间隙则更大。滤筒用滤料的特点是，把一层亚微米级的超薄纤维黏附在一般滤料上，在该黏附层上纤维间排列非常紧密，其间隙为 0.12~0.6μm。极小的筛孔可把大部分亚微米级的尘粒阻挡在滤料表面，使其不能深入底层纤维内部。因此，在除尘初期即可在滤料表面迅速形成透气性好的粉尘层，使其保持低阻、高效。由于尘粒不能深入滤料内部，因此具有低阻、便于清灰的特点。

滤料材质要求刚性强，使其作为褶式滤筒滤料无需依赖支撑材料，一个褶式滤筒替代了滤袋和笼架等部件；同时该过滤材料抗潮性能好，强度高，清灰容易，使用寿命长，可减少除尘器的维护工作量。

8.3.2.3　滤筒的过滤

滤袋一般为深层过滤，而滤筒的过滤分为表层过滤与深层过滤。

A　表层过滤

表层过滤是指在滤料的外部加一层微孔薄膜，这种薄膜的孔径比粉尘粒径小，当含尘气流经过时，粉尘就无法通过滤筒，只能阻挡在微孔薄膜表面。基于粉尘层形成有利于过滤的理论，人为地在普通滤料表面覆上一层有微孔的薄膜以提高除尘效果。所以过滤表面的薄膜又称人造粉尘层。

表面过滤的薄膜可以覆在普通滤料表面，也可以覆在塑烧板的表面。目前滤料上覆的薄膜大多采用聚四氟乙烯（PTEE）膜，薄膜的厚度在 $10\mu m$ 左右，各厂家产品略有不同。

薄膜表面过滤的机理同粉尘层过滤一样，主要靠微孔筛分作用。由于薄膜的孔径很小，能把极大部分尘粒阻留在膜的表面，完成气固分离的过程。这个过程与一般滤料的分离过程不同，粉尘不深入支撑滤料的纤维内部。其好处是：在滤料工作一开始就能在膜表面形成透气性很好的粉尘薄层，既能保证较高的除尘效率，又能保证较低的运行阻力，而且如前所述，清灰也较容易。

应当指出，超薄膜表面的粉尘层剥离情况与一般滤料有很大差别，实验证明，复合滤料上的粉尘层极易剥落，有时还未到清灰机构动作粉尘也会掉落下来。还有另一个重要事实，即使是水硬性粉尘（如水泥尘），在膜表面结块初期也会被剥离下来。但是，如果粉尘结块现象严重或者烟气结露，覆膜滤料也无能为力，必须采取其他措施来解决。

B 深层过滤

深层过滤是指初始时，粉尘会在滤筒滤料表面形成一层粉尘层，即过滤层，这层过滤层会起到过滤含尘气流中粉尘的作用。在整个粉尘过滤的过程中，滤料本身也起着过滤作用，但是主要靠滤料表面形成的粉尘层的过滤作用。

在滤筒除尘器开始运转时，新的滤筒上没有粉尘，运行数分钟后在滤筒表面形成很薄的尘膜。由于滤筒是用纤维织造成的，所以在粉尘层未形成之前，粉尘会在扩散等效应的作用下逐渐形成粉尘在纤维间的架桥现象。架桥现象完成后的厚 $0.3\sim0.5mm$ 的粉尘层常称为初尘层或一次粉尘层。在一次粉尘层上面再次堆积的粉尘称为二次粉尘层。

新滤筒开始运转时上没有一次粉尘层，其除尘效率并不高，对 $1\mu m$ 的尘粒只有 40% 左右的捕集率。含尘气流通过滤料时，随着它们深入滤料内部，纤维间空间逐渐减小，最终形成附着在滤料表面的粉尘层（称为初层）。滤筒除尘器的过滤作用主要是依靠这个初层形成以后逐渐堆积起来的粉尘层进行的。这时的滤料只是起着形成初层和支持它的骨架作用。因此即使网孔较大的滤料，只要设计合理，对 $1\mu m$ 左右的尘粒也能得到较高的除尘效率。随着粉尘在滤筒上的集聚，滤筒两侧的压差增大，粉尘层内部的空隙变小，空气通过滤料孔眼时的流速增高。这样会把黏附在缝隙间的尘粒带走，使除尘效率下降。

粉尘在滤料上的附着力是非常强的，当过滤速度为 $0.28m/s$ 时，直径 $10\mu m$ 的粉尘粒子在滤料上的附着力可以达到粒子自重的 1000 倍，直径 $5\mu m$ 的粉尘粒子在滤料上的附着力可以达到粒子自重的 1200 倍。所以在滤筒清灰之后，粉尘层会继续存在。粉尘层的存在，使过滤过程中的筛分作用大大加强，过滤效率也随之提高。粉尘层形成的筛孔比滤料纤维的间隙小得多，其筛分效果显而易见。

粉尘层的形成与过滤速度有关，过滤速度较高时粉尘层形成较快；过滤速度很低时粉尘层形成较慢。如果单纯考虑粉尘层的过滤效果，过滤速度低不见得有利。随着粉尘在滤筒上的集聚，滤筒两侧的压差增大，粉尘层内部的空隙变小，空气通过滤料孔眼时的流速增高。这样会把黏附在缝隙间的尘粒带走，使除尘效率下降。或者粉尘层自动降落，导致粉尘间的"漏气"现象，降低捕集粉尘的效果。另外阻力过大，会使滤筒易于损坏，风量也会下降。因此除尘器运行一段时间后，要及时进行清灰，清灰时不能破坏初层，以免效率下降。

　　问题在于除尘器清灰过程中如何完成使第一次粉尘层保留，而仅清除第二次粉尘层，这个问题对设计和制造厂来说既是技术问题，又是一种处置经验。基于粉尘层对效率的影响，所以在粉尘层剥落部分除尘效率就急剧下降；同时，由于压力损失减少，气流就在这部分集中流过。因此，几秒钟后滤料表面又形成了粉尘层，除尘效率又上升了，即每一清除周期会排出一定量的粉尘。

　　从过滤阻力演变来看，平式滤筒上的阻力变化分为深层过滤阶段、过渡阶段、表层过滤阶段，而采用褶皱结构的滤筒，褶间嵌入粉尘会导致有效过滤面积的降低，导致过滤阻力以更快的速度上升，如图 8-15 所示。

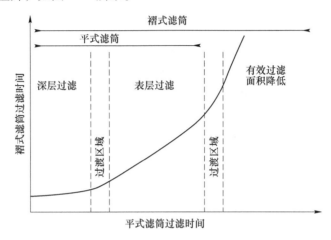

图 8-15　平式滤筒与褶式滤筒过滤阻力变化曲线

8.4　电除尘器

　　电除尘器是利用静电场产生的电力使尘粒从气流中分离的设备，电除尘器是一种干法高效除尘器，它的优点是：

　　（1）适用小微粒控制，单电场除尘效率可达 80%~85%；一般采用 3~4 级电除尘器，除尘效率可以达到 99.5% 以上。

　　（2）在除尘器内，尘粒从气流中分离的能量，不是供给气流，而是直接供给尘粒。因此，和其他高效除尘器相比，电除尘器的气流阻力比较低，仅为 100~200Pa。

　　（3）可以处理高温（在 350℃ 以下）的气体。

　　电除尘器的缺点主要在于对颗粒物的比电阻有一定要求。目前电除尘器主要应用于火力发电、冶金、建材等工业部门的烟气除尘和物料回收。

8.4.1　电除尘结构和原理

　　电除尘器的种类和结构形式很多，但都基于相同的工作原理。

　　静电除尘器通常包括本体和电源两大部分。本体部分大致可分为内件、支撑部件和辅助部件三大部分。内件部分包括接地收尘极板（工程上称阳极板）及其振打系统、电晕线及其振打系统。支撑部件包括壳体、顶盖、灰斗、灰斗挡风板、气流均分布装置等。辅助部件包括走梯平台、支架、壳体保温、灰斗料位计、卸灰装置等。图 8-16 为两电场线板式静电除尘器结构示意图。

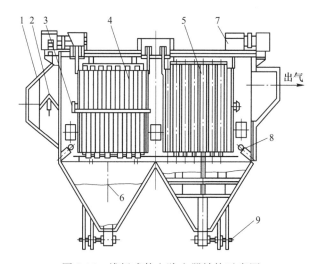

图 8-16　线板式静电除尘器结构示意图

1—气流分布板；2—分布板振打装置；3—电晕线振打结构；4—电晕线；5—收尘极板；
6—灰斗挡风板；7—高压电源保温箱；8—收尘极板振打；9—卸灰装置

静电除尘器的主要部件是电晕线和收尘极板。图 8-17 是管极式电除尘器工作原理示意。接地的金属管称为收尘极（或集尘极），它和置于圆管中心、靠重锤张紧的放电极（或称电晕线）构成管极式电除尘器。工作时含尘气体从除尘器下部进入，向上通过静电场，产生正、负离子和电子，正、负离子或电子在此电场中移动过程使粉尘荷电，荷电粉尘在电场力的作用下向集尘极运动并在收尘极上沉积，从而达到粉尘和气体分离的目的。当收尘极上的粉尘达到一定厚度时，通过清灰机构使灰尘落入灰斗中排出。

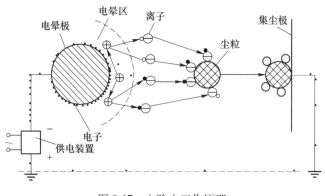

图 8-17　电除尘工作原理

电除尘的基本工作原理主要包括电晕放电、粉尘荷电、粉尘沉积和清灰四个基本过程。

（1）电晕放电。电除尘装置内设有高压电场，电极间的空气离子在电场的作用下向电极移动，形成电流。开始时，空气中的自由离子少，电流较小。当电压升高到一定数值后，电晕极附近的离子就获得了较高的能量和速度，它们撞击空气中性分子时，中性分子会电离成正、负离子，这种现象称为空气电离。空气电离后，由于连锁反应，在极间运动的离子数大大增加，表现为极间电流（电晕电流）急剧增大。当电晕极周围的空气全部电离后，形成了电晕区，此时在电晕极周围可以看见一圈蓝色的光环，这个光环称为电晕放电。如果在电晕极上加的是负电压，则产生的是负电晕；反之，则产生正电晕。

（2）粉尘荷电。在放电电极（若为负电）附近的电晕区内，正离子立即被电晕极表面吸引而失去电荷；自由电子和负离子则因受电场力的驱使和扩散作用，向集尘电极移动，于是在两极之间的绝大部分空间内部都存在着自由电子和负离子，含尘气流通过这部分空间时，粉尘与自由电子和负离子碰撞而结合在一起，实现粉尘荷电。

（3）粉尘沉积。电晕区的范围一般很小，电晕区以外的空间称为电晕外区，电晕区内的空气电离之后，正离子很快向负极（电晕极）移动，只有负离子才会进入电晕外区，向阳极（集尘极）移动。含尘气流通过电除尘装置时，由于只有少量的尘粒在电晕区通过，获得正电荷，沉积在电晕极上，大多数尘粒在电晕外区通过，获得负电荷，在电场力的驱动下向集尘极运动，到达极板失去电荷后沉积在集尘极上。

（4）清灰。当集尘极表面的灰尘沉积到一定厚度后，会导致电压降低，电晕电流减小；而电晕极上附有少量的粉尘，也会影响电场电流的大小和均匀性。为了防止粉尘重新进入气流，保持集尘极和电晕极表面的清洁，隔一段时间应及时清灰。

8.4.2 电除尘捕集效率

假定：除尘器中气流为紊流状态；在垂直于集尘表面的任一横截面上粒子浓度和气流分布是均匀的；粒子进入除尘器后立即完成了荷电过程；忽略电风、气流分布不均匀、被捕集粒子重新进入气流等影响。

如图 8-18 所示，设气体流向为 x，气体和粉尘在 x 方向的流速皆为 $u(\mathrm{m/s})$，气体流量为 $q_v(\mathrm{m^3/s})$；x 方向上每单位长度的集尘板面积为 $a(\mathrm{m^3/m})$；总集尘板面积为 $A(\mathrm{m^2})$；电场长度为 $L(\mathrm{m})$；气体流动截面积为 $F(\mathrm{m^3})$；直径为 d 的颗粒，其驱进速度为 $\omega_i(\mathrm{m/s})$，在气体中的浓度为 $\rho_i(\mathrm{g/m^3})$，则在 $\mathrm{d}t$ 时间内，于长度为 $\mathrm{d}x$ 的空间所捕集的粉尘量为：

$$\mathrm{d}m = a \cdot \mathrm{d}x \cdot w_i \cdot \rho_i \qquad (8\text{-}40)$$

$$\rho_i \mathrm{d}t = -F\mathrm{d}x \cdot \mathrm{d}\rho_i \qquad (8\text{-}41)$$

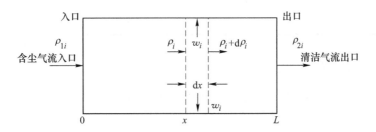

图 8-18 捕集效率方程式推导示意图

由于 $dt = \dfrac{dx}{u}$，代入上式得：

$$\frac{aw_i}{Fu}dx = -\frac{d\rho_i}{\rho_i} \qquad (8\text{-}42)$$

将其由除尘器入口（含尘浓度为 ρ_i），到出口（含尘浓度为 ρ_{2i}）进行积分，并考虑到 $Fu = q_v$，$aL = A$，得：

$$\frac{aw_i}{Fu}\int_0^L dx = -\int_{\rho_{1i}}^{\rho_{2i}}\frac{d\rho_i}{\rho_i} \qquad (8\text{-}43)$$

$$\frac{A}{q_v}w_i = -\ln\frac{\rho_{2i}}{\rho_{1i}} \qquad (8\text{-}44)$$

则理论分级捕集效率：

$$\eta_i = 1 - \frac{\rho_{2i}}{\rho_{1i}} = 1 - \exp\left(-\frac{A}{q_v}w_i\right) \qquad (8\text{-}45)$$

此即德意希分级效率方程。

德意希分级效率方程概括了分级除尘效率与集尘板面积、气体流量和颗粒驱进速度之间的关系，指明了提高电除尘器捕集效率的途径，因而在除尘器性能分析和设计中被广泛采用。

由于各种因素的影响，由式（8-45）计算得到的理论捕集效率要比实际值高得多。为此，实际中常常根据在一定的除尘器结构形式和运行条件下测得的总捕集效率值，代入德意希分级效率方程反算出相应的驱进速度值，并称为有效驱进速度，以 ω_e 表示。可利用有效驱进速度表示工业电除尘器的性能，并作为类似除尘器设计的基础。对于工业电除尘器，有效驱进速度的变化在 $0.2 \sim 2m/s$ 的范围内。表8-5列出了各种工业粉尘的有效驱进速度。

表 8-5 各种工业粉尘的有效驱进速度

粉尘种类	有效驱进速度/m·s^{-1}	粉尘种类	有效驱进速度/m·s^{-1}
煤粉（飞灰）	0.10~0.14	冲天炉（铁焦比=10）	0.03~0.04
纸浆及造纸	0.08	水泥生产（干法）	0.06~0.07
平炉	0.06	水泥生产（湿法）	0.10~0.11
酸雾（H$_2$SO$_4$）	0.06~0.08	多层床式焙烧炉	0.08
酸雾（TiO$_2$）	0.06~0.08	红磷	0.03
氧气转炉	0.08	石膏	0.16~0.20
催化剂粉尘	0.08	二级高炉（80%生铁）	0.125

8.4.3 电除尘装置的种类

电除尘装置的种类很多，根据电除尘装置的结构特点来分，主要有以下几种分类方式：

（1）随按粒子荷电段和分离段的空间布置不同，可分为单区式电除尘装置和双区式电除尘装置两种。电除尘的四个过程都在同一空间区域内完成的叫作单区式电除尘装置。而荷电和除尘分设在两个空间区域内的称为双区式电除尘装置。目前单区式电除尘装置应用最广。

（2）按集尘极的形式不同，可分为管式电除尘装置和板式电除尘装置。管式电除尘装置的集尘极一般为多根并列的金属圆管，适用于气体量较小的情况，一般采用湿式清灰；板式电除尘装置的集尘极由轧制成各种断面形状的平行钢板制作，极板之间布置电晕线，清灰方便，制作、安装都比较容易，布置较为灵活。板式电除尘装置的规格以除尘装置横断面积表示，可以从几平方米到几百平方米。

（3）按气流流动方向的不同，可分为卧式电除尘装置和立式电除尘装置。前者气流方向平行于地面，占地面积大，但操作方便，因此，在工业废气除尘中，卧式的板式电除尘装置应用最广。后者气流方向垂直于地面，通常由下而上，管式电除尘装置都是立式的，一些板式电除尘装置也采用立式的，这种电除尘装置占地面积小，但捕集的细粒易产生再次飞扬。

（4）按清灰方式不同，可分为干式电除尘装置和湿式电除尘装置。湿式电除尘装置通过喷雾或溢流水等方式，使集尘极表面形成一层水膜，将沉积到极板上的尘粒带走。湿式清灰可避免二次扬尘，达到很高的除尘效率，运行也较稳定，但操作温度低，且存在含尘污水和污泥的处理，一般只是在气体含尘浓度较低、要求除尘效率较高时才采用。干式电除尘装置采用机械、电磁、压缩空气等振打清灰，处理温度可高达 $350 \sim 450 ℃$ ，有利于回收具有较高价值的颗粒物，但振打清灰时存在粉尘二次飞扬等问题，板式除尘装置大多采用干式清灰。

8.4.4 影响除尘性能的因素

除含尘气体处理量、除尘效率和阻力外，驱进速度是电除尘装置特有的性能指标。影响除尘性能的主要因素有粉尘特性与浓度、气体特性、火花放电频率、结构因素和操作因素等。

A 粉尘特性与浓度

粉尘特性主要包括粉尘的粒径分散度、真密度、堆积密度和比电阻等，其中最主要的是粉尘的比电阻，一般为 $10^5 \sim 10^{11} \Omega \cdot cm$ ，过高则粉尘沉积到收尘极时，粉尘很难中和，在沉积的颗粒层上形成负电场，从而发生反电晕现象，电除尘器的效率大大降低；过低则粉尘沉积在收尘极瞬间就被中和了，极易脱离收尘极而重新进入气流，降低了除尘器效率。影响粉尘比电阻的因素很多，但主要是气体的温度和湿度。所以，对于比电阻值偏高的粉尘，往往可以通过改变烟气的温度和湿度的方式来调节，具体的方法是向烟气中喷水，这样可以同时达到增加烟气湿度和降低烟气温度的双重目的。为了降低烟气的比电阻，也可以向烟气中加入二氧化硫、氨气以及碳酸钠等化合物，以增加粉尘的导电性。

在除尘电场中，荷电粉尘形成的空间电荷会对电晕极产生屏蔽作用，从而抑制电晕放电。随着含尘浓度的提高，电晕电流逐渐减少，这种现象被称为电晕阻止效应。当含尘浓度增加到某数值时，电晕电流基本为零，这种现象被称为电晕闭塞。此时，除尘装置失去除尘能力，为了避免产生电晕闭塞，进入电除尘装置的气体含尘浓度应小于 $20 g/m^3$ 。当气体含尘浓度过高时，除了选用曲率大的芒刺型电晕电极外，还可以在电除尘装置前串接除尘效率较低的机械除尘装置，进行多级除尘。

B 气体特性

气体特性主要包括气体温度、压力、湿度、气流速度和气流分布等。

（1）断面气流速度。从电除尘装置的工作原理不难得知，除尘装置断面的气流速度越低，粉尘荷电的机会越多，除尘效率也就越高。例如，当锅炉烟气的流速低于 0.5m/s 时，除尘效率接近 100%；烟气流速高于 1.6m/s 时，除尘效率只有 85% 左右。可见，随着气流速度的增大，除尘效率降低。从理论上讲，低流速有利于提高除尘效率，但气流速度过低的话，不仅经济上不合理，而且管道易积灰。在实际生产中，断面上的气流速度一般为 0.6~1.5m/s。

（2）气流分布。气流速度分布均匀与否，对除尘效率影响很大。如果气流速度分布不均匀，在流速较低的区域就会存在局部气流停滞，造成集尘极局部积灰严重，使运行电压变低；在流速较高的区域又易造成二次扬尘。因此，气流速度的差异越大，除尘效率越低。为了避免在入、出口风道中积尘，应将风道内的气流速度控制在 15~20m/s。为了解决除尘装置内气流分布的问题。一般采取在除尘装置的入口或在出口同时设置气流分布装置的方式。

（3）气体的温度和湿度。含尘气体的温度对除尘效率的影响主要表现为对粉尘比电阻的影响。在低温区，由于粉尘表面的吸附物和水蒸气的影响，粉尘的比电阻较小；随着温度的升高，吸附物和水蒸气的作用减弱，使粉尘的比电阻增加；在高温区，主要是粉尘本身的电阻起作用。因而随着温度的升高，粉尘的比电阻降低。

当温度低于露点时，气体的湿度会严重地影响除尘装置的除尘效率，主要是因捕集到的粉尘结块黏结在降尘极和电晕极上，难于振落，因而使除尘效率下降。当温度高于露点时，随着湿度的增加，不仅可以使击穿电压增高，而且可以使部分尘粒的比电阻降低，从而使除尘效率有所提高。

C 放电频率

为了获得最佳的除尘效率，通常用控制电晕极和集尘极之间火花频率的方法，做到既维持较高的运行电压，又避免火花放电转变为弧光放电。这时的火花频率被称为最佳火花频率，其值因粉尘的性质和浓度、气体的成分、温度和湿度的不同而不同，一般取 30~150 次/min。

D 操作因素和结构因素

操作因素主要包括伏安特性、漏风率、二次飞扬、电晕线肥大、清灰等。在电除尘装置运行过程中，电晕电流与电压之向的关系称为伏安特性，它是很多变量的函数，其中最主要的是电晕极和除尘极的几何形状、烟气成分、温度、压力和粉尘性质等。电场的平均电压和平均电晕电流的乘积即电晕功率，它是投入到电除尘装置的有效功率，电晕功率越大，除尘效率也就越高。随着集尘极和电晕极上堆积粉尘厚度的不断增加，电除尘装置在工作过程中的运行电压会逐渐下降，使除尘效率降低，故必须通过清灰装置使粉尘剥落下来，以保持较高的除尘效率。

结构因素主要包括电晕线的几何形状、直径、数量和线间距；收尘极的形式、极板断面形状、极间距、极板面积、电场数、电场长度；供电方式、振打方式（方向、强度、周期）、气流分布装置、外壳严密程度、灰斗形式和出灰口锁风装置等。

8.5 湿式除尘器

湿式除尘器是通过含尘气体与液滴或液膜的接触使尘粒从气流中分离的。它的优点是结构简单、投资低、占地面积小、除尘效率高，能同时进行污染气体的净化。它适宜处理有爆炸危险或同时含有多种污染物的气体。它的缺点是有用物料不能干法回收，泥浆处理比较困难，为了避免水系污染，有时要设置专门的废水处理设备；高温烟气洗涤后，温度下降，会影响烟气在大气的扩散。湿式除尘器与吸收塔的工作原理相似，能够同时进行除尘和气体吸收。

8.5.1 湿式除尘器的除尘机理

（1）通过惯性碰撞、接触阻留，尘粒与液滴、液膜发生接触，使尘粒加湿、增重、凝聚。

（2）细小尘粒通过扩散与液滴、液膜接触。

（3）由于烟气增湿，尘粒的凝聚性增加。

（4）高温烟气中的水蒸气冷却凝结时，会以尘粒为凝结核，在尘粒表面形成一层液膜，增强了颗粒物的凝聚性，对疏水性颗粒物能改善其可湿性。

粒径为 $1.0 \sim 5.0 \mu m$ 的颗粒物主要利用第一个机理，粒径在 $1.0 \mu m$ 以下的颗粒物主要利用后三个机理。目前常用的各种湿式除尘器主要利用尘粒与液滴、液膜的惯性碰撞进行除尘。下面对湿式除尘器所涉及的惯性碰撞及扩散的机理做进一步分析。

8.5.1.1 惯性碰撞

当含尘气流在运动过程中与液滴相遇，在液滴前 x_d 处，气流开始改变方向，绕过液滴流动。而惯性较大的尘粒则要继续保持其原来直线运动的趋势。尘粒在做惯性运动时，主要受两个力的影响，即本身的惯性力及周围气体的阻力。我们把尘粒从脱离流线到惯性运动结束所移动的直线距离称为尘粒的停止距离，以 x_s 表示。若 $x_s > x_d$，尘粒和滴液就会发生碰撞。在除尘技术中，把 x_s 与液滴直径 d_y 的比值称为惯性碰撞数 N_i。根据推导，惯性碰撞数 N_i 可用下式表示：

$$N_i = \frac{x_s}{d_s} = \frac{v_y d_c^2 \rho_c}{18 \mu d_y} \tag{8-46}$$

式中　v_y——尘粒与液滴的相对运动速度，m/s；

　　　d_y——液滴的直径，m/s；

　　　d_c——尘粒直径，m。

惯性碰撞数是和 Re 数一样的一个准则数，反映惯性碰撞的特征。N_i 数越大，说明尘粒和物体（如液滴、挡板、纤维）的碰撞机会越多，碰撞愈强烈，因而惯性碰撞所造成的除尘效率也越高。

从式（8-46）可以看出，尘粒直径和密度确定以后，N_i 数的大小取决于尘粒与液滴间的相对速度和液滴直径。因此，对于一个已定的湿式除尘系统，要提高 N_i 值，必须提高气液相对运动速度和减小液滴直径，目前工程上常用的各种湿式除尘器基本是围绕这两个因素发展起来的。

必须指出，并不是液滴直径 d_y 越小越好，d_y 越小，液滴容易随气流一起运动，减小了气液的相对运动速度。试验表明，液滴直径约为捕集粒径的 150 倍时，效果最好，过大或过小都会使除尘效率下降。气流的速度也不宜过高，以免阻力增加。

8.5.1.2　扩散

从式（8-46）可以看出，当粒径小于 $1\mu m$ 时，$N_i \approx 0$。但是实际的除尘效率并不一定为零，这是因为尘粒向液体表面的扩散在起作用。粒径在 $0.1\mu m$ 左右时，扩散是尘粒运动的主要因素。扩散引起的尘粒转移与气体分子的扩散是相同的。扩散转移量与尘液接触面积、扩散系数、颗粒物浓度成正比，与液体表面的液膜厚度成反比。扩散系数 D 可按下式计算：

$$D = \frac{kTk_c}{3\pi\mu d_c} \tag{8-47}$$

式中　k——玻耳兹曼常数，$k = 1.38054\times10^{-23}J/K$；

　　　k_c——坎宁安滑动修正系数。

从式（8-47）可以看出，粒径愈大，扩散系数 D 愈小。由此可见，粒径对除尘效率的影响。扩散和惯性碰撞是相反的。另外，扩散除尘效率是随液滴直径、气体黏度、气液相对运动速度的减小而增加的。在工业上单纯利用扩散机理的除尘装置是没有的，但是某些难以捕集的细小尘粒能在湿式除尘器或袋式除尘器中捕集是与扩散、凝聚等机理有关的。当处理颗粒物的粒径比较细小，在设计和选用湿式除尘器或过滤式除尘器时，应有意识地利用扩散机理。

8.5.2　湿式除尘器的结构形式

湿式除尘器的种类很多，但是按照气液接触方式，可分为两大类：一类是向含尘气流中喷入水雾，使尘粒与液滴、液膜发生碰撞。属于这类的湿式除尘器有文丘里除尘器、喷淋塔等。另一类是将含尘气流冲入液体内部，尘粒加湿后被液体捕集，它的作用是液体洗涤含尘气体。属于这类的湿式除尘器有自激式除尘器、旋风水膜除尘器、泡沫塔等。

8.5.2.1　自激式除尘器

自激式除尘器内先要贮存一定量的水，它利用气流与液面的高速接触，激起大量水滴，使尘粒从气流中分离，水浴除尘器、冲激式除尘器等都是属于这一类。

（1）水浴除尘器。图 8-19 是水浴除尘器的示意图，含尘空气以 $8.0\sim12m/s$ 的速度从喷头高速喷出，冲入液体中，激起大量泡沫和水滴。粗大的尘粒直接在水池内沉降，细小的尘粒在上部空间和水滴碰撞后，由于凝聚、增重而捕集。水浴除尘器的效率一般为 $80\%\sim95\%$。

喷头的埋水深度 $h_0 = 20\sim30mm$。除尘器的阻力约为 $400\sim700Pa$。

水浴除尘器可在现场用砖或钢筋混凝土构筑，适合中小型工厂采用。它的缺点是泥浆治理比较困难。

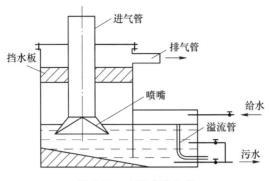

图 8-19 水浴式除尘器

（2）冲激式除尘器。图 8-20 是冲激式除尘器的示意图，含尘气体进入除尘器后转弯向下，冲激在液面上。部分粗大的尘粒直接沉降在泥浆斗内，随后含尘气体高速通过 S 形通道，激起大量水滴，使颗粒物与水滴混合而实现充分接触。图 8-20 所示的冲激式除尘器下部装有刮板运输机自动刮泥，也可以人工定期排放。

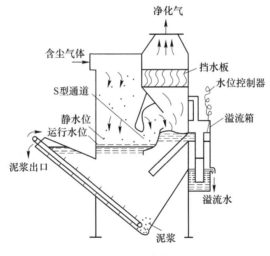

图 8-20 冲激式除尘器

除尘器处理风量在 20% 范围内变化时，对除尘效率几乎没有影响。冲激式除尘机组把除尘器和风机组合在一起，具有结构紧凑、占地面积小、维护管理简单等优点。

湿式除尘器的洗涤废水中，除固体微粒外，还有各种可溶性物质，洗涤废水直接排放会造成水系污染，目前湿式除尘器采用循环水，冲激式除尘器用的水是在除尘器内部自动循环的，称为水内循环的湿式除尘器。它与水外循环的湿式除尘器相比，节省了循环水泵的投资和运行费用，减少了废水处理量。

8.5.2.2 旋风水膜除尘器

（1）卧式旋风水膜除尘器。图 8-21 是卧式旋风水膜除尘器的示意图，它由横卧的外筒和内筒构成，内外筒之间设有导流叶片。含尘气体由一端沿切线方向进入，沿导流片做旋转运动。在气流带动下液体在外壁形成一层水膜，同时还产生大量水滴。尘粒在惯性离

140

心力作用下向外壁移动，到达壁面后被水膜捕集，部分尘粒与液滴发生碰撞而被捕集。气体连续流经几个螺旋形通道，便得到多次净化，使绝大部分尘粒分离下来。

当除尘器供水比较稳定，风量在一定范围内变化时，卧式旋风水膜除尘器有一定的自动调节作用，水位能自动保持平衡。

某卧式旋风水膜除尘器使用 $\rho_c = 2610 \text{kg/m}^3$、中位径如 $d_{50} = 6.0 \mu\text{m}$ 的耐火黏土粉进行试验，除尘效率在 98% 左右，除尘器阻力约为 800 ~ 1200Pa，耗水量约为 $0.06 \sim 0.15 \text{L/m}^3$。为了在出口处进行气液分离，小型除尘器采用重力脱水，大型除尘器用挡板或旋风脱水。

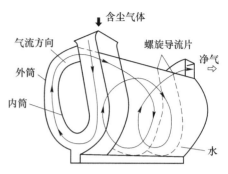

图 8-21　卧式旋风水膜除尘器

（2）立式旋风水膜除尘器。进口气流沿切线方向在下部进入除尘器，水在上部由喷嘴沿切线方向喷出。由于进口气流的旋转作用，在除尘器内表面形成一层液膜，颗粒物在离心力作用下被甩到筒壁，与液膜接触而被捕集。它可以有效防止颗粒物在器壁上的反弹、冲刷等引起的二次扬尘，除尘效率通常可达 90% ~ 95%。

除尘器筒体内壁形成稳定、均匀的水膜是保证除尘器正常工作的必要条件。为此必须要：1）均匀布置喷嘴，间距不宜过大，约 300 ~ 400mm；2）入口气流速度不能太高，通常为 15 ~ 22m/s；3）保持供水压力稳定，一般要求为 30 ~ 50kPa，最好能设置恒压水箱；4）筒体内表面要求平整光滑，不允许有凸凹不平及突出的焊缝等。

为防止水膜除尘器腐蚀，常用厚 200 ~ 250mm 的花岗岩制作（称为麻石水膜除尘器）。这种除尘器的入口流速为 15 ~ 22m/s（筒体流速 3.5 ~ 5.0m/s），耗水量为 0.10 ~ 0.30L/m³，阻力约为 400 ~ 700Pa，其除尘效率低于通常的立式水膜除尘器。

8.5.2.3　文丘里除尘器

典型的文丘里除尘器如图 8-22 所示，主要由三部分组成：引水装置（喷雾器）、文丘里体及脱水器，分别在其中实现雾化，凝并和除尘三个过程。

含尘气流由风管进入渐缩管，气流速度逐渐增加，静压降低。在喉管中，气流速度达到最高。由于高速气流的冲击，使喷嘴喷出的水滴进一步雾化。在喉管中气液两相充分混合，尘粒与水滴不断碰撞凝并，成为更大的颗粒。在渐扩管中气流速度逐渐降低，静压增高。最后含尘气流经风管进入脱水器。由于细颗粒凝并增大，在一般脱水器中就可以将尘粒和水滴一起除下。

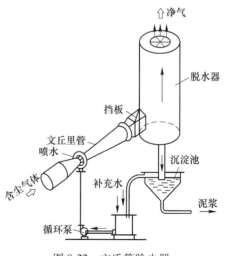

图 8-22　文氏管除尘器

8.6 复合除尘器

复合式除尘装置是指将不同的除尘机理联合使用，使它们共同作用，以提高除尘效率。复合式除尘装置的型式较多，如重力布袋除尘装置、旋风布袋除尘装置、惯性冲击静电除尘装置、静电旋风除尘装置、电袋复合除尘器等。下面介绍几种典型复合除尘器的原理。

8.6.1 惯性静电复合除尘器

惯性静电除尘器不仅有电场力作用，同时还要考虑惯性分离作用。对于图 8-23 的坐标系，假定流动为层流，用粒子极限轨迹分析法建立惯性静电除尘器分离效率，可得极板正面的收集效率：

$$\eta = \frac{2\alpha}{1 + \alpha} \frac{l}{a} \exp\left[\frac{(1 - \alpha)t}{2\tau}\right] \tag{8-48}$$

其中

$$\alpha = \sqrt{1 + 4\tau u_0/b} \tag{8-49}$$

式中　　u_0——粒子进入时的速度，m/s；

　　　　a ——极板入口半径，m；

　　　　b ——入口到极板的距离，m；

　　　　l ——极板长度的一半，m；

　　　　τ ——张弛时间，$\tau = \rho_P d_P^2/18\mu$。

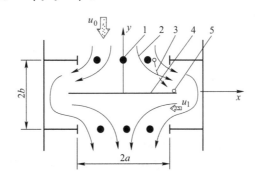

图 8-23　惯性静电除尘器分离除尘示意图

1—电晕线；2—流线；3—尘粒轨迹线；4—收尘极板；5—尘粒

工业除尘器内的流态是紊流，根据层流和紊流效率之间的关系，得紊流状态下的效率公式：

$$\eta = 1 - \exp\left\{-\frac{2\alpha}{1 + \alpha} \frac{l}{a} \exp\left[\frac{(1 - \alpha)t}{2\tau}\right]\right\} \tag{8-50}$$

对于惯性静电除尘器，单一极板的除尘效率是有限的，为了提高除尘效率需采用多段串联，如图 8-24 所示。

按串联系统分级效率的定义，对于 n 级串联的惯性静电除尘器，有：

$$\eta_n = 1 - \left\{ \exp\left[-\frac{2\alpha}{1+\alpha}\frac{l}{a}\exp\frac{(1-\alpha)t}{2\tau} \right] \right\}^n \qquad (8\text{-}51)$$

惯性静电除尘器的压力损失比常规静电除尘器要大些，它与挡板式惯性除尘器的压力损失相当。

图 8-24　惯性静电除尘器装置示意图

（图中标注：电晕极　收尘极）

8.6.2　静电旋风除尘器

静电旋风除尘器（如图 8-25 所示）是内加设高压静电场而构成的，利用离心力和电场力的双重作用来收集粉尘颗粒的高效除尘器。与电除尘器相比，静电旋风除尘器占地面积小、成本低、效率高；与旋风除尘器相比，在原有的除尘器中又形成高压静电场，解决了旋风除尘器不利于捕集微细粉尘（粒径小于 5μm）的弊端问题，除尘效率更高。

最早的静电旋风除尘器通过在旋风除尘器排气管中心加一根放电极来抑制粉尘随气流的逸出，也可采用沿排气管四周布置的直线芒刺状电极、均匀布置的圆圈芒刺电极、不均匀布置的圆圈芒刺电极。目前，静电旋风除尘设备应用于实际工程中很少。

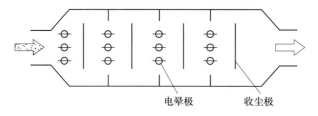

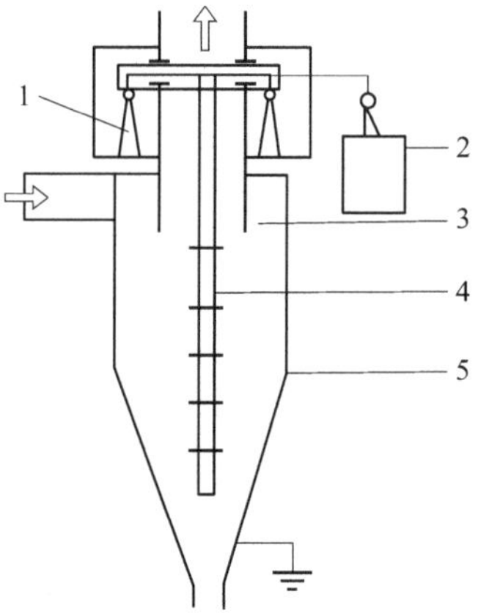

图 8-25　静电旋风除尘装置
结构示意图

1—绝缘子；2—高压电源；3—出气管；
4—放电极；5—收尘极

8.6.3　电袋复合除尘器

电袋复合式除尘器是利用静电力和过滤方式相结合的一种复合式除尘器。电袋复合可以串联、并联或混合复合。其中串联复合式除尘器都是电区在前，袋区在后，如图 8-26 所示，也可以上下串联，电区在下，袋区在上气体从下部引入除尘器。

电袋复合除尘器工作时，含尘气流通过预荷电区，尘粒带电。荷电粒子随气流进入过滤段被纤维层捕集。尘粒荷电可以是正电荷，也可为负电荷。滤料可以加电场，也可以不加电场。若加电场，可加与尘粒极性相同的电场，也可加与尘粒极性相反的电场，如果加异性电场则粉尘在滤袋附着力强，不易清灰。试验表明，加同性极性电场，效果更好些。原因是极性相同时，电场力与流向排斥，尘粒不易透过纤维层，表现为表面过滤，滤料内部较洁净，同时由于排斥作用，沉积于滤料表面的粉尘层较疏松，过滤阻力减小，使清灰变得更容易些。

图 8-27 给出了滤料上堆积相同的粉尘量时，荷电粉尘形成的粉尘层与未荷电粉尘层

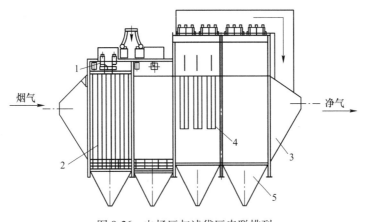

图 8-26 电场区与滤袋区串联排列

1—电源；2—电场；3—外壳；4—滤袋；5—灰斗

阻力的比较，从图 8-27 中可以看到，在试验条件下，经 8kV 电场荷电后的粉尘层其阻力要比未荷电时低约 25%。这个试验结果既包含了粉尘的粒径变化效应，也包含了粉尘的荷电效应。

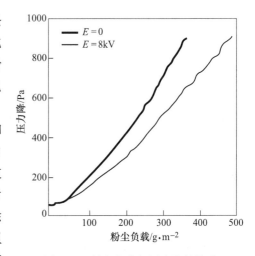

图 8-27 粉尘负载与压力降的关系

由此可见电袋复合式除尘器是综合利用和有机结合电除尘器与袋式除尘器的优点，先由电场捕集烟气中大量的大颗粒的粉尘，能够收集烟气中 70%～80% 以上的粉尘量，再结合后者布袋收集剩余细微粉尘的一种组合式高效除尘器，具有除尘稳定，性能优异的特点。但是，电袋复合式除尘器并不是电除尘器和布袋除尘器的简单组合叠加，实际上他们攻克了很多难题才使这两种不同原理的除尘技术相结合。首先要解决在同一台除尘器内同时满足电除尘和布袋除尘工作条件的问题；其次，如何实现两种除尘方式连接后滤袋除尘区各个滤袋流量和粉尘浓度均布，提高滤袋过滤风速，并且有效降低电袋复合式除尘器系统阻力。在除尘机理上，他们通过荷电粉尘使滤袋的过滤特性发生变化，产生新的过滤机理，利用荷电粉尘的气溶胶效应，提高滤袋过滤效率，保护滤袋；在除尘器内部结构采用气流均布装置和降低整体设备阻力损失的气路系统；开发出超大规模脉冲喷吹技术和电袋自动控制检测故障识别及安全保障系统等。

电袋复合式除尘器分为两级，前级为电除尘区，后级为滤袋除尘区，两级之间采用串联结构有机结合。两级除尘方式之间又采用了特殊分流引流装置，使两个区域清楚分开。电除尘设置在前，能捕集大量粉尘，沉降高温烟气中未熄灭的颗粒，缓冲均匀气流，滤袋串联在后，收集少量的细粉尘，严把排放关，同时，两除尘区域中任何一方发生故障时，另一区域仍保持一定的除尘效果，具有较强的相互弥补性。

8.7　除尘器的选择

选择除尘器时必须全面考虑多种因素，进行综合的环境经济评价。首先是要达到国家或地方规定的排放标准，在这个前提下还要综合考虑以下几个因素。即：效果好、无二次污染、成本低（费用低）、维持管理方便、简便易行。

8.7.1　必须满足国家或地方规定的排放标准

污染物排放标准包括以浓度控制为基础规定的排放标准，以及总量控制标准。排放标准有时空限制，锅炉或生产装置安装建立的时间不同，排放标准不同；所在的功能区不同，排放标准的要求也不同，当除尘器排放口在车间时，排放浓度应不高于车间容许浓度。对于运行工况不太稳定的系统，要注意风量变化对除尘器效率和阻力的影响。

8.7.2　除尘效果好

要达到除尘效果好，首先根据粉尘的物理性质、颗粒大小及分布、废气含尘量的初始浓度，废气的温度等，选择性能符合要求、除尘效率高的除尘器。

例如，黏性大的粉尘容易黏结在除尘器表面，不宜采用干法除尘；比电阻过大和过小的粉尘，不宜采用静电除尘；纤维性或憎水性粉尘不宜采用湿法除尘；对于高温、高湿的气体不宜采用袋式除尘器；如果颗粒物的粒径小、比电阻大，又要求干法除尘时，可以考虑采用颗粒层除尘器；如果气体中同时含有污染气体，可以考虑采用湿式除尘，但是必须注意腐蚀问题。

不同的除尘器对不同粒径的粉尘的除尘效率是完全不同的，选择除尘器时必须首先了解预捕集粉尘的粒径分布，根据除尘器的分级效率和除尘要求选择适当的除尘器。如图 8-28 所示为不同类型除尘器可以捕集的大致粒径区间。

气体的含尘浓度较高时，在电除尘或袋式除尘器等高效除尘之前应设置低阻力的初净化设备，去除粗大尘粒，以更好地发挥高效除尘器的作用。例如，降低除尘器入口的含尘浓度，可以提高袋式除尘器的过滤风速，可以防止电除尘器产生电晕闭塞；对湿式除尘器则可以减少泥浆处理量，节省投资及减少运转和维修工作量。一般说，对文丘里、喷淋塔等湿式除尘器，设计气体含尘浓度在 $10g/m^3$ 以下，袋式除尘器的理想气体含尘浓度为 $0.2\sim10g/m^3$，电除尘器希望气体含尘浓度在 $30g/m^3$ 以下。

对于高温、高湿的气体不易采用袋式除尘器，如果烟气中同时含有 SO_2、NO_x 等气态污染物，可以考虑采用湿式除尘器，同时必须注意腐蚀问题。

8.7.3　无二次污染

除尘过程并不能消除颗粒污染物，只是把废气中的污染物转移为固体废物（如干法除尘）和水污染物（如湿法除尘造成的水污染）。所以，在选择除尘器时，必须同时考虑捕集粉尘的处理问题。有些工厂工艺本身设有泥浆废水处理系统，或采用水力输灰方式，在这种情况下可以考虑采用湿法除尘，把除尘系统的泥浆和废水归入工艺系统。如果不做任

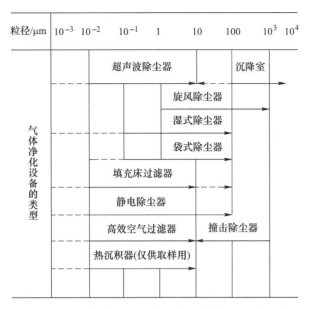

图 8-28 不同类型气体净化设备可能捕集粉尘的大致粒径区间
（虚线表示可沿用的范围）

何处理，在厂内任意倾倒或堆放，会造成颗粒物二次飞扬或泥浆废水到处泛滥，影响整个厂区的环境卫生。

8.7.4 成本低（一次性投资和运行费用低）

在污染物排放达到环境标准的前提要考虑到经济因素，即选择环境效果满足要求而费用最低的除尘器。在选择除尘器时还必须考虑设备的位置、可利用的空间、环境因素等，设备的一次投资（设备、安装和工程等）以及操作和维修费用等经济因素也必须考虑。此外，还要考虑到设备操作简便，便于维护、管理。图 8-29 给出了常见除尘设备的投资费用和运行费用对比。

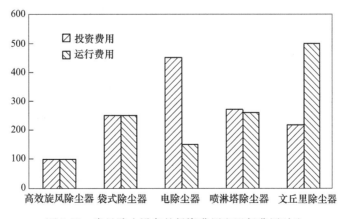

图 8-29 常见除尘设备的投资费用和运行费用对比

思考题及习题

8-1 什么叫除尘分级效率和总效率?

8-2 在什么情况下可以认为除尘装置的通风阻力为除尘装置的静压差?

8-3 对某除尘装置进行现场测定,得到的数据为:除尘装置入口粉尘浓度为 $3000mg/m^3$,出口粉尘浓度为 $450mg/m^3$,除尘装置入口和出口粉尘的粒径分布如表 8-6 所示。

表 8-6 某除尘装置出入口粉尘浓度

空气动力学粒径/μm	0~2.5	2.5~5	5~10	10~20	>20
入口浓度(质量分数)/%	15		20	20	15
出口浓度(质量分数)/%	60	16		4	2

试计算该除尘装置的除尘总效率和 PM10 的分级效率。

8-4 有一套除尘系统为旋风除尘器作为第一级、布袋除尘器作为第二级串联复合使用,现场测试得知第一级除尘效率为 60%,总除尘效率为 96%,试计算旋风除尘器的除尘效率。

8-5 试分析影响重力沉降室的除尘效率的因素。

8-6 简述影响旋风除尘装置除尘效率和阻力的主要因素。

8-7 袋式除尘装置的性能主要受哪些因素的影响?

8-8 试分析影响电除尘装置除尘效率的主要因素。

8-9 袋式除尘装置、电除尘装置的除尘过程与机理如何?

8-10 试分析各类除尘装置的优缺点。

8-11 选择除尘装置时应注意哪些问题?

8-12 举例复合除尘装置相比单一除尘装置有什么优势。

9 粉尘综合控制

▶▶

本章学习目标

1. 了解优化选择生产布局与生产工艺以实现减尘的措施，了解物料预先湿润与湿式作业；

2. 熟悉通风排尘与喷雾降尘的原理与方法；

3. 理解化学抑尘与落尘清理的原理与方法；

4. 熟悉个体粉尘防护措施。

▶▶

综合防尘措施可概括为八个字，即"革""水""密""风""管""教""护""检"。

革：即工艺改革，以不产尘、低产尘工艺代替高产尘工艺，这是从源头上减少或消除粉尘污染的根本措施。

水：即湿式作业，可以有效地减少粉尘飞扬。

密：即密闭尘源，防止和减少粉尘外逸，是治理作业场所空气污染的重要措施。

风：通风排尘。受生产条件限制时，采取通风措施将含尘气体直接抽走，确保作业场所空气符合国家卫生标准。

管：管理部门重视防尘工作，加强维护管理，确保设备良好运行。

教：即宣传教育，通过加强防尘工作的宣传教育，普及防尘知识，使接尘者对粉尘危害有充分的了解，达成防尘共识，提高防尘能力。

护：在粉尘无法有效控制场所，必须使用防尘口罩、防尘服等个人防护用品。

检：定期对接尘人员进行体检，对于有作业禁忌证的人员，不得从事接尘作业。

9.1　合理优化生产布局与工艺

生产工艺对粉尘的产生具有重要影响，而生产布局的合理与否直接关系到粉尘的直接危害。合理的厂房位置和生产布局，选用不产生或少产生粉尘的工艺，采用无危害或危害性小的物料，是消除、减弱粉尘危害的有效途径。

9.1.1　合理选择生产布局

生产布局对作业地点的产尘的运移有一定影响，在选择厂房位置时，应考虑自然条件对企业生产的影响，以及企业和周边区域的相互影响，厂区总平面布置应注意功能分区的划分，满足基本卫生要求；在安排产尘工序位置时，要以防止或减少粉尘对其他工序生产环境造成污染为原则。

不应在居住区、学校、医院和其他人口密集的被保护区域内建设工厂；厂址应选在被保护对象全年最小频率风向的上风侧。在同一区域内有多个企业时，应避免彼此间的污染物产生交叉污染。产生粉尘的生产设施应布置在厂区全年最小频率风向的上风侧，且地势开阔、通风条件良好的地段，并应避免采用封闭式或半封闭式的布置形式；产生粉尘的车间与产生毒物的车间分开，并与其他车间及生活区之间设有一定的卫生防护绿化带。

9.1.2　合理选择生产工艺

各行业都可以通过采用新工艺、新设备、新材料进行防尘减尘。下面介绍有关行业从工艺方面控制粉尘危害的几个典型措施。

9.1.2.1　铸造行业

（1）造型工段。采用游离二氧化硅含量低的石灰石砂、橄榄石砂代替游离二氧化硅含量很高的石英砂，用双快水泥砂、冷固树脂自硬砂造型制芯，达到减轻粉尘危害的目的。

（2）熔化工段。用超高功率电弧炉，真空熔化、炉外精炼，用还原铁炼钢，惰性气体保护气氛熔化钢水等先进熔炼工艺，减少烟尘散发量；熔炼设备采用低频感应电炉比冲天炉容易控制污染；采用电热、气体燃料或液体燃料来代替煤与焦炭这类固体燃料，就能大大减少粉尘量。

（3）清理工段。采用铸件落砂、除芯、表面清理和旧砂再生"四合一"抛丸落砂清理设备，能一次完成铸件落砂、除芯、表面清理和旧砂再生，将原来分散的扬尘点集中在一台密闭设备中，因而能减少粉尘的危害，改善劳动环境。

（4）砂准备及砂处理工段。采用配备有电力输送设备的密闭罐车输送各种粉料，用气力输送代替皮带机输送型砂和旧砂，能避免和减少储运装卸过程中粉尘的飞扬。

另外，在皮带机输送砂子时采取防皮带跑偏措施，在皮带上加导料槽、安装刮砂器，转载处采取密闭措施，避免和防止砂散落。

9.1.2.2　陶瓷行业

（1）采用湿法工艺。坯料、匣钵料、釉料的粉碎采用湿式工艺，即采用湿法轮碾、湿法球磨，可以有效防止粉尘的危害。

（2）采用喷雾干燥新工艺。采用泥浆压力式喷雾干燥新工艺代替压滤、泥饼、烘干、干式打粉的旧工艺，既可将料浆干燥至成型所要求的水分，并可达到成型要求的粒度，过程简单、生产周期短，可连续自动化生产，设备产量大，操作人员少，劳动条件好，成本低。

（3）采用湿法修坯。采用坯体在湿润的情况下修坯和海绵蘸水精修的方法，避免了干法修坯生产大量粉尘。

（4）其他。如隧道窑在炉外窑车上装运，减轻了工人的劳动强度，也大大减少了粉尘的危害；采用含硅低的原料 Al_2O_3 代替含硅量高的物料。

9.1.2.3　矿山及隧道施工行业

（1）采用凿岩爆破工作量较小的采矿方法。如阶段自然崩落法、强制崩落法、深孔中段崩落法以及深孔留矿法等采矿方法，既可减少凿岩爆破工作量，又可减少产尘量。

（2）采用产尘量较小的打眼放炮工艺。如用深孔凿岩取代浅孔凿岩；合理布置炮眼，控制矿岩块度，减少二次破碎工作量；采用非爆破方法进行二次破碎；露天大爆破时，采用合理的炮孔网度、微差爆破以及空气柱间隔装药等，均可使粉尘产生量显著减少。

（3）采用产尘量较小的机械化破碎矿岩或煤的工艺。如采煤机选择合理的滚筒、截齿和截齿布置方式及数量，选择恰当的割煤方式，合理控制采煤机的截割速度和牵引速度等，增大落煤块度；机械化掘进作业中，选择合理的截齿类型、截齿锐度、截齿间距、截割速度、深度及安装角度。

（4）采取减少喷射混凝土产尘的生产工艺。喷射混凝土是开掘矿井巷道、地下铁道、公路隧道的主要支护方式之一，喷射混凝土生产工艺的好坏会影响产尘量，增加水灰比，选择具有较高黏附性水泥的含量，增大骨料粒径等，均可减少粉尘产生量。

9.2 物料预先湿润黏结与湿式作业

物料预先湿润黏结和湿式作业是一种简便、经济、有效的防尘技术措施，凡是在生产中允许加湿的作业场所应首先考虑采用，目前主要在矿山、隧道施工、电厂、工业厂房、道路建设行业采用。

9.2.1 物料预先湿润黏结

物料预先湿润，是指在产尘工序前，预先对产尘的物料采用液体湿润，使产生的粉尘提前失去飞扬能力，预防悬浮粉尘的产生。物料预先湿润是一种简便、经济、有效的防尘减尘措施。

破碎物质或粉料物料预先湿润在很大程度上受到工艺的限制，其预先湿润应在工艺允许的范围内进行，但工艺也应为预先湿润创造条件，以获得更好的防尘效果。预先湿润的加水量根据生产工艺要求及特点等因素确定，也可按下式计算：

$$W = G(d_{w2} - d_{w1}) \tag{9-1}$$

式中　　W——加水量，kg；

　　　　G——需预先湿润的物料量，kg；

d_{w1}，d_{w2}——物料的最初和最终含水量，%。

物料的最终含水量应根据生产工艺最大允许含水量和除尘最佳含水量等因素决定。

典型的物料预先湿润是煤层注水预湿煤体，通过钻孔向待开采的煤体内注入压力水，增加煤层水分，减少开采时的产尘量，是在煤矿粉尘产生前实施的防尘方法。煤层注水的减尘作用主要体现在：

（1）煤体中的裂隙中存在着原生煤尘（如图9-1所示），注水可将原生煤尘润湿并黏结，使其在破碎暴露时失去飞扬能力。

（2）割煤刀切割煤体时，煤体水分的增加有利于破碎面煤屑（小于1mm即为煤尘）的相互黏结，从而减少次生煤尘的产生。

（3）煤随水分增加物理力学性质发生改变，煤体脆性破碎在一定程度上转变为塑性变形，减小煤块相互碰撞时次生煤尘的产生。

随着煤中水分含量的增加，这3个作用的发挥越明显，因此提高煤层注水效果可以提升防尘效率。

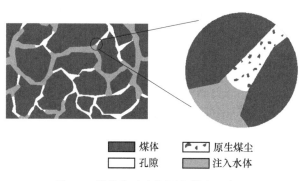

煤体　　　　原生煤尘

孔隙　　　　注入水体

图 9-1　煤体孔隙内部原生煤尘示意图

9.2.2　湿式作业

在不改变工艺的情况下，通过湿式作业可以减少粉尘的产生。湿式作业是指向破碎、研磨、筛分等产尘的生产作业点同步送水，抑制悬浮粉尘的产生。在各个行业的生产中，湿式作业得到广泛的应用，如物料的装卸、破碎、筛分、输送，石棉纺线，铸件清砂，工件表面加工，陶瓷器生产等均可采用湿式作业。

（1）石英砂湿法生产。石英砂湿法生产包括石英石的粉碎过程，若使用双辊机湿法生产，粉碎后的石英砂，由斗式提升机经储料斗送至圆滚筛进行筛分，再经离心脱水机脱水后即可得到水分含量在 6%～12% 之间的成品石英砂。某石英砂厂采用湿法生产工艺后，职业点含尘浓度由原来每立方米空气中几百毫克降至 2mg 以下。

（2）石棉湿法纺织生产线。石棉湿法纺线采用化学的方法将石棉线均匀地分散入浆液中，并使之成胶体状，经过浸泡、打浆、成膜等工序后形成皱纹纸状的石棉薄膜，再将石棉薄膜纺成线，最后编织成各种石棉纺织制品。相比干法纺线，湿法纺线不但简化了工艺流程，从根本上消除了粉尘的危害，而且产品的耐热性能和强度都有所提高。

（3）湿式钻孔。湿式钻孔是指在钻孔过程中，将具有一定压力的水，送到钻孔机具的孔底，用水湿润和冲洗打眼过程产生的粉尘，使粉尘变成尘浆流出孔口，从而达到抑制粉尘飞扬、减少空气中粉尘的目的。湿式打眼可使作业地点空气中的含尘浓度降低到 10mg/m³ 左右。

（4）水封爆破与水炮泥。水封爆破是指在打好炮眼以后，首先注入一定量的压力水，水沿矿物质节理、裂隙渗透，矿物质被湿润到一定的程度后，把炸药填入炮眼，然后插入封孔器，封孔后在具有一定压力的情况下进行爆破。爆破时袋破裂，水在高压下分散雾化，与尘粒凝结，达到降尘的目的。

（5）湿式喷射混凝土。湿式喷射混凝土也称湿式喷浆，是指将一定配比的水泥、砂子、石子，用一定量的水预先拌和好，然后将湿料缓缓地送入喷浆机料斗进行喷射作业。由于在混合料中预加水搅拌，水泥水化作用充分，水泥被吸附在砂石表面结成大颗粒，使水泥失去浮游作用，大幅度抑制了粉尘的扩散。

9.2.3　润湿剂减尘降尘

润湿作用是一种界面现象，它是指凝聚态物体表面上的一种流体被另一种与其不相混溶的流体取代的过程，常见的润湿现象是固体表面被液体覆盖的过程。润湿剂一般由表面活性剂和相关助剂复配而成，作为增加润湿作用的表面活性剂一般为阴离子表面活性剂，如高级脂肪酸盐、磺酸盐、硫酸醋盐、磷酸醋盐、脂肪酸肽缩合物等，助剂是为了提高润湿效果而添加的，常用的助剂有 Na_2SO_4、NaCl 等无机盐类。目前很多种润湿剂被研制开发，并用于煤体及破碎物料预先润湿黏结、湿式作业、喷雾等减尘降尘措施，如 CHJ-1型、J-85 型、R1-89 型、DS-1 型、快渗 T、黏尘棒等。

以阴离子表面活性剂和 Na_2SO_4、NaCl 等无机盐类助剂的润湿剂为例，其作用机理是：一方面，润湿剂的表面活性剂是由极性的亲水基和非极性的憎水基（或称亲油基）两部分组成的化合物，表面活性剂分子的亲油基一般是由碳氢原子团，即烃基构成的。润湿剂溶于水时，其分子完全被水分子包围，亲水基一端使分子引入水，而憎水基一端被排斥使分子离开水伸向空气或油。于是表面活性剂的分子会在水溶液表面形成紧密的定向排列，即界面吸附层，由于存在界面吸附层，使得水的表层分子与空气的接触状态发生变化，接触面积大大缩小，水的表面张力降低；另一方面，同体或粉尘的表面由疏水和亲水两种晶格组成，表面活性剂离子进入固体或粉生表面空位，与已吸附的离子成对，如固体或粉尘的正离子与阴离子表面活性剂相吸引，阴离子表面活性剂的疏水基进入固体或粉尘空位，使固体或粉尘的疏水性晶格转化为亲水状态，这样，增加了固体或粉尘对水的润湿性能，提高减尘降尘效果。

9.3 通风排尘和喷雾降尘

9.3.1 通风排尘

要做好粉尘防治，一般离不开通风。如有些产尘作业点采取抽出式通风除尘系统排走粉尘，地下作业及隧道施工采取通风方法稀释、排走粉尘及其他有害气体等。影响通风排尘的主要因素有排尘风速、粉尘密度、粒度、湿润程度等。

9.3.1.1 最低排尘风速

最低排尘风速一般是指促使对人体最有害的呼吸性粉尘保持悬浮状态并随风流流动的最低风速。对于垂直向上的风流，只要风流速度大于粉尘的沉降速度，粉尘即能随风流向上运动；对于水平运动的风道，使粉尘悬浮的主要速度，是垂直风道方向的紊流脉动速度。要使粉尘在水平运动气流中运动，必须保证运动气流为紊流，且应有足够的气流速度，即：

$$\sqrt{\overline{v'^2}} > v_s \tag{9-2}$$

式中　$\sqrt{\overline{v'^2}}$ ——一定时间内风流横向脉动速度均方根值；

v_s ——尘粒在静止空气中的沉降速度。

横向脉动速度的均方根值，可按如下经验式计算：

$$\sqrt{\overline{v'^2}} = 3.29 \frac{v}{a} \sqrt{\frac{\alpha}{r_1}} \left[1 + 1.72 \left(\frac{R}{R_0} \right)^{10} \right] \tag{9-3}$$

式中　v ——风道平均风速，m/s；

R——计算位置距风道轴线的距离，m；

R_0——圆形风道半径，对于非圆形断面 $R_0 = \dfrac{2S}{U}$，m，S 为断面的截面积，m^2；U 为断面的周长，m；

r_1——表示横向脉动速度与纵向脉动速度的相关系数，为 0.2~0.5；

a——试验常数，表示紊流的横向脉动速度与纵向脉动速度的比例关系，取 1~2；

α——风道的摩擦阻力系数，$N \cdot s^2 / m^4$。

从式（9-2）可以看出，按轴心处计算出的脉动速度如大于某一粒径粉尘的沉降速度，则该粉尘即能在全断面处于悬浮状态，此时应满足：

$$3.29 \frac{v}{a} \sqrt{\frac{\alpha}{r_1}} > v_s \tag{9-4}$$

即：

$$v > \frac{v_s}{3.29} \cdot a \cdot \sqrt{\frac{r_1}{\alpha}} \tag{9-5}$$

这就是为使水平风道粉尘保持悬浮状态所要求的风速条件，依上式计算的风速即为最低排尘风速。

实验表明：风道平均风速为 0.15m/s 时，能使 5~6μm 的赤铁矿尘在无支护巷道中保持悬浮状态，并使粉尘浓度在断面内分布均匀随风运动。

9.3.1.2 最优排尘风速

合适的风速有利于环境中粉尘的排出，然而由于落尘及颗粒类物料的存在，当风速增大时落尘等粒子将飞扬起来，从而增加空气中粉尘浓度。研究表明，当风速增加到一定数值时，粉尘浓度可降低到一个最低数值，风速再增高时，粉尘浓度将随之再次增高，因此称保持该环境中最低粉尘浓度的风速为最优排尘风速。最优排尘风速受多种因素影响，如一般干燥风道中风速为 1.2~2m/s，而在潮湿风道，粉尘不易被吹扬起来，最优排尘风速可提高到 5~6m/s，在产尘最大的地方，适当提高排尘风速，可以加强稀释作用。

9.3.2 喷雾降尘

喷雾是利用具有一定压力的水经过喷嘴时，在喷嘴内部喷芯作用下水流运动方向发生改变，使之运动方向呈发散状态，在流出喷嘴后发散的水流与空气相作用，由于较大的相对速度，水流的液滴不断破裂，形成微细的水滴，水滴在一定的空间内分布。水滴细微，粒数很多，液滴密集分布，形成水雾。喷雾降尘是通过喷雾方式使液体形成液滴、液膜、气泡等形式的液体捕集体，使液体捕集体和粉尘之间产生惯性碰撞、截留、布朗扩散、凝集、静电及重力沉降等作用，粉尘附于捕集体之上，加速下沉，从而从气流中分离出来。

喷雾降尘是目前应用最广泛和成熟的防尘措施，与其他防尘措施相比，它具有结构简单、使用方便、耗水量少、降尘效率高、费用低等优点。缺点是喷雾降尘将增加作业场所空气的湿度，影响作业场所环境。

9.3.2.1 影响喷雾降尘效率的因素

（1）粉尘与雾滴的相对速度。它们之间的相对速度越大，两者碰撞时动量大，凝聚效率就越高，同时，有利于克服液体表面张力而被湿润捕获。

（2）雾滴粒径。喷雾形成雾滴粒径的大小是影响降尘效率的重要因素，在水量相同情况下雾滴越细小，雾滴数量就越多，比表面积大，接触尘粒机会就多，产生碰撞、截留、扩散及凝聚效率也高；但雾滴直径过小，雾滴容易随气流一起运动，减小了粉尘与液体捕集体的相对速度，降低了碰撞效率，且在沉降过程中容易蒸发。

（3）粉尘的润湿性。润湿性好的粉尘，亲水粒子很容易通过液体捕集体，碰撞、截留、扩散效率高；润湿性差的粉尘与水接触碰撞时，能产生反弹现象，显然其碰撞、截留、扩散效率低，除尘效率低。

（4）耗水量。单位体积的含尘空气耗水量越大，在雾滴粒径相同的情况下，雾滴数量就多，接触尘粒机会就多，产生碰撞、截留、扩散及凝聚效率也高，除尘效率也越高。

（5）液体黏度及粉尘密度。液体黏度越大，液体越不易产生细小颗粒雾滴，除尘效率也越差；粉尘密度越大，产生碰撞效率也越高，粉尘越易沉降，除尘效率也越高。

（6）水雾作用范围与雾化效果。水雾作用范围是指喷嘴喷出的雾体所占据的空间，雾化角的大小对合理布置系统中喷嘴有着重要的影响。

（7）喷雾器安装位置。压力水从喷孔喷出后，随着离喷孔距离的增加，雾滴运动速度、单位体积的雾滴数量及雾体分布呈衰减态势，距离越远，雾粒越分散，雾滴运动速度和单位体积的雾滴数量越少，降尘效果越差，但雾体距喷雾出口太近，喷雾作用范围小，因此，喷雾器与产尘点的距离应根据现场实际确定。

（8）空气参与雾化作用的量。空气参与雾化的量越多，雾滴粒径越细，雾滴密度越大，雾滴分布越均匀，喷雾质量越好，降尘效果越显著。目前在工业锅炉，工业燃气轮机中广泛应用的气动喷嘴就是利用压缩空气来改善雾化质量。这种喷嘴需要供水和供气两套管路，结构相对复杂。

9.3.2.2 喷雾器

喷雾器的形式多种多样，但液体的雾化过程在物理本质上都是基本相同的。要使液体雾化必须首先将其扩展成很薄的液膜或很细的液流，然后使其在运动中受空气动力的作用，呈现不稳定性，薄膜或射流碎裂成丝条和大的雾滴，并进一步破碎成小雾滴。喷嘴喷射过程的功能一般为：第一，得到液体与周围介质气体之间的相对运动；第二，让液体通过特定设计的流路展成膜或细射流，流路可以是窄缝、槽或小孔，或通过旋流使液体在喷嘴内表面延展变薄，或由旋杯做高速旋转运动带动液体展成薄膜。通常认为实现液体雾化的最有效途径是提高液体与周围空气之间的相对速度。

一般情况下，相对速度越高，雾滴的平均直径越小。为了获得大的相对速度，一类喷嘴是将液体以较高的速度喷入低速运动或静止的介质中，如压力喷嘴、旋转喷嘴；另一类则是将低速运动的液体置于相对高速运动的气体介质中，如气动雾化喷嘴。下面对目前常用的各型式喷嘴做简单介绍。

A　压力喷嘴

压力喷嘴将压力转换为流体动能，以形成高速运动的液柱射流或液膜射流，与周围低速的气体介质相遇，液柱或液膜在破碎力与反破碎力作用下破碎，最后完成雾化。各行业所用喷嘴大多属于这种型式，压力喷嘴主要包括有直射喷嘴和离心喷嘴。

直射喷嘴在压差作用下，液体经喷口喷出，在流体动力和表面张力的作用下进行雾化。直射喷嘴喷口直径一般为 2~4mm，直径太小易堵塞，过大雾化较差。直射喷嘴的喷射锥角一般在 5°~150°之间。雾滴主要分布在喷嘴轴线附近很窄的范围内。

离心式喷嘴有典型的两种。一种是具有切向进口的离心式喷嘴，液体经过喷嘴壳体上的切向孔进入离心室，然后由孔口喷出。一种是具有旋涡器的离心喷嘴，液体进入螺旋槽，一边旋转一边向下作螺旋线运动，离开喷嘴出口后，液体微团不再受到内壁的约束，因而沿着轴向及切向运动，形成一个锥形薄膜，即所谓喷射锥。喷射锥角一般为 60°~120°，此锥形薄膜中心是定的，离开喷嘴愈远，则液膜愈薄，最后分裂成小雾滴。喷嘴压降越大，喷射锥角越大，雾化效果越好。

B　旋转喷嘴

旋转喷嘴的工作原理是将液体通过连续变小的螺旋线体相切和碰撞后，变成微小的液珠喷出而产生空心锥形或实心锥形两种喷雾形状，喷流角度范围可为 60°~180°。旋转喷嘴雾化效果受黏度的影响不大，有利于黏度大的流体。图 9-2 为常见的旋转喷嘴。

C　气动喷嘴

气动喷嘴包括空气辅助雾化喷嘴和压气雾化喷嘴，两者的共同工作原理是借助于流动的气体的动能将液柱或液膜吹散，破碎成雾滴。它们的主要差别是所需的空气的来源和速度不同。主要应用于工业锅炉，工业燃气轮机中和一些要求较细雾滴的场合。在气动雾化喷嘴中，当空气以较大的速度和流量喷出，和液体流束相遇时，气体便与液体表面产生冲击和摩擦，使液体表面受到外力的作用。当这种外力大于液体的内力（表面张力及黏性力）时，液体流束便会破碎成分散的小雾滴。只要外力大于液体的内力，液体的雾化过程就将继续下去，直到作用在液体表面上的内力和外力达到平衡之后，雾滴将不再破碎，雾化过程便到此结束。气动喷嘴的具体型式有很多，比较典型的有 Y 型、T 型、对冲型等。图 9-3 所示为 T 型空气雾化喷嘴。

图 9-2　旋转喷嘴

图 9-3　T 型空气雾化喷嘴

D　气泡雾化喷嘴

在气泡雾化喷嘴中，使用空气作为雾化剂，所采用的方法就是在喷嘴出口前安装一个气流管道，管的头部有一定数量的小孔。气体在很低的压力下以很低的速度喷进液体流场中，气液压差仅使液体不回流入气管。液体流过喷口时被气泡挤压成薄膜或小碎片。小气泡从喷口出来之后爆裂，这种爆裂相当于给液膜增加了扰动，促使液膜破碎成更小的雾滴。

9.3.2.3 荷电喷雾降尘

悬浮粉尘大部分带有电荷，如水雾上有与粉尘极性相反的电荷，则带水雾粒不但对相反极性电荷的尘粒具有静电引力，并且水雾带电使粉尘颗粒上产生符号相反的感应镜像电荷，水雾对不带电荷尘粒具有镜像力，使得水雾对尘粒的捕集效率及凝聚力显著增强，从而提高降尘效果。影响荷电液滴捕尘效率的最主要因素是液滴与粉尘的荷电量，液滴与粉尘的荷电量越大，荷电液滴与粉尘之间的静电力就越大，则捕集效率就越高，影响荷电液滴捕尘效率的其他因素与清水喷雾降尘相似。

荷电喷雾降尘技术在选矿厂石灰石粗破碎车间应用后，降尘效果比清水喷雾提高15%；在转载矿石的链头卸料机卸载点应用后，全尘、呼吸性粉尘降尘效率分别比清水喷雾提高18.1%和58.8%。

使水雾荷电的方法主要有：感应荷电、电晕荷电和喷射荷电。

A 感应荷电

感应荷电是外加电压直接加在感应圈上，而喷嘴设在感应圈的中心，这样，当水雾通过高压感应圈与接地喷嘴之间的电场时，电场中有大量的运动离子，从而使由喷嘴喷出的水雾带上与感应环相反极性的电荷。此法控制水雾荷电量及荷电极性比较容易，可以在不太高的电压下获得较高的水雾荷质比，也是一种有效的荷电方式。

在静电雾化时，雾滴处于电场中，带有电荷，电荷之间的斥力使得液膜表面积扩大，而液体的表面张力又趋向于使表面积缩小，当电荷间斥力大于液体表面张力时，液膜破碎成小雾滴。典型静电雾化系统如图 9-4 所示，静电雾化喷嘴雾化效果非常好，但喷射流量小，只适合用于喷涂、印刷等行业。

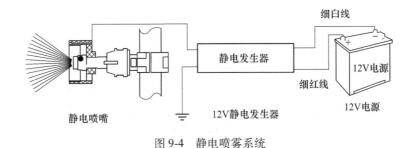

图9-4 静电喷雾系统

感应荷电下，水雾带电量为：

$$Q_h = U \cdot C_v \tag{9-6}$$

式中　U——感应电压，V；

　　　C_v——电容，与感应环半径、中间雾滴半径有关，F。

从式（9-6）可以看出，雾粒获得荷电量的大小取决于感应环上施加的电压、感应环半径、中间雾滴区半径等因素。

B　电晕荷电

电晕荷电是让水雾通过电晕场荷电的方法。电晕过程发生于电极和接地极之间，电极之间的空间中形成高浓度的气体离子，水滴通过这个空间时，将在百分之几秒的时间内因碰撞俘获气体离子而荷电。电晕荷电下，水雾荷电量可用下式表示：

$$Q_h = 4\pi r^2 \varepsilon_0 E \frac{3\varepsilon_s}{\varepsilon_s + 2} \cdot \frac{t}{t + \tau}$$

(9-7)

式中　Q_h——水雾荷电量，C；

　　　ε_0——空气介电常数，C/(V·m)；

　　　ε_s——雾滴相对介电常数，C/(V·m)；

　　　E——雾滴所处位置的场强，V/m；

　　　r——雾滴半径，m；

　　　t——雾滴在电场中停留的时间，s；

　　　τ——荷电时间常数，s。

由式（9-7）可知，雾滴半径以平方的形式出现在公式中，因此，雾滴半径是影响雾滴荷电量的主要因素。在相同电压下，通常负电晕电极产生较高的电晕电流，且击穿电压也高得多，因此，工业气体净化通常采用稳定性强、能够得到较高操作电压和电流的负电晕极。

C　喷射荷电

喷射荷电是让水高速通过某种非金属材料制成的喷嘴，水与喷嘴摩擦过程中带上电荷，其荷电量与带电极性受喷嘴材料、喷水量、水压等因素影响。此法的带电性和荷电量较难控制，荷电也不够充分。

9.3.2.4　磁水降尘

磁化水是指经过磁化器处理的水，使水的物理化学性质发生暂时的变化，该暂时改变水性质的过程称为磁化过程，其变化的大小与磁化器磁场强度、水中含有的杂质性质、水在磁化器内的流动速度等因素有关。

A　降尘机理

水分子中有五对电子，一对电子（内部）位于氧核附近，在氧核与每一个氢原子核间各有一对；另外两对是孤对电子，在四面体上方朝向氢原子的相反方向，正是由于这两对孤对电子的存在，使分子间产生了氢键联系。由于氢键的存在又赋予水以特殊而易变的结构，在磁场力、压力、温度等因素的作用下，导致水的结构发生变化，使氢键产生弯曲，O—H 化学键夹角也发生变化。水经磁化处理后，受磁场作用，水分子缔合体分解，水的导电率和黏度降低，使较大的水分子集团链中的氢键发生弯曲和局部断裂，水分子缔合体分解成单分子水、双分子水或较小的缔合水分子，复杂的长键状变成短键，水分子之间的电性吸引力减小，具有较强的活性，这样，既降低了水的表面张力，使其与粉尘表面上的相互吸引力增加，更容易在粉尘表面上吸附，增加了粉尘的润湿性；又可使水的晶构变短，使水珠变细，有利于提高水的雾化程度，从而提高了降尘效果。

B　采取磁水降尘应考虑的主要因素

（1）对水的磁化方式。按产生磁场的方式，磁水器一般有永磁式及电磁式两种。永磁式不需要外加能源，结构简单，但磁场强度较低，也不易调节，且其使用的铁磁性物容易发生温度升高而引起退磁的现象；电磁式通过激磁电流产生磁场，磁场强度可调，但构造较复杂，且存在安全问题。采用电磁式磁水器时，如通过磁化铁磁性物质间接对水进行磁化，要注意磁化方向，也要注意磁化方向随温度的变化。另外，由于铁磁性物质具有磁化强度的各向异性，且有些各向异性常数随温度升高而下降，有些甚至当温度升高至一定值时改变符号，有些则随温度升高而先降后升，采用时应注意。

（2）水流方向、流速及磁感应强度。将水以一定速度通过一个或多个磁路间隙，水流方向与磁场垂直或平行（透镜式磁场）均可得到磁化水，故设计时一般取水流方向与磁场垂直或平行。由于许多离子的抗磁性强于水，所以最好使磁化水体中的离子在水体中分散均匀，磁化水流速应保持紊流状态（最佳流速可通过实验获得），其管壁也应有一定的粗糙度；磁感应强度与水的物理化学性能改变并非呈线性关系，需通过实验确定最佳的磁感应强度。

9.3.3　泡沫抑尘

9.3.3.1　泡沫抑尘原理

泡沫抑尘是利用表面活性剂的特点，使其与水一起通过泡沫发生器，产生大量的高倍数的泡沫，通过喷嘴喷洒至尘源，利用无空隙的泡沫体覆盖和遮断尘源。泡沫抑尘原理包括拦截、黏附、湿润、沉降等，几乎可以捕集全部与其接触的粉尘，尤其对细微粉尘有更强的聚集能力。泡沫的产生有化学方法和物理方法两种，抑尘的泡沫一般是物理方法的，属机械泡沫。

9.3.3.2　泡沫药剂主要成分

泡沫抑尘效率主要取决于泡沫药剂的成分。泡沫药剂一般有起泡剂、湿润剂、稳定剂、增溶剂等成分。

（1）起泡剂和湿润剂。在泡沫抑尘中，由于发泡剂的分子结构不同、相同条件下发泡倍数也不一样。起泡剂性能的强弱，直接影响泡沫发生量的多少和抑尘效率，一般降尘中应用的起泡剂发泡倍数为10~400倍。湿润剂用于泡沫抑尘时的比例较小，其降尘作用如前所述。

（2）稳定剂。稳定剂（或称稳泡剂）是指在发泡剂中能起稳定泡沫作用的某种助剂。泡沫的稳定性取决于泡沫药剂配方、发泡方式和泡沫赋存的外界因素，破泡时间的长短取决于排液快慢和液膜强度，而液膜强度的大小受泡沫液的表面张力、溶液黏度、分子的大小及分子间作用力强弱等因素的影响。一般来说，溶液的表面张力低，易生成泡沫，稳定时间长，溶液的表面黏度大，所生成的泡沫稳定时间也长。

（3）增溶剂。表面活性剂在水溶液中形成胶束后具有能使不溶或微溶于水的有机物的溶解度显著增大的能力称为增溶，能产生增溶作用的表面活性剂叫增溶剂，被增溶的有机物称为被增溶物。影响增溶作用的主要因素是增溶剂和被增溶物的分子结构和性质、温度、有机添加物、电解质等。因此，泡沫药剂配方中增溶剂是必不可少的成分。

9.3.3.3　发泡器的性能参数

发泡器的性能参数包括：

（1）发泡倍数，指一定数量泡沫的自由体积与该体积的泡沫全部破灭后析出的溶液的体积比。

（2）发泡量，指发泡器每分钟发生泡沫的自由体积。

（3）析出时间，指随着泡沫消失而析出一定质量的溶液所需要的时间；析出时间越长，泡沫越稳定。

（4）成泡率，指实际成泡量与理论成泡量之比。

（5）气泡比，指供给泡沫发生器的风量与发泡量之比值，又称风泡比。

9.4　化学抑尘剂和落尘清理

9.4.1　化学抑尘剂

化学减尘是指采用化学的方法来减少浮游粉尘的产生，以提高降尘效果。能显著降低溶剂（一般为水）表面张力和液-液界面张力的物质称为表面活性剂，是化学减尘降尘的核心物质。化学抑尘剂主要由表面活性剂和其他材料组成，化学抑尘剂保湿黏结粉尘主要在处理地面道路运输、地下巷道的落尘或粉料中应用，它是指将化学抑尘剂和水的混合物喷洒覆盖于原生粉尘或落尘上，使原生粉尘或落尘保湿黏结，从而防止这些粉尘在外力作用下飞扬。按其主要作用原理，用于保湿黏结落尘的化学抑尘剂主要是黏结型抑尘剂、固结型抑尘剂和吸湿保湿型抑尘剂。

9.4.1.1　黏结型和固结型抑尘剂

黏结型和固结型抑尘剂是将一些无机固结材料或有机黏性材料的水溶液喷洒到落尘中黏结、固结落尘，防治落尘二次飞扬。黏结型和固结型抑尘剂可广泛应用于建筑工地、土路面、堤坝、矿井巷道、散体堆放场等领域的落尘黏结。固结型抑尘剂的主要化学成分通常有石灰、粉煤灰、泥土、黏土、石膏、高岭土等无机固结材料；可作为黏结型抑尘剂的材料一般有原油重油、橄榄油废渣、石油渣油、生物油渣、木质素衍生物、煤渣油、沥青、石蜡、石蜡油、减压渣油、植物废油等有机黏性材料或加工成这些有机黏性材料的乳化物。

9.4.1.2　吸湿保湿型抑尘剂

吸湿保湿型抑尘剂是利用一些吸水、保水能力较强的化学材料的特性，将这些固态或液态材料喷洒到需要抑制原生粉尘或落尘飞扬的场所，使得原生粉尘或落尘保持较高的含水率而黏结，从而防止飞扬。常用的吸湿保湿型抑尘剂可分为高聚物超强吸水树脂抑尘剂和无机盐类吸湿保湿型抑尘剂两大类。

目前的高聚物超强吸水树脂可分为三大系列，即淀粉系（如淀粉接枝丙烯腈等）、纤维素系（如纤维素接枝丙烯酸盐、纤维素羧甲基化环氧氯丙烷等）、合成聚合物系（如聚丙烯酸盐、聚丙烯酰胺、聚乙烯醇丙烯酸接枝共聚物等）。它主要通过以下三方面作用来实现化学减尘：（1）该材料喷洒到尘粒表面后，借助于布朗运动使溶液逐渐向尘粒靠近，并依靠范德华力使尘粒黏结；（2）该材料吸水后，形成坚固的三维网状结构，与水是溶胀关系，各链节相互吸引，形成内聚力，水分蒸发或脱水缓慢，且该材料含有极性基且有强的亲水性，有较强的失水再生能力，脱水后可重新吸收空气中的水蒸气使尘粒的含水量增加，使尘粒长时间保持湿润黏结；（3）这些不溶于水的大分子长链与尘粒形成一个强大的三维空间网，使尘粒获得某些抗拉强度和抗压强度，从而防止了粉尘飞扬。

可作为无机盐类吸湿保湿型抑尘剂的材料主要有卤化物（如 $CaCl_2$、$MgCl_2$、$AlCl_3$）、活性氧化铝、水玻璃、碳酸氢铵、偏铝酸钠及其复合物等，这些材料比纯水的吸湿保湿效果要好，但脱水后不能重新吸水，吸湿保湿性能低于高聚物超强吸水树脂，有的无机盐材料在现场使用有异味，故应用越来越少。为提高这些材料的吸湿保湿性能或除去相关异味，目前有关学者对这些材料进行了复配研究，如：固体卤化物添加氧化钙，氯化钙和水玻璃溶液中添加十二烷基苯磺酸钠、助渗剂，氮化钙和水玻璃复合等，一定程度地提高了吸湿保湿性能。

9.4.2　落尘清除

清除落尘方法包括冲洗落尘、人工清扫落尘、真空吸尘等。

9.4.2.1　冲洗落尘

冲洗落尘是指用一定的压力的水射流将沉积在产尘作业点及其下风侧的地面或有限空间四周的粉尘冲洗到有一定坡度排水沟中，然后通过排水沟将粉尘集中到指定地点处理。

冲洗落尘清除效果好，既简单又经济，因此，我国隧道、地下铁道、地下巷道、露天矿山及地面厂房的很多地点均采用此法清除沉积粉尘。

9.4.2.2　人工清扫落尘

人工清扫落尘是指人工用一般的打扫工具把沉积的粉尘清扫集中起来，然后运到指定地点。这种方法不需要配备相关设备，投资少，但清扫工作本身会扬起部分粉尘，积尘范围大时要消耗大量的人力，因此，在现代化作业地点已较少大面积采用此法，只有在生产和工艺条件限制既不宜采用水冲洗，又不宜采用真空吸尘的地点，才进行人工清扫。

9.4.2.3　真空吸尘

真空清扫就是依靠通风机或真空泵的吸力，用吸嘴将积尘（连同运载粉尘的气体）吸进吸尘装置，经除尘器净化后排至室外大气或回到车间空气中。它主要用于地面厂房积尘清除。

真空清扫吸尘装置主要有移动式和集中式两种。集中式适用于清扫面积较大、积尘量大的地面厂房，它运行可靠，只需少数人员操作。集中式真空清扫吸尘装置，容许多个吸嘴同时吸尘。移动式真空清扫机是一种整体设备，它由吸嘴、软管、除尘器、高压离心式鼓风机和真空泵等部分组成。适用于积尘量不大的场合，使用起来比较灵活。主要用来清扫地面、墙壁、操作平台、地坑、沟槽、灰斗、料仓和机器下方许多难以清扫的角落，并能效地吸除散落的金属或非金属碎块、碎屑和各种粉尘。

9.5　个 体 防 护

即使粉尘作业场所已采取了通风除尘、湿法防尘、静电抑尘等防尘措施，并使作业点含尘浓度显著降低，甚至已达到或接近国家规定的卫生标准，但总还有一些未被捕集，危害性又大的微细粉尘飘浮在车间气中。为了保证工人在劳动中的安全与健康，采取个人防护措施是非常必要的。

所谓个人防护，是指人们在生产和生活中为防御各种职业毒害和伤害而采取的措施。个人防护是保护人们安全与健康所采取的必不可少的辅助措施，它区别于劳动保护的根本措施，在某种意义上，它是劳动者防止职业毒害和伤害的最后一项有效措施。

个人防护用品很多，用于防尘的个人防护用品有防尘工作服、防尘眼镜和防尘口罩、防尘面具、防尘头盔等。使用防尘用具阻挡粉尘侵入人体呼吸器官，对保障工人的身体健康，防止尘肺病的发生具有重要意义。根据其防止粉尘进入呼吸道的作用原理可分为过滤式和隔离式两种。

9.5.1　过滤式防尘用具

过滤式防尘用具的作用是过滤被粉尘污染了的空气，使之净化后供人呼吸。过滤式防尘用具又分自吸式和送风式两种。自吸式是依靠人体呼吸器官吸气，例如各种防尘口罩。送风式则是利用微型风机抽吸含尘空气，例如送风口罩、送风面罩、送风头盔等。该类防尘用具结构简单、使用方便、便宜、性能好、容易推广。

9.5.1.1　自吸过滤式防尘口罩

这是最常见的防尘用具，可分为复式口罩和简易式口罩两类，其形式有 20~30 种。

复式防尘口罩（见图 9-5）一般由主体件、过滤盒、滤料、呼吸气阀等部件组成，其结构比较复杂，多以高效的过氯乙烯滤布为滤料，用软塑料或橡胶制作主体件。只要呼、吸气阀的气密性良好，口罩的阻尘率就可达 99% 以上，其阻力约 29.4Pa（3mmH$_2$O）。

简易式防尘口罩没有过滤盒、吸气阀，其中绝大多数也没有呼气阀。有的直接用过滤材料作口罩，有的则依靠简单支撑件。它们结构简单、重量轻、阻力小、携带方便，但防尘效果不如复式防尘口罩。

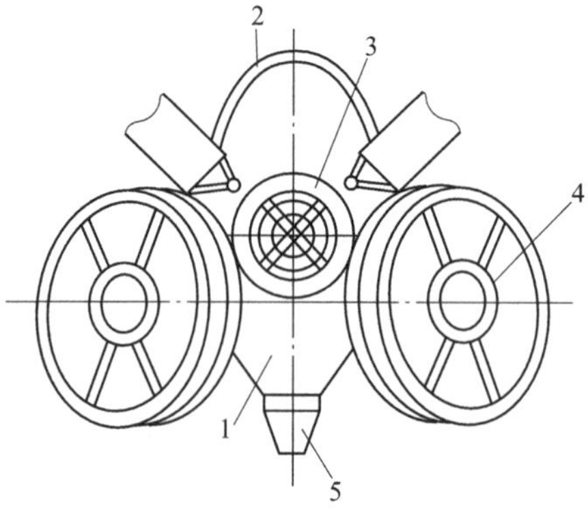

图 9-5　复式防尘口罩

1—主体件；2—密封脸形的座圈；3—呼、吸气阀；
4—过滤盒；5—带有逆止浮球的出水嘴

9.5.1.2　送风过滤式防尘用具

这类防尘用具由电源、微型电机和风机、过滤器及管路（蛇形管或橡胶管）构成，有 3 种形式：口罩、面罩、头盔。这类防尘用具由于采用机械送风，故没有呼吸阻力，使用时感到比较舒适。

送风口罩，如 YMK-3 型送风口罩，它用微型风机抽吸含尘空气，经过滤器净化后，通过蛇形管送入口罩供人呼吸。采用聚氯乙烯滤布作滤料，口罩阻尘率大于 99%。

送风头盔，图 9-6 所示是英国生产的 AH-1 型送风头盔。由一个高效率、低噪声的微型轴流风机吸入含尘空气，先经过预过滤器除去较粗尘粒以保护风机，然后进入效率不低于 95% 并能除去 0.5μm 以上尘粒的主过滤器进行精净化。洁净空气沿头盔进入面罩，使用者获得所需的新鲜空气，并在口、鼻等部保持微正压，呼出的污浊空气从面罩和颈部的空隙处排出。

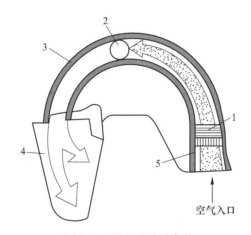

空气入口

图 9-6　AH-1 型送风头盔

1—轴流风机；2—主过滤器；3—头盔；4—面罩；5—预过滤器

9.5.2　隔离式防尘用具

隔离式防护用具有压气呼吸器、粉尘防护服、移动式隔离操作室等。隔离式防尘用具可将人的呼吸器官与染尘空气隔离，由人自行吸入清洁地带的空气，或用自备的空气呼吸装置供给空气，也可以由空压机供给新鲜空气。例如自吸隔离式口罩、送风隔离式头盔等。图 9-7 是铸件喷砂工人使用的送风隔离式头盔，它由头盔、披巾、观察窗（护目镜）、呼气阀、送风管等组成。送入头盔的是经过减压和净化的压缩空气。相对于大气来说，头盔内处于正压，可以抑制外界含尘空气进入。这种头盔效果好，缺点是头盔后拖有送风皮管，使工人的活动范围受到限制。

隔离式防尘用具需有独立的压气供给系统和专用设备，造价高，不宜普及，但其性能更安全可靠，特别是在自燃危险性大的矿井使用，在灾变情况下可以发挥自救器作用，增强工人的自救和抗灾能力。

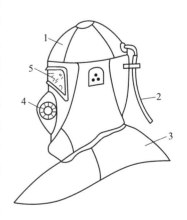

图 9-7　送风隔离式头盔

1—头盔；2—送风管；3—披巾；

4—呼气阀；5—观察窗

思考题及习题

9-1　从生产布局及生产工艺方面考虑，如何减少粉尘的产生？

9-2　影响喷雾降尘效率的主要因素有哪些。

9-3　试述哪些方法可以提高喷雾降尘的效果，其机理是怎么样的？

9-4　简述化学抑尘剂的作用机制，常用的化学抑尘剂有哪些？

9-5　清理落尘通常采用哪些方法？

9-6　防止粉尘侵入呼吸道的防尘面具分为哪几种？它们各有什么特点？

9-7　常用的个体粉尘防护用具有哪些？

第三篇 净 化

10 空气洁净技术

随着科学技术的不断发展，现代工业产品的生产和现代化科学实验活动对室内空气洁净度的要求越来越高，特别是微电子、医疗、化工产品生产、生物技术、药品生产、食品加工、日用化学品等行业都要求有微型化、精密化、高纯度、高质量和高可靠性的室内环境。空气洁净技术已成为现代工业生产、医疗和科学实验活动不可缺少的基础条件，是保证产品质量和环境安全的重要手段，被越来越广泛地应用于社会各个行业。

10.1 空气洁净技术

10.1.1 洁净空气与空气净化

"空气洁净"可以从两个关联的方面来理解：一是空气净化，表示空气洁净的"行为"；二是指干净空气所处的洁净"状态"。空气洁净的目的是使受到污染的空气被净化到生产、生活所需的状态，或达到某种洁净度。

空气洁净度是指洁净对象——空气的清洁程度。洁净度通常用一定体积或一定质量空气中所含污染物质的粒径、数量或质量来表示。例如，每立方米空气中，含有大于或等于 $0.5\mu mm$ 的悬浮微粒有 X 个，即洁净度大于等于 $0.5\mu m$，颗粒为 X pc/m^3。又如，每立方米空气中尘粒的质量为 Y mg，其洁净度用 Y mg/m^3 表示。

空气净化是采用某种手段、方法和设备使被污染的空气变成洁净的空气。由于空气净化的目的与对象不同，净化的内容、方法和衡量标准也各不相同。从空气净化的对象来看，有的要解决大气污染的问题，有的则是以洁净室为对象。大气污染的净化主要是各种气体废弃物的处理问题，是以高浓度污染空气为对象的。而各种洁净室面临的是室内送风的净化问题，是以超低污染浓度空气为对象的。所谓超低污染浓度的空气，就是日常认为比较干净的空气。然而，对于电子、宇航、高精密度机械制造、某些医疗用房及制药厂房等对生产环境要求严格的工艺过程或房间而言，这种相对比较干净的空气依然不符合要求，还需要进一步净化。

10.1.2　空气洁净度等级

空气洁净度是指洁净环境中空气所含悬浮粒子数量多少的程度。通常空气中含尘浓度高则洁净度低，含尘浓度低则洁净度高。空气洁净度本身是无量纲的。但是，空气洁净度的高低可用空气洁净度级别来区分。空气洁净度级别则以每立方米空气中的最大允许微粒数来确定。

按 1999 年颁布的国际标准《洁净室及其相关受控环境，第一部分——空气洁净度等级》（ISO 14644-1），空气中悬浮粒子洁净度等级以序数 N 命名，各种被考虑粒径 D 的最大允许浓度 Cn 可用式（10-1）确定：

$$Cn = 10^N \times \left(\frac{0.1}{D}\right)^{2.08} \tag{10-1}$$

式中　Cn——被考虑粒径的空气悬浮粒子最大允许浓度（pc/m³，pc 为粒子个数的缩写）；

Cn 是以四舍五入至相近的整数，通常有效位数不超过三位数；

N——分级序数，数字不超过 9，分级序数整数之间的中间数可以作规定，N 的最小允许增量为 0.1；

D——被考虑的粒径，μm；

0.1——常数，μm。

10.1.3　空气洁净技术的发展

洁净技术是一门以防止生产与研究工作受环境因素的干扰和影响，保护产品或研究对象不受有害物质污染为核心内容的新兴技术。它是一门综合建筑、空调通风和纯水、纯气供应等多个专业的专门技术。

洁净室（cleanroom）这个名词和概念源于 18 世纪 60 年代的欧洲。当时的理解仅限于经喷洒消毒后可以控制创部感染率的处置室、手术室这类灭菌的工作环境。

现代洁净室虽然沿用了这个名词，但在定义和内涵上都与原有的概念有根本的不同。现代洁净室形成一项专门技术，其历史不过只有 60 余年。洁净技术是适应实验研究与产品加工的精密化、微型化、高纯度、高质量和高可靠性等方面要求而诞生的一门新兴技术。

20 世纪 20 年代，美国航空业在陀螺仪制造过程中最先提出了生产环境的洁净要求，为消除空气中的尘埃粒子对航空仪器的齿轮、轴承的污染，在制造车间、实验室建立了"控制装配区"，即将轴承的装配工序等与其他生产、操作区分隔开，供给一定数量的过滤后的空气。飞速发展的军事工业，要求提高原材料纯度，提高零件加工与装配精度，提高元器件和整机的可靠性和寿命等，这些都要求有一个"干净的生产环境"。美国一家导弹公司发现，在普通车间内装配惯性制导用陀螺仪时平均每生产 10 个产品就要返工 120 次，若在控制空气尘粒污染的环境中装配，返工率可降低至 2 次；对在无尘与空气有尘粒达 1000pc/m³（平均直径为 3μm）的环境中装配转速为 12000r/min 的陀螺仪轴承进行对比，产品使用寿命竟相差 100 倍。从这些实践中，人们意识到将空气洁净技术应用于军工产品生产的迫切性，构成了当时发展空气洁净技术的推动力。

真正具有现代意义的洁净室诞生于 20 世纪 50 年代初。美国原子能委员会于 1951 年成功研制了高效空气过滤器（HEPA，High Efficiency Particulate Airfilter），并应用于生产车间的送风过滤。

20 世纪 60 年代初，工业洁净室在美国进入了广泛应用时期。人们通过测试发现，在工业洁净室空气中的微生物浓度同尘埃粒子浓度一样，已远远低于洁净室外空气中的浓度，于是人们便开始尝试利用工业洁净室进行要求无菌环境的实验。

1961 年，美国桑迪亚国家实验室（Sandia National Laboratories）的高级研究人员怀特菲尔特（Willis Whitfield）提出了当时称之为层流（laminar flow），现正名为单向流（unidirectional flow）的洁净空气流组织方案，并应用于实际工程。从此洁净室达到了前所未有的更高洁净级别。

也是在 1961 年，美国空军制定颁发了世界上第一个洁净室标准空军指令《洁净室与洁净工作台的设计与运转特性标准》（T0-00-25-203）。在此基础上，1963 年 12 月美国公布了将洁净室划分为三个级别的美国联邦标准 FED-STD-209。至此形成了完善的洁净室技术的雏形。以上的这三个关键的进步，常被誉为现代洁净室发展历史上的三个里程碑。

20 世纪 60 年代中期，洁净室技术不仅用于军事工业，也在电子、光学、微型轴承、微型电机、感光胶片、超纯化学试剂等工业部门得到推广，对当时科学技术和工业发展起了很大的促进作用。

20 世纪 70 年代初洁净室的建设重点开始转向医疗、制药、食品及生化等行业，诞生了现代的生物洁净室。世界卫生组织（WHO）关于药品生产质量管理规范（GMP，Good Manufacturing Practice）的首版于 1968 年讨论通过，随后，相关国际机构和各国均相继制定了各自的 GMP 规范。以药品生产为代表的生物洁净室将生物洁净室的空气洁净度等级分为 A、B、C 和 D 四个等级，由使用情况或产品及其采用的生产工艺的不同而确定。

20 世纪 80 年代大规模集成电路和超大规模集成电路的迅速发展，大大促进了空气洁净技术的发展，集成电路生产技术从 64KB 到 4MB，特征尺寸从 2.0μm 到 0.8μm。当时根据实践经验，通常空气洁净受控环境的控制尘粒粒径与线宽的关系为 1：10，因此洁净技术工作者研制了超高效空气过滤器，可将粒径大于等于 0.1μm 的微粒去除到规定范围。根据大规模、超大规模集成电路生产的需要，高纯气体、高纯水和高纯试剂的生产技术也得到很快的发展，从而使服务于集成电路等高技术产品所需的空气洁净技术也得以高速发展。

在技术标准方面，美国的联邦标准 FED-STD-209 一直是各国洁净技术行业公认的标准。

1976 年 4 月 24 日，颁发的标准 FED-STD-209B 规定最高洁净级别为 100 级（大于等于 0.5μm，小于 100 颗粒数/ft³）。1987 年 10 月 27 日，颁发标准 FED-STD-209C，将洁净等级从原有的 100 级至 100000 级四个等级扩展为 1 级至 100000 级六个级别，并将鉴别级别界限的粒径从 0.5~5μm 扩展至 0.1~5μm。

1992 年 9 月 11 日，颁布的美国联邦标准 FED-STD-209E 更进一步取代 1988 年 6 月 5 日颁布的标准 FED-STD-209D，将洁净等级从英制改为米制，洁净度等级分为 M1 至 M7 七个级别。与标准 FED-STD-209D 相比，最高级别又向上延伸了半个级别（标准 FED-STD-209D）的 1 级空气中大于等于 0.5μm，尘粒小于 35.3 颗粒数/m³，而标准 FED-STD-209E 的 M1 级大于等于 0.5μm，尘粒小于 10 颗粒数/m³。

美国总服务局（GSA，US. General Services Administration），也就是批准美国联邦标准供联邦政府各机构使用的权威单位，于 2001 年 11 月 29 日发布公告，废止标准 FED-STD-209E，同时采用 ISO 14644 相关标准。这个决定标志着洁净技术随同世界经济一体化进一步走向国际统一。

我国空气洁净技术的研究和应用开始于 20 世纪 50 年代末，第一个洁净室于 1965 年在电子工厂建成投入使用，同一时期我国的高效空气过滤器（HEPA）研制成功投入生产。20 世纪 60 年代是我国洁净技术发展的起步时期，在高效过滤器研制成功后，相继以 HEPA 为终端过滤的几家半导体集成电路工厂、航空陀螺仪厂、单晶硅厂和精密机械加工企业的洁净室建成。在此期间，还研制生产了光电式气溶胶浊度计，用以检测空气中尘埃粒子浓度；建成了高效过滤器钠焰试验台，这样便为发展我国空气洁净技术提供了基本的条件。

从 20 世纪 70 年代末开始，我国洁净技术随着各行各业引进技术和设备的兴起得到了长足进步。1981 年无隔板高效空气过滤器和液槽密封装置通过鉴定并投入生产，随后 0.1μm 高效空气过滤器研制成功，为满足超大规模集成电路的研制和生产创造了有利条件。20 世纪 80 年代我国空气洁净技术和洁净厂房建设取得了明显的成果，在建设大规模集成电路工厂、研究所、彩色显像管工厂以及制药工厂洁净厂房的同时，建成了一批 100 级（5 级）、1000 级（6 级）的洁净室，如 500m² 的 100 级（5 级）垂直单向流洁净室、1080m² 的 100 级（5 级）垂直单向流洁净室、100 级（5 级）水平单向流手术室等，这批洁净工程的相继建成并投入使用，标志着我国的洁净技术发展进入了一个新的阶段。

在我国，洁净技术的研究始于 20 世纪 60 年代中期。

我国于 1984 年颁发了《洁净厂房设计规范》（GBJ 73—1984），在 2001 年进行了修订（GB 50073—2001），2013 年再次进行了修订（GB 50073—2013）。

1988 年，颁布了《药品生产质量管理规范》（GMP），先后在 1992 年、1998 年、2010 年进行了修订。

1990 年颁发了《洁净室施工及验收规范》（JGJ 71—1990）。

1994 年 1 月，《实验动物环境及设施》（GB 14925—1994）颁布。

2001 年 11 月 13 日我国发布的国家标准《洁净厂房设计规范》（Code for Design of Clean Room）（GB 50073—2001）。在空气洁净度等级划分上，明确等效采用国际标准 ISO 14611—1。依靠制药工业与普通电子装配业，以及医疗卫生、食品、化妆品业的带动，洁净室技术得到极大的普及。

2002 年我国颁布了《医院洁净手术部建筑技术规范》（GB 50333—2002）。

2008 年我国颁布了《电子工业洁净厂房设计规范》（GB 50472—2008）。

2010 年我国颁布了《医药工业洁净室（区）悬浮粒子的测试方法》（GB/T 16292—2010）。

2010 年我国颁布了《医药工业洁净室（区）浮游菌的测试方法》（GB/T 16293—2010）。

2010 年我国颁布了《医药工业洁净室（区）沉降菌的测试方法》（GB/T 16294—2010）。

2010 年我国颁布了《实验动物环境及设施》（GB 14925—2010）。

2012 年我国颁布了《洁净室及相关受控环境性能及合理性评价》（GB/T 29469—2012）。

2013 年我国修订了《洁净厂房设计规范》（GB 50073—2013）。

2013 年我国修订了《医院洁净手术部建筑技术规范》（GB 50333—2013）。

10.1.4　洁净技术的应用

洁净技术经历了半个多世纪的发展，其应用范围越来越广泛，技术要求也越来越复杂。

洁净技术的应用领域主要有：（1）微电子工业；（2）半导体制造业；（3）微机械加工业；（4）光学工业；（5）纯化学试剂制造业；（6）生物技术工业；（7）制药工业；（8）医疗器械与移植装置的生产与包装工业；（9）食品与饮料工业；（10）医院及其他保健机构。目前，洁净技术的代表性应用领域为微电子工业、医药卫生及食品工业等。

10.1.4.1　微电子工业

微电子工业是当前对洁净室要求最高的行业。大规模和超大规模集成电路（LSI、VLSI）的发展，对微尘控制要求越来越高。集成电路制造工艺中，集成度越大，图形尺寸（以线宽为代表）越细，对洁净室控制粒径的尺寸也要求越小（通常为线宽的 1/10），且含尘量也要求越低。此外，现代工业中的液晶、光纤等的生产，同样有洁净度的要求。

10.1.4.2　医疗工业

（1）我国的《药品生产管理规范》（又称 GMP）已在全国范围内实施，对相应工艺过程及生产环境提出了不同洁净级别的要求。对于原料药制备、粉剂、针剂、片剂、大输液的生产、灌装等工艺，均已制定了洁净区和控制区的洁净标准。除了限定空气中尘埃粒子的大小和含量外，对生物粒子（细菌数）也有明确的限制。

（2）医院白血病的治疗室、烧伤病房、外科手术室，也必须根据具体条件采用空气洁净技术，以防止空气中细菌感染，对治疗环境起到控制作用。

10.1.4.3　食品工业

食品工业中使用洁净技术较有代表性的是无菌装罐。食品的无菌包装（如软包装鲜果汁、牛乳等），在保持食品色、香、味、营养等方面大大优于高温杀菌的罐装食品。所谓无菌包装，就是在洁净环境中完成包装工艺。除无菌罐装外，空气洁净技术在食品的酿造、发酵中对纯种的培养、分离、接种、扩种以防止菌体等污染及提高产品质量也有重要作用。

10.1.4.4 生物安全

在遗传工程、药品及病理检验、生物分子学、国防科研等方面常常需要在无菌无尘的环境中进行操作，一方面要求试件不受其他微生物污染；另一方面又要求所研究的材料，如肿瘤病毒、高危险度病原菌、放射性物质等不致外溢，危害操作者的健康及污染环境。对于这类实验操作，一般要求两级隔离，第一级常用生物安全工作柜将工作人员与病原体等危险试件隔离；第二级是将实验工作区与其他环境隔离。这类实验室与一般洁净室不同，其处于负压状态。

10.1.4.5 实验动物饲养

为了保证医药品、食品长期试验的安全性，以及病理等方面研究结果的可靠性，要求实验动物在洁净环境中饲育。从控制微生物的角度出发，可将医学及生物学等实验所用的实验动物饲育环境分为三类：隔离系统、半隔离系统和开放系统。前两类系统所饲养动物要求无菌（包括细菌、病毒寄生虫等），或者仅允许带有已知的几种微生物，或者不允许带有某些特定的致病菌等。

空气洁净技术也广泛应用于宇航、精密机械、仪器仪表、精细化学等行业中。

10.1.5 实现洁净的途径

空气净化一方面是送入洁净空气对室内污染空气进行稀释，另一方面是迅速排出室内浓度高的污染空气。为保证生产环境或其他用途的洁净室所要求的空气洁净度，需要采取多方面的综合措施，一般包括以下几个方面：

（1）控制污染源，减少污染发生量。这主要涉及发生污染的设备的设置与管理，以及进入洁净室的人与物的净化。尽量采用产生污染物质少的工艺及设备，或采取必要的隔离和负压措施，防止生产工艺产生的污染物质向周围扩散；减少人员及物料带入室内的污染物质。例如，固体制剂的许多工艺中，粉体在干燥状态下进行处理，必然会产生粉尘，为防止其扩散和污染空气，产尘部位常采用局部排风措施。对于某些生产工艺，例如药厂生产工艺过程中散发的乙醇、甲醇、乙醚等蒸气或气体，主要是采取送风、排风配合使其稀释到允许浓度以下，以防止爆炸等情况发生，一般不另采取净化措施。

（2）有效地阻止室外的污染物侵入室内（有效地防止室内的污染物逸至室外）。这是洁净室控制污染的最主要途径，主要涉及空气净化处理的方法、室内的压力控制等。对于空调送风采用三级过滤措施：通过粗、中、高效三级过滤，层层拦截，将尘粒阻挡在高效过滤器之前，将洁净空气送入室内。根据房间的洁净度要求，用不同方式送入经过特定处理的数量不等的清洁空气，同时排走相应量的携带有室内污染物质的空气，靠这样一种动态平衡，使室内空气维持在要求的洁净度水平。由此可见，对送入空气的净化处理是十分关键的一环，这就是洁净室换气次数大大超过一般空调房间的原因。洁净度级别越高，其换气次数越多。例如洁净度级别为 7 级的洁净室要求每小时换气次数不少于 15 次，洁净度级别为 6 级的洁净室要求每小时换气次数不少于 50 次。对于室内正压的控制，工业洁净室和一般生物洁净室采用正压措施。在一个大的空间，要绝对封闭是不可能的。为此，在空调设计中均采取洁净室的静压高于周围环境一定值的措施。这样在使用洁净空调时，只允许室内洁净空气往外送，而避免室外空气往里渗，即防止室外或邻室的空气携带污染物质通过门窗或缝隙、孔洞侵入造成污染。

（3）迅速有效地排除室内已经发生的污染。这主要涉及室内的气流组织，也是体现洁净室功能的关键。合理的气流组织，即通过送风口与回风口位置、大小、形式的精心设计，使室内气流沿一定方向流动，防止死角及造成二次污染。不同的气流组织直接影响施工的难易程度及工程造价。一般洁净度级别高于5级的洁净室均采用单向流，其中以垂直单向流效果最好，但造价也最高。洁净度级别为6~9级的洁净室则采用非单向流的气流组织。

（4）流速控制。洁净室内空气的流动要有一定速度，才能防止其他因素（如热流）的扰乱。但又不能太大，流速太大将使室内积尘飞扬，造成污染。

（5）系统的气密性。不仅通风系统本身要求气密性好，对建筑各部结合处、水暖电工艺管穿越围护结构处也应堵严实，防止渗漏。一般看得见的缝隙、裂缝均无法阻止 $0.5\mu m$ 粒径的粉尘通过。

（6）建筑上的措施。涉及建筑物周围环境的设计、建筑构造、材料选择、平面布局、气密性措施等设计。例如，采用产尘少、不易滋生微生物的室内装修材料及家具。

10.2　污染物与洁净室

10.2.1　污染物种类及污染源

10.2.1.1　污染物种类

通常的空气污染源主要有三类：
（1）悬浮在空气中的固态、液态微粒；
（2）霉菌、致病菌等悬浮在空气中的微生物；
（3）各种对人体或生产过程有害的气体。
对于洁净室的污染源，主要讨论微尘和微生物两大类微粒。

10.2.1.2　污染源

A　室外污染源

（1）大气尘。大气尘是空气洁净的直接处理对象。大气尘是指大气中的悬浮微粒，不仅包括固体尘，也包含液态微粒，粒径小于 $10\mu m$。这种大气尘在环境保护领域叫作飘尘，以区别于在较短时间内即沉降到地面的落尘（沉降尘）。产生大气尘的有自然发生源和人为发生源。大气尘排放源分类见图10-1。在自然发生源中，有因为海水泡沫作用而带入空气中的海盐微粒，可深入陆地数百公里，90%则降于海上；有风吹起的土壤微粒；有森林火灾时放出的大量微粒；还有植物花粉等。伴随着人类活动而产生的颗粒物，除了工厂里生产设备产生的副产物或汽车尾气中的物质之外，还包括硫氧化物（SO_x）、氮氧化物（NO_x）以及烃类化合物等气体经过化学反应转化生成的二次颗粒物。这与自然源的颗粒物不同，通常被称为人为排放颗粒物。在大气尘发生源中，工业技术发展造成的大气污染占主要地位。

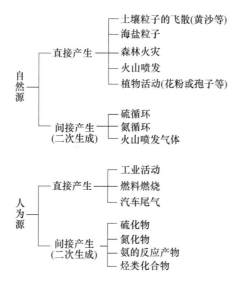

图 10-1 大气悬浮颗粒物排放源的分类

（2）大气中的微生物。活微生物存在于许多环境中，如土壤、淡水池塘、湖泊、海洋、食物和饮水等。由于人体环境既适合于微生物生存也适合于微生物繁殖，所以，人体内外的各个表面都会有微生物，其一般聚集在外表面、嘴、鼻与肠道中。人体长有毛发和潮湿的部位，都有大量的微生物。这些微生物大多数对人类和较高等的动物是无害的，但却是洁净环境的一类污染源。

B 室内污染源

洁净室内的污染源主要来自四个方面：

（1）大气中的粉尘、细菌，洁净空调系统中新风带入的尘粒和微生物。

（2）作业人员发尘。作业人员的发尘量与作业人员的动作、洁净工作服（包括鞋）的材料及形式、房间内的人员数量有关。作业人员的发尘量见表 10-1 和表 10-2，在洁净室包括洁净辅助房间内均不准作业人员吸烟，因为吸烟将有大量的尘粒产生，见表 10-3，化妆品产尘见表 10-4。

表 10-1 作业人员动作发尘量（粒径≥0.5μm）　　　　（pc/(人·min)）

序　号	人员动作	普通工作服	洁净工作服	
			分套型	全套型
1	立	339000	113000	5580
2	坐	302000	112000	7420
3	臂上下运动	298000	298000	18600
4	上体前屈	2240000	538000	24200
5	臂自由运动	2240000	298000	20600
6	头部运动	631000	151000	11000

序 号	人员动作	普通工作服	洁净工作服	
			分套型	全套型
7	上体转动	850000	266000	14900
8	屈身	3120000	605000	37400
9	踏步	2800000	861000	44600
10	步行	2920000	1010000	56000

表 10-2 作业人员工作服洁净及形成发尘量（粒径≥0.5μm）（pc/（人·min））

序 号	工作服形式及材料	洁净工作服	
		坐（四肢、头部自由活动）	走动
1	全套型粗织尼龙工作服	$38.3×10^4$	$322×10^4$
2	分套型密织尼龙工作服	$18.1×10^4$	$128×10^4$
3	分套型密织尼龙工作服内衬的确良工作服	$7.2×10^4$	$73.8×10^4$
4	棉的确良工作服	$20.5×10^4$	$108×10^4$
5	电力纺工作服	$101×10^4$	$377×10^4$
6	普通工作服	$210×10^4$	$300×10^4$

表 10-3 吸烟的产尘量

指 标	产 尘 量	测试者
颗粒数 /pc·支$^{-1}$	（$D=0.3\sim0.5\mu m$）$4.0×10^{10}$	藤井正一
	（$D=0.5\sim1.0\mu m$）$2.1×10^{10}$	
	（$D=1.0\sim5.0\mu m$）$2.1×10^{10}$	
质量 /毫克·支$^{-1}$	$7\sim8$	藤井正一
	（主流烟尘）$7.7\sim12.6$，（非主流烟尘）$6.3\sim7.8$	楢崎正也
	（主流烟尘）$10.3\sim33.8$，（非主流烟尘）$9.4\sim16.2$	木村菊二
	（平均）20	吕俊民

表 10-4 使用化妆品的产尘量

化 妆 品	每次使用产生的粒子数量（粒径大于等于0.5μm）
口红	$1.1×10^9$
胭脂粉	$6×10^8$
粉底	$2.7×10^8$
眉笔	$8.2×10^7$
睫毛膏	$3×10^9$
一次使用所有上述化妆品	$5.1×10^9$

（3）设备及产品生产过程的产尘。随着产品生产自动化程度的提高，作业人员不断减少，设备及生产过程的原料、辅助材料、各种工艺介质和生产过程产生的尘源越来越引起人们的关注，且在各种尘源中所占比例呈上升趋势。

（4）建筑围护结构、设施的产尘，这里包括墙、顶棚、地面和裸露管线的产尘。建筑围护结构、设施的产尘情况，与建造洁净室所选用的建筑材料、施工安装方法有关。近年来，由于建筑装修材料的不断改善，特别是各种贴塑喷涂面料、金属壁板、仿搪瓷漆面墙、塑料地面等的应用，使来自建筑表面的产尘量日益减少，其所占室内总产尘量的份额已经较低。目前，洁净室内的管线一般采用暗装，少数裸装管线均采用不锈钢板（管）加以局部封闭，以尽量减少产尘。

洁净室内产品生产过程和生产设备的产尘量主要取决于产品生产过程的特点、选用的设备状况及其采取的技术措施、选用的原料辅料、工艺介质的纯度及其输送系统等。近年来，由于采取了各种技术措施，降低了这类产尘量，如采用封闭隔断及局部排风等措施，使产尘区域相对于周围空间有一定的负压，防止粉尘扩散危害其他工序的洁净度；车间机械设备的轴承、齿轮、传动带等运动部件在工作过程中，由于润滑油升温炭化及机械磨损等原因散发到空气中的尘埃对高洁净度工艺的影响越来越引起人们的关注。在集成电路生产中，随着集成度的提高，要求生产环境控制 $0.1\mu m$ 尘粒达到 1 级或更严的洁净度，为了减少洁净室建造费用，并可靠地达到高级别要求，目前，许多大规模集成电路工厂采用微环境技术和生产工艺自动化技术，采用机械手、机器人从而减少了室内人员，使室内产尘总量下降。在此情况下，机械设备的产尘量和生产过程的产尘量所占份额不断提高。但在一般情况下，普通洁净室内最主要的污染源仍然是人。

对于生物洁净室，包括制药工业，往往更关注人体的散发菌量。室内空气中的微生物主要附着在微粒上和由人体鼻腔、口腔喷出的飞沫中。

人员的着装、动作及所处场所不同，其细菌散发量不同。我国部分高等院校对人体的发菌量进行了研究，表 10-5 所示是在专门设计的实验箱体内测试的数据，踏步的频率是90 次/min，起立坐下为 20 次/min，抬臂为 30 次/min。被测人员身着半新手术内衣、长裤、外罩手术大褂；头戴棉布帽，手戴手术手套，脚穿尼龙丝袜和拖鞋；衣、裤等均已高温灭菌。

表 10-5　人体不同部位所带细菌数量

人 体 部 位	细 菌 数 量
手部	$100 \sim 1000 pc/cm^2$
前额	$1000 \sim 100000 pc/cm^2$
头皮	约 $10^6 pc/cm^2$
腋窝	$10^6 \sim 10^7 pc/cm^2$
鼻腔分泌物	约 $10^7 pc/g$
唾液	约 $10^9 pc/g$
粪便	$>10^8 pc/g$

10.2.1.3　污染物传播途径

为了控制污染，不仅需要区分污染物的性质，而且还要研究污染物的传播途径。切实找到各种污染物的传播途径和规律，分清主次，然后采取相应措施限制污染物的传播，才是最为有效和经济的方法。

污染源可以通过多种途径接触产品和工艺设备，危害生产工艺的主要污染源有：（1）人员；（2）送风；（3）机器及其他生产设备；（4）原材料和经过加工的原材料；（5）包装材料；（6）生产工艺用各种介质及洁净用化学品；（7）服装和其他设备中的纺织物；（8）办公设备和办公材料；（9）参观人员；（10）维修人员，特别是来自洁净区外部的人员。

与产品接触的污染物有两种来源：一是从生产工艺内产生；二是从外部环境传入生产环境中。

10.2.2　洁净室分类及特点

洁净室（区）（cleanroom）是指空气悬浮粒子浓度和含菌浓度受到控制，并达到一定要求或标准的房间（限定的空间）。房间（空间）的建造和使用方式要尽可能减少引入、产生和滞留粒子（包括尘粒和菌粒）等，房间（空间）内其他相关参数如温度、相对湿度和压力按要求进行控制。洁净区可以是开放式或密闭式，可以位于或不位于洁净室内。

10.2.2.1　洁净室分类

A　按状态分类

洁净室（区）的空气洁净度级别状态分三种：空态、静态和动态。

空态（as-built）是指设施已经建成，其服务动力共用设施区接通并运行，但无生产设备、材料及人员的状态。

静态（as-rest）是指设施已经建成，生产设备已经安装好，并按供需双方商定的状态运行，但无生产人员的状态。

动态（operational）指生产设备按预定的工艺模式运行并有规定数量的操作人员在现场操作的状态。

B　按用途分类

（1）工业洁净室。工业洁净室以无生命微粒（包括无机微粒和有机微粒）为控制对象。主要控制无生命微粒对工作对象的污染，其内部一般保持正压。它适用于精密工业（精密轴承等）、电子工业（集成电路等）、航天工业（高可靠性）、化学工业（高纯度）、原子能工业（高纯度、高精度、防污染）、印刷工业（制版、油墨、防污染）和照相工业（胶片制版）等部门。

工业洁净室主要控制温度湿度、风速、流场和洁净度等参数。温度、湿度和洁净度对工业洁净室一般都是同等重要的，它们直接影响产品的质量、精度和纯度。电子工业中的半导体、集成电路的制造，机械工业中的高精尖机械仪表的制造，材料工业中的高纯度材料的提取等均要求有一个非常洁净的生产环境。

（2）生物洁净室。生物洁净室是无菌手术室、病房、制药车间、化妆品生产车间、医学实验室及要求控制室内细菌含量的无菌洁净场合的总称。

生物洁净室以有生命的微粒为控制对象，又可分为：

1）一般生物洁净室。主要控制有生命微粒（单细胞藻类、菌类、原生动物、细菌和病毒等）对工作对象的污染。同时其内部材料要能经受各种灭菌剂的侵蚀，内部一般保持正压。实质上这是一种结构和材料允许作为灭菌处理的工业洁净室，可用于食品工业（防止变质、生霉）、制药工业（高纯度、无菌制剂）、医疗设施（手术室、各种制剂室、调剂室）、动物实验设施（无菌动物饲育）和研究实验设施（理化、洁净实验室）等。

2）生物安全洁净室。它要求控制的室内参数基本上与一般生物洁净室相同，主要控制对象是有生命微粒对外界和人的污染，不同的是室内要求静压比周围环境低一定数值（负压），其用于研究试验设施（细菌学、生物学洁净室）和生物工程（基因重组、疫苗制备）。因为它所研究的对象是对人体和环境有很大危害的物质（艾滋病防治的研究等），所以它只允许外围的空气往里渗漏，不允许室内的空气往外渗漏，且由于消毒剂对周围结构、设备有较大的腐蚀性，装修材料和设备要求耐腐蚀性强。这种洁净室的气密性要求比一般洁净室高，施工难度大，安全度要求高，造价也较一般洁净室高。

生物洁净室和工业洁净室都要应用清除空气中微粒的原理，因此在本质上它们是一样的，所不同的是控制参数中增加了控制室内细菌的浓度。在一般情况下，洁净度、细菌的浓度较之温度、湿度的控制更为重要。而细菌本身是有大小的，且细菌多以尘粒为寄存体，因此采用空气净化措施，控制室内空气的洁净度就能控制室内空气的含菌量，达到无菌的目的，当然还需要采取一些其他措施。对于附着于表面上的微粒，工业洁净室一般采用擦净的办法就可以大大减少表面上的微粒数量，而生物洁净室是针对有生命微粒，一般的擦洗可能给生命带来水分和营养，反而能促进其繁殖，增加其数量。因此，对生物洁净室来说，必须用表面消毒的办法（用消毒液擦拭）来取代一般的擦拭。

生物洁净室也是伴随着高科技的发展而发展的，如医院胸外科手术、心脏移植、脑外科等大型手术，均要求手术室内高度洁净与无菌，以确保手术安全进行和手术后不受感染，提高成功率。在基因工程中，进行细胞基因移植时，也要求有洁净的环境。某些纯菌的提取，以及制药工业中确保药物的纯度，均要求有洁净的环境。

C　按气流流型分类

气流流型就是气流轨迹的形式。按此可分为：

（1）单向流洁净室。由方向单一、流线平行并且速度均匀的单向流流过房间工作区整个截面的洁净室。

（2）非单向流洁净室。非单向流洁净室指流线不平行、方向不单一、速度不均匀而且有交叉回旋的紊乱气流流过房间工作区整个截面的洁净室，也称为乱流洁净室。

（3）混合流洁净室。混合流洁净室是指同时分别存在单向流和非单向流两种气流流型的洁净室。混合流，就是同时独立存在非单向流和单向流两种不应互扰的气流的总称。混合流不是一种独立的气流流型。

（4）辐流洁净室。在整个洁净室的纵断面上通过的气流为辐流。辐流，就是风口出流为辐射状不交叉的气流。辐流也被称为矢流。

10.2.2.2　洁净室特点

作为洁净技术主体的洁净室具有以下三大特点：

（1）洁净室是空气的洁净度达到一定级别的可供人活动的空间，其功能是能控制微粒和微生物的污染。洁净室的洁净不是一般的干净而是达到了一定空气洁净度级别。

（2）洁净室是一个多功能的综合整体，需要多专业配合——建筑、空调、净化、纯水、纯气等。以纯气来说，工艺用气体也是要经过净化处理的。一家一次性注射器生产厂，在注塑车间由于涉及的工艺用压缩空气没有经过特殊的净化处理，每次产品成型时，机器排出大量未净化的压缩空气，使车间内的空气不能满足要求，污染了成型的产品。所以，与药品直接接触的干燥空气、压缩空气和惰性气体应经过净化处理，使其符合生产要求。其次需要对多个参数进行控制，例如：空气洁净度、细菌浓度以及空气的量（风量）、压（压力）、声（噪声）、光（照度）、温（温度）、湿（湿度）等。

（3）评价洁净室的质量，设计、施工和运行管理都很重要，即洁净室是通过从设计到管理的全过程来体现其质量的。

10.2.3 洁净室标准

10.2.3.1 国际洁净室标准

A 美国联邦标准 FED-STD-209E

美国联邦标准 FED-STD-209E 于 1992 年 9 月 11 日发布，取代 1988 年 6 月 5 日发布的标准 FED-STD-209D。

美国联邦标准 FED-STD-209E 率先建立了由悬浮粒子含量来规定空气洁净室和洁净区的空气洁净度的分级标准，并且提供了其他可供选择的分级方式；描述了鉴定空气洁净度的方法以及建立空气洁净度监测方案的要求；也提供了确定和描述超微粒子浓度的方法（U 描述法）。

美国联邦标准 FED-STD-209E 中洁净度是由每立方米（每立方英尺）空气中所含有最大允许微粒子数量来确定的，其分级明确见表 10-6，国际单位制中分级名称是由每立方米空气中含有粒径 $0.5\mu m$ 或更大微粒的最大允许值来表示的，而英制单位（美国惯用）分级名称则取自每立方英尺空气中含有粒径 $0.5\mu m$ 或更大微粒的最大允许值。

表 10-6 所示洁净度分级界限只为分级定义的目的而确定，在任何特殊情况下不表示由此所建立的粒径尺寸分布。

表 10-6 悬浮粒子洁净度分级

分级名称		分 级 界 限								
		$D\geqslant0.1\mu m$		$D\geqslant0.2\mu m$		$D\geqslant0.3\mu m$		$D\geqslant0.5\mu m$		$D\geqslant5.0\mu m$	
		每立方米	每立方英尺	每立方米	每立方英尺	每立方米	每立方英尺	每立方米	每立方英尺	每立方米	每立方英尺
M1	1	350	9.91	75.7	2.14	30.9	0.875	10.0	0.283	—	—
M1.5		1240	35.0	265	7.50	106	3.00	35.3	1.00	—	—
M2		3500	99.1	757	21.4	309	8.75	100	2.83	—	—
M2.5	10	12400	350	2650	75.0	1060	30.0	353	10.0	—	—
M3		35000	991	7570	214	3090	87.5	1000	28.3	—	—

续表 10-6

分级名称		分　级　界　限									
		$D\geqslant0.1\mu m$		$D\geqslant0.2\mu m$		$D\geqslant0.3\mu m$		$D\geqslant0.5\mu m$		$D\geqslant5.0\mu m$	
		每立方米	每立方英尺	每立方米	每立方英尺	每立方米	每立方英尺	每立方米	每立方英尺	每立方米	每立方英尺
M3.5	100	—	—	26500	750	10600	300	3530	100	—	—
M4		—	—	75700	2140	30900	875	10000	283	—	—
M4.5	1000	—	—	—	—	—	—	35300	1000	247	7.00
M5		—	—	—	—	—	—	100000	2830	618	17.5
M5.5	10000	—	—	—	—	—	—	353000	10000	2470	70.0
M6		—	—	—	—	—	—	1000000	28300	6180	175
M6.5	100000	—	—	—	—	—	—	3530000	100000	24700	700
M7		—	—	—	—	—	—	10000000	283000	61800	1750

B　国际标准 ISO 14644-1

国际标准 ISO 14644-1 由 ISO/TC 209 洁净室及相关受控环境技术委员会提出。标准 ISO 14644 的第 1 部分是据空气中悬浮粒子浓度来划分洁净室及相关受控环境中空气洁净度的等级（表 10-7），以此作为洁净室及相关受控环境内空气洁净度的技术要求，并且仅考虑粒径限值（低值）在 0.1～0.5μm 范围内呈累积分布的粒子群。

表 10-7　ISO 14644 洁净室及洁净区空气中悬浮粒子洁净度等级

ISO 分级序数（N）	最大浓度限值/pc·m⁻³					
	$D\geqslant0.1\mu m$	$D\geqslant0.2\mu m$	$D\geqslant0.3\mu m$	$D\geqslant0.5\mu m$	$D\geqslant1\mu m$	$D\geqslant5\mu m$
ISO 等级 1	10	2				
ISO 等级 2	100	24	10	4		
ISO 等级 3	1000	237	102	35	8	
ISO 等级 4	10000	2370	1020	352	83	
ISO 等级 5	100000	23700	10200	3520	832	29
ISO 等级 6	1000000	237000	102000	35200	8320	293
ISO 等级 7				352000	83200	2930
ISO 等级 8				3520000	832000	29300
ISO 等级 9				35200000	8320000	293000

注：1. 空气浓度限值按式（10-1）计算。

2. 由于涉及测量过程的不确定性，故要求不大于三个有效的数据来确定浓度分级水平。

标准 ISO 14644-1 把空气洁净度分为 9 个等级，比美国联邦标准 FED-STD-209E 多出 3 个等级，微粒数量触发点（trigger points）在标准 ISO 14644-1 和标准 FS FED-STD-209E 之间只存在细微的差别。其中，所有的 ISO 数据都是以国际单位制为基础的。

图 10-2 以图解形式说明了表 10-1 中的空气洁净度等级。由于图中线条表示的是近似的等级尘粒浓度限值，所以不能用作定义尘粒浓度限值，其定义用限值只能按式（10-1）

计算确定。图解形式的等级线不可外推超过实心圆符号，实心圆符号是表示各个 ISO 分级序数空气洁净度等级认可的最大和最小粒子浓度限值。

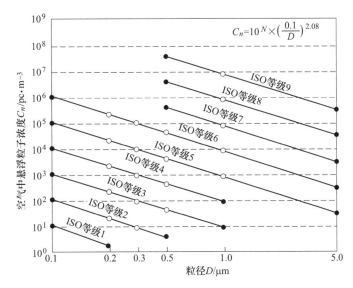

图 10-2　图解形式表示的各项 ISO 空气洁净度等级的粒子浓度值

10.2.3.2　我国洁净室标准

（1）我国《洁净厂房设计规范》（GB 50073—2013）等同采用了国际标准标准 ISO 14644—1 中的洁净度级别，见表 10-8。

（2）《药品生产质量管理规范》（GMP）（2010 年修订）。其将药品生产洁净室（区）的空气洁净度划分为四个级别，见表 10-8。

表 10-8　GMP 洁净室（区）空气洁净度级别及微生物动态监测标准

洁净度级别	悬浮粒子最大允许数/m³				浮游菌 /cfu·m⁻³	沉降菌 (ϕ90mm) /cfu·(4h)⁻¹	表面微生物	
	静　态		动　态				接触(ϕ55mm) /cfu·碟⁻¹	5指手套 /cfu·手套⁻¹
	$D \geqslant 0.5\mu m$	$D \geqslant 5.0\mu m$	$D \geqslant 0.5\mu m$	$D \geqslant 5.0\mu m$				
A 级	3520	20	3520	20	<1	<1	<1	<1
B 级	3520	29	352000	2900	10	5	5	5
C 级	352000	2900	3520000	29000	100	50	25	—
D 级	3520000	29000	不作规定	不作规定	200	100	50	—

（3）住房和城乡建设部发布的行业标准《洁净室施工及验收规范》（GB 50591—2010）自 2011 年 2 月实施以来，在统一检测方法、提高洁净室的建造质量等方面起了十分重要的作用。

该规范不仅结合洁净室建造"技术含量高"的特点，规定了洁净室必须按设计图样施工，没有图样和技术要求的不能施工和验收，而且规定洁净室施工前应制定详细的施工方案、程序；洁净室施工过程中，应在每道施工完毕后进行中间验收并记录备案。规范对建筑装饰、净化空调系统、水气电系统的材料、施工安装均作了详细的规定和要求，对工程验收、综合性能评定等也作了严格的规定和要求。

（4）《医药工业洁净厂房设计规范》（GB 50457—2008）。原国家医药管理局发布的行业标准《医药工业洁净厂房设计规范》（1996 年）自 1997 年 1 月 1 日起实施。该规范是为贯彻执行《药品生产质量管理规范》（1992 年），按国家医药管理局的要求，并参照世界卫生组织（WHO）《药品生产质量管理规范》，从我国国民经济发展实际水平和医药行业的生产现状出发制定的，规范编制工作结合国内外 GMP 的进展和医药工业洁净厂房建设的实践经验，提出了我国医药工业洁净厂房设计的基本要求，供各单位在新建、改建和扩建的工程设计中执行。《医药工业洁净厂房设计规范》（GB 50457—2008）结合国内外 GMP《药品生产质量管理规范》和洁净技术的发展以及工程建设的实践编写。

医药工业洁净室（区）以微粒和微生物为主要控制对象，同时还需对其环境温度、湿度、新鲜空气量、压差、照度、噪声等作出规定。

洁净室内的温度和湿度要求为：生产工艺对温度、湿度无特殊要求时，以穿着洁净工作服不产生不舒服感为宜。空气洁净度 A 级、B 级、C 级区域一般控制为 20～24℃，相对湿度为 45%～60%；D 级区域一般控制为 18～26℃，相对湿度为 45%～60%。生产工艺对温度和湿度有特殊要求时，应根据工艺要求确定。

（5）《兽药生产质量管理规范》（GMP）为提高我国兽药生产水平，规范兽药生产活动，保证兽药质量，提高兽药行业的国际竞争力，农业农村部修订发布了《兽药生产质量管理规范》（农业农村部第 11 号令，以下简称《兽药 GMP 规范》），自 2002 年 6 月 19 日至 2005 年 12 月 31 日为《兽药 GMP 规范》实施过渡期，自 2006 年 1 月 1 日起强制实施《兽药 GMP 规范》。《兽药生产质量管理规范附录》自 2003 年 6 月 1 日起施行，对兽药生产洁净室（区）空气中的尘粒及微生物和换气次数作了规定，见表 10-9。

表 10-9　兽药生产洁净室（区）空气中的尘粒及微生物和换气次数规定

洁净度级别	尘粒最大允许数/pc·m⁻³（静态）		微生物最大允许数（静态）		换气次数/次·h⁻¹
	$D \geq 0.5\mu m$	$D \geq 5.0\mu m$	浮游菌/cfu·m⁻³	沉降菌（φ90mm）/cfu·(0.5h)⁻¹	
100 级	3500	0	5	0.5	
10000 级	350000	2000	50	1.5	≥20
100000 级	3500000	20000	150	3	≥15
300000 级	10500000	60000	200	5	≥10

注：1. 尘埃粒子数（pc/m³），要求对粒径 ≥0.5μm 和粒径 ≥5μm 的尘粒均测定，浮游菌（cfu/m³）和沉降菌（φ90mm）（cfu/0.5h）的，可任测一种。

　　2. 洁净室的测定参照《洁净室施工及验收规范》（GB 50591—2010）执行。

　　3. 100 级洁净室（区）0.8m 高的工作区的截面最低风速：垂直单向流 0.25m/s；水平单向流 0.35m/s。

（6）《生物安全实验室建筑技术规范》（GB 50346—2011）由中华人民共和国住房和城乡建设部批准，自 2012 年 5 月 1 日实施。根据生物安全实验室密封程度的不同，将其分为一级、二级、三级和四级共四个生物安全等级，见表 10-10。

一级：对人体、动植物或环境危害较低，不具有对健康成人、动植物致病的致病因子。

二级：对人体、动植物或环境具有中等危害或具有潜在危险的致病因子，对健康成人、动物和环境不会造成严重危害，有有效的预防和治疗措施。

三级：对人体、动植物或环境具有高度危险性，主要通过气溶胶使人传染上严重的甚至是致命疾病，或对动植物和环境具有高度危害的致病因子。通常有预防治疗措施。

四级：对人体、动植物或环境具有高度危险性，通过气溶胶途径传播或传播途径不明，或未知的、危险的致病因子。没有预防治疗措施。

表 10-10　生物安全实验室主要技术指标

名　称	洁净度级别	换气次数 /次·h⁻¹	与室外方向上相邻相通房间的压差/Pa	温度/℃	相对湿度/%	噪声 /dB(A)	最低照度/lx
一级	—	可自然通风	—	16~28	≤70	≤60	300
二级	7~8	12~15	−5~−10	18~27	30~65	≤60	300
三级	7~8	12~15	−15~−25	20~26	30~65	≤60	500
四级	7~8	12~15	−20~−30	20~25	30~65	≤60	500

（7）洁净手术室和洁净辅助用房的等级标准《医院洁净手术部建筑技术规范》（GB 50333—2013）见表 10-11 和表 10-12。

表 10-11　洁净手术室的等级标准（空态或静态）

等级	手术室名称	沉降法（浮游法）细菌最大平均浓度		表面最大染菌密度 /pc·cm⁻²	空气洁净度级	
		手术区	周边区		手术区	周边区
I	特别洁净手术室	0.2pc/30min φ90mm（5pc/m³）	0.4pc/30min φ90mm（5pc/m³）	5	5	6
II	标准洁净手术室	0.75pc/30min φ90mm（25pc/m³）	1.5pc/30min φ90mm（50pc/m³）	5	6	7
III	一般洁净手术室	2pc/30min φ90mm（75pc/m³）	4pc/30min φ90mm（150pc/m³）	5	7	8
IV	准洁净手术室	6pc/30min φ90mm（175pc/m³）		5	8.5	

注：1. 浮游法的细菌最大平均浓度采用括号内数值。细菌浓度是直接测得的结果，不是沉降法和浮游法互相换算的结果。
　　2. I级眼科专用手术室周边区按10000级要求。

表 10-12　洁净辅助用房的等级标准（空态或静态）

等级	沉降法（浮游法）细菌最大平均浓度	表面最大染菌密度 /pc·cm⁻²	空气洁净度级别
I	局部：0.2pc/30minφ90mm（5pc/m³） 其他区域：0.4pc/30minφ90mm（10pc/m³）	5	局部 5 级 其他区域 6 级
II	1.5pc/30minφ90mm（50pc/m³）	5	7 级

续表 10-12

等级	沉降法（浮游法）细菌最大平均浓度	表面最大染菌密度 /pc·cm^{-2}	空气洁净度级别
Ⅲ	4pc/30min φ90mm（150pc/m³）	5	8 级
Ⅳ	6pc/30min φ90mm（175pc/m³）	5	8.5 级

注：浮游法细菌是大平均浓度采用括号内数值。细菌浓度是直接测得的结果，不是沉降法和浮游法互相换算的结果。

不同等级的洁净手术室适用的手术范围如下：

Ⅰ级特别洁净手术室：用于关节转换手术，器官移植手术及脑外科、心脏外科、眼科等手术中的无菌手术。

Ⅱ级洁净手术室：用于胸外科、整形外科、泌尿外科、肝胆膜外科、骨外科及取卵移植手术和普通外科中的一类无菌手术。

Ⅲ级一般洁净手术室：用于普通外科（除去一类手术）、妇产科等手术。

Ⅳ级准标准洁净手术室：用于肛肠外科及污染类等手术。

洁净手术部辅助用房应包括洁净辅助用房和非洁净辅助用房，它们的适用范围如下：

Ⅰ级洁净辅助用房：用于生殖实验室等需要无菌操作的特殊实验室的房间。

Ⅱ级洁净辅助用房：用于体外循环灌注准备的房间。

Ⅲ级洁净辅助用房：用于刷手、手术准备、无菌敷料与器械、一次性物品和精密仪器的存放房间、护士站以及洁净走廊。

Ⅳ级洁净辅助用房：用于恢复室、洁净走廊等洁净场所。

非洁净辅助用房：用于医生和护士休息室、值班室、麻醉办公室、冰冻切片室、暗室、教学用房及家属等候处、换鞋、更外衣、浴厕和净化空调等设备用房。

各类洁净用房的主要技术指标应符合表 10-13 中的规定。

表 10-13 各类洁净用房的主要技术指标

名 称	最小静压（对相邻低级别洁净室）/Pa	换气次数 /次·h^{-1}	手术区手术台（或局部百级工作区）工作面高度截面平均风速/m·s^{-1}	温度/℃	相对湿度/%	最小新风量		噪声 /dB(A)	最低照度 /lx
						立方米/人	次/时		
特别洁净手术室	+8	—	0.25~0.30	22~25	40~60	60	6	≤52	350
标准洁净手术室	+8	30~36	—	22~25	40~60	60	6	≤50	350
一般洁净手术室	+5	20~24	—	22~25	35~60	60	4	≤50	350
准洁净手术室	+5	12~15	—	22~25	35~60	60	4	≤50	350
体外循环灌注准备室	+5	17~20	—	21~27	≤60	—	3	≤60	150

名　称	最小静压 （对相邻 低级别 洁净室） /Pa	换气次数 /次·h⁻¹	手术区手术台 （或局部百级 工作区）工作 面高度截面平 均风速/m·s⁻¹	温度/℃	相对湿度 /%	最小新风量		噪声 /dB（A）	最低 照度 /lx
						立方米 /人	次/时		
无菌敷料、器械、一次性物品性和精密仪器存放室	+5	10~13	—	21~27	≤60	—	3	≤60	150
护士站	+5	10~13		21~27	≤60	60	3	≤60	150
准备室（消毒处理）	+5	10~13		21~27	≤60	30	3	≤60	200
预麻醉室	−8	10~13		21~27	30~60	60	4	≤55	150
刷手间	>0	10~13		21~27	≤65	—	3	≤55	150
洁净走廊	0~+5	10~13		21~27	≤65		3	≤52	150
更衣室	0~+5	8~10		21~27	30~60			≤60	300
恢复室	0	8~10		21~27	30~60		4	≤60	200
清洁走廊	0~+5	8~10	—	21~27	≤65		3	≤55	150

注：1. 洁净区对其相通的非洁净区应保持不小于 10Pa 的正压，洁净区对室外或对与室外直接相通的区域应保持不小于 15Pa 的正压，所有静压差均不应大于 30Pa。

2. 刷手间无门或设在洁净走廊上，最小静压大于零即可。

3. 换气次数和截面平均风速的设计值宜在表中范围之内。

4. 冬季温湿度可取不低于表中下限值，夏季的可取不高于表中上限值。

5. 表中未列出名称的房间可参照用途相近的房间确定其数值指标。

6. 对技术指标的项目、数值、精度等有特殊要求的房间，应按实际要求设计。

10.2.4　洁净室噪声控制要求

洁净室的静态噪声主要来源于净化空调系统和局部净化设备的运行噪声，静态噪声的大小与洁净室空气气流流型、换气次数等因素有关。对国内几个行业不同气流流型洁净室的静态和动态噪声进行的分析表明，不同气流流型的静态噪声差异较大。非单向流洁净室的静态噪声实测值在 41~64dB（A）范围内，平均为 54dB（A）；单向流、混合流洁净室的静态噪声实测值在 51~75dB（A）范围内，平均为 65dB（A）。非单向流洁净室较之单向流洁净室的静态噪声平均值约低 11dB（A）。非单向流洁净室和单向流、混合流洁净室静态噪声的差异与其送风量（或换气次数）和净化空调的特征有关。

《洁净厂房设计规范》（GB 50073—2013）规定洁净室内的噪声级如下：

（1）动态测试时，洁净室内的噪声级不应超过 70dB（A）。

（2）空态测试时，非单向流洁净室不应大于 60dB（A）；单向流、混合流洁净室不应大于 65dB（A）。

洁净室的噪声频谱限制，应采用倍频程声压级；空态噪声频谱的限制值不宜大于表 10-14 中的规定。

表 10-14 声频谱的限制值

倍频程声压级/dB(A)		中心频率/Hz							
		63	125	250	500	1000	2000	4000	8000
空态	非单向流	79	70	63	58	55	52	50	40
	单向流、混合流	83	74	68	63	60	57	55	54

10.3 洁净室污染物控制方法

洁净室是将一定空间范围内的空气中的微粒、有害空气、微生物等污染物排除，并将室内的温度、洁净度、室内压力、气流速度与气流分布、噪声振动及照明、静电控制在某一需求范围内，而所给予特别设计的房间。亦即是不论外在的空气条件如何变化，其室内均能具有维持原先所设定的洁净度、温湿度及压力等性能。

洁净室最主要的作用在于控制产品所接触的大气的洁净度及温湿度，使产品能在一个良好的环境空间中生产、制造。按照国际惯例，无尘净化级别主要是根据每立方米空气中粒径大于划分标准的微粒数量来确定。也就是说所谓无尘并非百分百没有一点灰尘，而是控制在一个非常微量的范围内。当然这个标准中符合灰尘标准的颗粒对于我们常见的灰尘已经是小得微乎其微，但是对于光学构造而言，哪怕是一点点的灰尘都会产生非常大的负面影响，所以在光学构造产品的生产上，无尘是必然的要求。

由于空气净化的目的与对象不同，净化的内容、方法和衡量标准也不同。以洁净室为对象的空气净化的目的，就是最大可能地把空气介质中的悬浮微粒除掉，对于生物洁净室，还要控制生命微粒。

10.3.1 清洗

在污染控制领域中，为了保证对象物体具有一定的洁净度，需要除去其表面附着的异物等污染。这时可以采用清洁空气吹洗，以及用液体清洗或冲洗等操作。

清洗的目的是去除污染物，以及不属于药品成分和影响其完整性的任何物质。对于洁净室中要进行清洗的除了设备，还有就是洁净室本身。

清洗的基本原理主要有溶解、增溶、乳化、水解、分散、润湿、氧化等。关于这些清洗机制，溶解是最基本的特性，而增溶主要是指符合配方的清洗剂中的有些成分可以增加基本溶剂（如水）的溶解性能。乳化主要是针对油性物质，使得亲油性基团包裹在亲水性基团之中，从而使得油性物质能够溶解到水中。水解是把难溶性的大分子物质水解成极性较小的易溶于水的小分子物质，从而能够有效地清洗掉难溶于水的物质。分散的作用主要是使得被清洗剂溶解下来的污物能够均匀地分散在清洗剂中，防止沉淀。润湿是通过降低表面张力来增加清洗剂对物体表面的润湿效果，从而使得清洗剂能够充分地与要清洗的污物接触，将污物更好地溶解。氧化是通过清洗剂成分和要清洗的物质发生反应，让其反应成易溶于水的物质，从而提供清洗效果。

10.3.1.1 使用气体进行净化

（1）预清洗。在洁净室这一类无尘区域中安装或放置机器设备时，应预先尽可能地减少机器上附着的微细颗粒物等污染物。

通常情况下，使用纯水浸润的抹布擦除污渍，如机器表面有油膜等污物时，则应使用乙醇浸润的抹布擦拭。此外，如果在机器表面附着或可能附着有肉眼可以识别的微细颗粒物时，可采用装有过滤器的气枪，其通过压缩空气对表面附着的微细颗粒物进行去除。这种气枪能够吹落对象物体表面附着的微细颗粒物，其喷射口处装有薄膜过滤器，可以捕获直径在 0.8μm 以上的微细颗粒物，因此该气枪吹出的洁净压缩空气中只含有直径在 0.8μm 以下的微细颗粒物。

（2）精细净化。为了获得更高的洁净度，对于经过预清洗并放入洁净室中的机器设备，应当再次用气枪进行清洁。气枪是使用气体进行清洁时最常使用的工具。此外，当使用气枪去除物体表面的微细颗粒物时，应使去除的微细颗粒物流向气流的下游一侧，从而避免其发生再次飞散的情况。

（3）净化操作的效果。对于机器设备等净化对象的净化效果，可以使用日本工业标准 JIS B 9921—1989 指定的光散射式自动粒子计数器进行确认。也就是说，在洁净室内，针对机器设备等放入前和放入后的悬浮颗粒物数量分别进行检测。如果两者数量的检测结果一致，那么整个净化操作过程就是正确的。

另外，类似洁净室这种室内空气中悬浮颗粒物极少的环境，借助 JIS B 9920—1989 规定的"洁净室中悬浮颗粒物的浓度测定方法"，就可以掌握其洁净水平。

根据日本工业标准（JIS）的规定，对于气体中悬浮的颗粒物的检测，可以使用光散射式粒子计数器法或显微镜法。光散射式粒子计数器法可以对气体中的悬浮颗粒物进行连续检测，因此能够即时掌握作业场所的洁净程度。显微镜法则通过观察薄膜过滤器中捕获的细颗粒物实体，从而掌握其大小、数量和形状。

10.3.1.2 使用液体进行净化

使用液体进行净化操作的顺序为，首先用液体清洗物体表面附着的污渍，然后再进行冲洗，最后干燥。

表 10-15 为使用液体清洗样品容器的操作范例。

方法 1：用自来水或纯水进行清洗，然后在自来水或纯水的水流中进行冲洗。

方法 2：在加入自来水或纯水超声波清洗器中进行清洗，然后在自来水或纯水的水流中进行冲洗。

方法 3：在加入中性洗涤剂的自来水或纯净水中进行清洗，然后在自来水或纯水的水流中进行冲洗。或者在纯水中加入中性洗涤剂进行清洗后，再加入异丙醇进行清洗，最后再在纯水的水流中冲洗。

方法 4：在纯水中加入中性洗涤剂进行清洗，或者在加入纯水的超声波清洗器中清洗，然后用纯水水流冲洗，最后通过在容器内加入少量异丙醇的方法除去残余水分。

方法 5：在纯水中加入中性洗涤剂进行清洗，然后在纯水的水流中进行冲洗，接着在放入纯水的超声波净化器中清洗，随后再次在纯水的水流中冲洗，最后通过在容器内加入少量异丙醇的方法除去残余水分。

上述 5 种方法中，与方法 1 相比，方法 2~4 依次更加严格。特别是方法 5，在污染控制领域中，可以称得上是最严格的清洗方法（该法同样适用于标准油样品容器的清洗）。

清洗之后的样品容器需要在洁净工作台上进行干燥，然后保存在洁净室中，使其维持在依各自清洗方法清洗之后的状态。

表 10-15　样品容器的清洗方法

项　目		清　洗　顺　序					
清洗方法	清洗液体	除去油分	清洗	冲洗	除去水分或清洗	冲洗	干燥
方法 1（用水清洗）	自来水	—	流水中（3次）	—	—	100 级洁净工作台
	纯水	—	流水中（3次）	—	—	100 级洁净工作台
方法 2（用超声波器和水清洗）	超声波清洗器+自来水	—	超声波清洗器（5min）	流水中（3次）			100 级洁净工作台
	超声波清洗器+纯水	—	超声波清洗器（5min）	流水中（3次）			100 级洁净工作台
方法 3（用中性洗涤剂和水清洗）	中性洗涤剂+自来水	在自来水中放入洗涤剂用刷子清洗	流水中（直到自来水中没有洗涤剂）	—	—	100 级洁净工作台
	中性洗涤剂+纯水	在纯水中放入洗涤剂用刷子清洗	流水中（直到纯水中没有洗涤剂）	—	—	100 级洁净工作台
	中性洗涤剂+纯水+异丙醇	在纯水中放入洗涤剂用刷子清洗	流水中（直到纯水中没有洗涤剂）	—	—	100 级洁净工作台
方法 4（用超声波器、水、溶剂清洗）	超声波清洗器+纯水+异丙醇	超声波清洗器清洗（5min）	流水中（纯水冲洗3次）	异丙醇乙醇		100 级洁净工作台
方法 5（用水、超声波清洗器、溶剂清洗）	纯水+超声波清洗器+异丙醇	纯水中放入洗涤剂用刷子清洗	流水中（直到纯水中没有洗涤剂）	超声波清洗器清洗（5min）	流水中（纯水中冲洗3次）	100 级洁净工作台使用异丙醇除去水分

10.3.2　灭菌法

"灭菌"就是杀灭或除去物质中的所有微生物。由于杀灭细菌的数量按指数函数递减，所以无论使用何种灭菌方法，微生物的数量都不可能达到 0。国际上通常采用的无菌保证水平为 10^{-6}，即经过灭菌后的每个物质中有 1 个微生物存活的概率应低于 10^{-6}。同时，对于最终容器或完成包装后的产品，确保其能够达到上述概率的灭菌方法，被称为最终灭菌法。

灭菌的分类方法有很多种。在工业上主要使用的灭菌方法有环氧乙烷气灭菌、γ 射线灭菌、高压蒸气灭菌和过滤灭菌等。而在医疗机构则主要使用高压蒸气灭菌或环氧乙烷气灭菌等方法。

10.3.2.1　加热灭菌法

加热灭菌法的定义为"使用热能杀灭微生物的方法"，可分为高压蒸气法和干热法两种。

高压蒸气法为向灭菌器中加压，通过获得的饱和蒸气的热能来杀灭微生物的灭菌方法。影响高压蒸气法灭菌效果的条件有温度、水蒸气压和时间。通常使用的条件如下：温度 115~118℃，30min；温度 121~124℃，15min；温度 126~129℃，10min。这种方法的适用对象主要为具有耐热性的医疗器械、药品、卫生材料和液体对象等。

干热法是在灭菌器中，利用加热后的干燥气体杀灭微生物的灭菌方法。影响干热法灭菌效果的条件有温度和时间。通常使用的条件如下：温度 160~170℃，120min；温度 170~180℃，60min；温度 180~190℃时，30min。此外，由于干热和湿热的熵值有很大不同，因此干热的灭菌条件比湿热更为严格。干热灭菌法仅适用于玻璃或金属材质的医疗器械以及耐热性粉末等。

10.3.2.2　辐照灭菌法

辐照灭菌法是通过放射线或者高频波的辐射杀灭微生物的方法，可分为放射线法和高频法两类。

放射线法使用的是 ^{60}Co 等放射性元素发出的 γ 射线、通过电子加速器生成电子束或轫致辐射（X 射线）。因此，根据放射线的种类不同，放射线法又可分为 γ 射线灭菌法、电子束灭菌法和 X 射线灭菌法等。放射线法的灭菌效果仅由放射线剂量决定，通常需要25kGy（1kg 被辐照物质吸收 1J 的能量为 1Gy）的放射线。这种方法的适用对象为耐放射线的医疗器械或临床器材等。

高频法主要是使用 2450MHz±50MHz 的高频波进行灭菌。这种方法的灭菌效果由高频波的输出量、时间和微生物的温度所决定。该法仅适用于耐热性的液体对象等。

10.3.2.3　气体灭菌法

气体灭菌法是在灭菌器中通入杀菌气体杀灭微生物的方法。其中，环氧乙烷是使用最为广泛的一种杀菌气体。影响气体灭菌法效果的因素有气体浓度、压力、温度、湿度和时间等。该法的灭菌对象为具有气体浸透性的医疗器械和临床器材等。此外，因为环氧乙烷具有致癌性，所以需要对产品上的残留气体、灭菌器中的废气和作业环境中逸散的气体进行严格管理。

10.3.2.4　过滤灭菌法

过滤灭菌法是借助适当材质的灭菌滤膜去除微生物的方法。该法主要采用的滤膜孔径为 0.22~0.45μm。过滤法的灭菌效果主要由过滤时的压力、流量和滤膜自身特性所决定，其适用对象主要是液体医药品。

10.3.2.5　其他灭菌方法

虽然目前还开发出了低温等离子法、气化过氧化氢法、臭氧法和二氧化氯气体法等灭菌方法，但是被允许用于医疗器械的只有低温等离子灭菌法。

低温等离子法是在灭菌器中，通过化学试剂等离子放电时产生的活性基团（自由基）对微生物进行杀灭的方法。这种方法目前在医疗机构中作为环氧乙烷气灭菌法的替代法使用。

上述灭菌验证结束后，应基于生物指示剂或化学指示剂的检验结果，对灭菌效果进行判定。

10.3.3 消毒法

所谓的消毒，就是指减少存活微生物的数量，而灭菌的定义则是将微生物全部杀灭或除去。因此，目前消毒的定义更接近于杀菌，而与灭菌有着明显的区别。

10.3.3.1 化学消毒法

化学消毒法是使用化学物质杀灭微生物的方法，而不同用途的消毒剂也是种类繁多。在欧美地区，用于生物体的消毒剂被称为杀菌剂（antiseptics），而用于物品或环境等无生命物质或场所的消毒剂则被称为消毒剂（disinfectants）。

A 使用消毒剂的注意事项

在使用消毒剂时应注意以下 8 点：

（1）选择适当的消毒剂。由于每种消毒剂都有其各自的抗菌谱，所以要根据污染微生物的种类，选择相应的消毒剂。

（2）注意消毒剂正确的使用浓度及其制备方法。首先应确定消毒对象所适合的消毒剂浓度，然后应在消毒前进行消毒剂的制备。

（3）把握好适当的消毒时间和消毒温度。消毒时间越长或消毒温度越高，那么消毒的效果也越好。

（4）某些污染物质可以使消毒剂失去作用。血液、体液和尿液等有机物，以及香皂、钙和镁等物质都容易使消毒剂失去作用。因此，应当在清除污染物后，再进行消毒处理。

（5）吸附作用可导致消毒剂有效浓度的降低。纤维类制品对消毒剂的吸附作用，可使其有效浓度出现明显的下降。因此在制备消毒剂时，应对消毒过程中可能会因吸附而损失的量进行一定的预估。

（6）对人体的影响。消毒剂的副作用之一是有可能出现对人体的影响。这一点在使用卤素类或醛类等消毒剂时应当特别注意。

（7）可能对环境产生的影响。高浓度的消毒剂不能直接通过下水道处理，而是应当使用纤维制品将其吸附后，进行燃烧处理。

（8）关于微生物耐受性的问题。消毒剂自身也含有微生物。如果经常使用某一种消毒剂，可能会出现对其具有耐受性的细菌。

B 常用的消毒剂

（1）卤素类。卤素类消毒剂包括聚维酮碘和次氯酸钠。前者用于人体的消毒，后者用于物品或环境的消毒，两者均具有广泛的抗菌谱。但是，这一类消毒剂的消毒效果容易受到有机污物的影响。

（2）酒精类。酒精类消毒剂包括乙醇和异丙醇，主要用于手部和物品表面的擦拭消毒。因为这一类消毒剂的抗菌谱范围很窄，所以仅用于针对一般细菌的消毒。

（3）醛类。醛类消毒剂包括戊二醛和福尔马林。这两种药剂均用于针对物品或环境的消毒。其中，戊二醛虽然具有很强的杀菌效果，但同时也有很强的副作用。

（4）季胺类。季胺类消毒剂包括氯化苯甲烃胺和氯化苄乙氧胺，两者均广泛使用于人体、物品和环境的消毒，但对于结核菌、病毒和细菌孢子的杀灭效果不佳。

（5）缩二胍类。双氯苯双胍己烷属于缩二胍类消毒剂，它和季胺类消毒剂一样，适用范围很广，但同样对于结核菌、病毒和细菌孢子的杀灭效果较弱。

（6）两性表面活性剂。两性表面活性剂类的消毒剂包括盐酸烷基二氨基乙基甘氨酸和盐酸十二烷基氨基丙酸，这一类消毒剂主要用于物品或环境的消毒。其特点是，对于结核菌的杀灭比较有效。

10.3.3.2　煮沸法等加热消毒法

加热消毒法分为煮沸法、流通蒸汽法和间歇法。

煮沸法：将消毒对象没入沸水中 15min 以上，从而通过热量将微生物杀灭。

流通蒸汽法：在 100℃ 且流通的蒸汽中放入消毒对象 30~60min，从而杀灭微生物。

间歇法：每日 1 次将消毒对象置于 80~100℃ 的水中或流通的蒸汽中，反复加热 3~5 次，每次 30~60min，从而杀灭微生物。

以上这些消毒方法仅适用于有限的领域。同时，还应通过微生物试验对其适用性进行研究，以确保良好的消毒效果。

10.3.3.3　紫外线消毒法

通过照射波长为 254nm 左右的紫外线，从而杀灭微生物的方法称为紫外线消毒法。该法主要用于物体表面、空气和水的消毒。

10.3.4　过滤

过滤，是让气溶胶通过滤层，通过碰撞、拦截和扩散等使颗粒污染物与载气分离，是一种高效颗粒污染物分离技术，并具有适用面广、可靠性高等优点。过滤净化装置有多种结构形式和滤层（可由纤维材料、颗粒材料或多孔材料构成），分别适用于不同性质（温度、压强、颗粒物大小等）和成分的气溶胶，满足不同净化要求。

在过滤器中颗粒物与载气的分离，是很复杂的过程。首先是很大的颗粒因重力沉降、筛滤（颗粒比滤层通道尺寸大，不能通过）而分离；而后小一些的颗粒与捕集物发生动力学作用而被捕集。此外，在特定条件下还可能出现凝聚、静电沉积等。

10.3.4.1　动力捕集

颗粒与捕集物之间的动力作用过程的主要机制可分为惯性碰撞、截留和扩散。

（1）惯性碰撞。气溶胶流动中如果遇到捕集物，气体就会同捕集物流动；但质量较大的颗粒因惯性作用，运动方向变化不大，因而可能与捕集物碰撞。颗粒质量大，运动速度快，碰撞作用强。

（2）截留。质量较小的颗粒跟随气流绕流，如果颗粒中心离捕集物表面的距离不超过颗粒的半径，颗粒也能与捕集物接触。

（3）扩散沉积。更小的颗粒在气流中做布朗运动，因而也有机会与捕集物接触。在捕集物附近逗留的时间越长，接触机会越多。所以降低气流速度，对扩散沉积有利。

10.3.4.2　过滤设备的种类

通常所说的过滤器是指空气尘粒过滤器，清除空气中气体污染物的过滤器则称为化学过滤器。洁净室用过滤器种类繁多，按不同的分类方法，如过滤效率、使用目的、滤料和结构形式进行划分时，其称谓也不同。根据《空气过滤器》（GB/T 14295—2019）可分为粗效、中效、高中效和亚高效空气过滤器四类。而《高效空气过滤器》（GB/T 13554—2020）将高效过滤器按 GB/T 6165 规定方法检测的过滤器过滤效率分为 35、40 和 45 3 种类型；超高效过滤器按 GB/T 6165 计数法检测的过滤器过滤效率分为 50、55、60、65、70、75 六类（表 10-16）

表 10-16　空气过滤器分类

性能指标 类别	额定风量下的效率	额定风量下 初阻力/Pa	通常提法	备　注
粗效	$D \geqslant 2\mu m$，$50\% > \eta \geqslant 20\%$	$\leqslant 50$	效率为大气尘 计数效率	
中效	$D \geqslant 0.5\mu m$，$70\% > \eta \geqslant 20\%$	$\leqslant 80$		
高中效	$D \geqslant 0.5\mu m$，$95\% > \eta \geqslant 70\%$	$\leqslant 100$		
亚高效	$D \geqslant 0.5\mu m$，$99.9\% > \eta \geqslant 95\%$	$\leqslant 120$		
35	$\eta \geqslant 99.95\%$	$\leqslant 190$	高效过滤器	钠焰法效率
40	$\eta \geqslant 99.99\%$	$\leqslant 220$		
45	$\eta \geqslant 99.995\%$	$\leqslant 250$		
50	$\eta \geqslant 99.999\%$		超高效过滤器	计数效率； 出厂要扫描检漏
55	$\eta \geqslant 99.9995\%$	$\leqslant 250$		
60	$\eta \geqslant 99.9999\%$			
65	$\eta \geqslant 99.99995\%$			
70	$\eta \geqslant 99.99999\%$			
75	$\eta \geqslant 99.999995\%$			

A　按过滤效率分类

（1）粗效空气过滤器。洁净空调初级过滤选用的粗效空气过滤器滤芯形式一般采用板式、折叠、模型袋式和自动卷绕式等，滤料多采用容易清洗和更换的金属网、泡沫塑料、无纺布、DV 化学组合毡等材料。粗效空气过滤器主要用于新风过滤，过滤对象一般为大于 5μm 的沉降性微粒以及各种异物，所以粗效过滤器的效率以过滤 5μm 为准，其要求容尘量大、阻力小、价格便宜、结构简单。油浸式过滤器不宜作为粗效空气过滤器使用。

（2）中效空气过滤器。洁净过滤器初级过滤选用的中效空气过滤器，其滤芯形式一般为插片板式、模型袋式、板式和折叠式等，滤料多采用中、细孔泡沫塑料或其他纤维滤料，如玻璃纤维毡（经树脂处理）、无纺布、复合无纺布和长丝无纺布等，由于其前面已有粗效空气过滤器截留了大粒径微粒，它又可以作为一般空调系统的最后过滤器和净化空调系统中高效空气过滤器的预过滤器，所以主要用于截留 $1\sim10\mu m$ 的悬浮性微粒，它的效率以过滤 $1\mu m$ 为准，主要用于过滤新风及回风，以延长高效空气过滤器的寿命。

（3）高中效空气过滤器。可以用作一般净化系统的末端过滤器，也可以为了提高净化空调系统的净化效果，更好地保护高效空气过滤器；而用作中间的过滤器，主要用于截留 $1\sim5\mu m$ 的悬浮性微粒，它的效率也以过滤 $1\mu m$ 为准。

（4）亚高效空气过滤器。洁净空调选用的亚高效过滤器，其滤芯一般采用玻璃纤维滤纸、棉短纤维滤纸，静电过滤器也可作为亚高效过滤器使用。亚高效空气过滤器既可以作为洁净室末端过滤器使用，根据要求达到一定的空气洁净度等级；也可以作高效空气过滤器的预过滤器，进一步提高和确保送风的洁净度；还可以作为净化空调系统新风的末级过滤，提高新风品质。所以它和高效空气过滤器一样，主要用于截留 $1\mu m$ 以下的微粒，其效率以过滤 $0.5\mu m$ 的微粒为准。亚高效空气过滤器主要用于过滤新风和作为三级过滤的末端过滤器，它必须在粗、中效空气过滤器的保护下使用。

（5）高效空气过滤器。洁净空调采用的高效空气过滤器有玻璃纤维滤纸、石棉纤维滤纸和合成纤维三类，主要用于过滤小于 $1\mu m$ 的尘粒，它必须在粗、中效空气过滤器的保护下使用，常作为三级过滤的末端过滤器。它是洁净室最主要的末端过滤器，以实现各级空气洁净度等级为目的，其效率习惯以过滤 $0.3\mu m$ 的微粒为准。如果进一步细分，若以实现 $0.1\sim0.3\mu m$ 的空气洁净度等级为目的，效率以过滤 $0.12\mu m$ 的微粒为准，则称为超高效空气过滤器。

B　按使用目的分类

（1）新风处理用过滤器。用于洁净空调系统的新风即室外新鲜空气的处理，通常采用粗效、中效、高中效、亚高效，有时还采用高效空气过滤器处理新风，如产品生产要求去除化学污染物时，还需设化学过滤器等。

（2）室内送风用过滤器。通常用于洁净空调系统的末端过滤，通常采用亚高效、高效、超高效或 ULPA+化学过滤器或 HEPA+化学过滤器等。

（3）排气用过滤器。为防止洁净室内产品生产过程中产生的污染物（包括各种有害物质，如有害气体、微生物——病毒、细菌或致敏物质等）对大气的污染，常常在洁净室的排气管上设置性能可靠的排气过滤器，排气经过过滤处理达到规定的排气标准后才能排入大气。一般采用亚高效、高效或高效+化学过滤器等。

（4）洁净室内设备用过滤器。这是指洁净室内通过内循环方式达到所需的空气洁净度等级使用的空气过滤器，一般采用高效、超高效或 HEPA+化学过滤器或 ULPA+化学过滤器等。

（5）制造设备内用过滤器。这是指与产品制造设备组合为一体的空气过滤器，通常采用 HEPA、ULPA 或 HEPA+化学过滤器或 ULPA+化学过滤器，这些过滤器与制造设备密切相关，而制造设备的要求差异很大，所以一般均为"非标准型"过滤器。

（6）高压配管用空气过滤器。通常用于压力大于 0.1MPa 的气体输送过程用过滤器，此类过滤器与上述过滤器在滤材、结构形式上均有很大差异。

C　按过滤器材料的不同分类

（1）滤纸过滤器。这是洁净技术中使用最为广泛的一种过滤器，目前滤纸常用玻璃纤维、合成纤维、超细玻璃纤维以及植物纤维素等材料制作。采用不同的滤纸材料，可以制作成 $0.3\mu m$ 级的普通过滤器或亚高效过滤器，或做成 $0.1\mu m$ 级的超高效过滤器。

（2）纤维层过滤器。纤维层过滤器是使用各种纤维制成的过滤层，所采用的纤维有天然纤维（一种自然形态的纤维如羊毛、棉纤维等）、化学纤维（采用化学方法改变原料的性质制作的纤维）和人造纤维（即物理纤维，采用物理方法将纤维从原材料分离的纤维，其原料性质没有改变）。纤维层过滤器属于低填充率的过滤器，阻力降较小，通常用作中等效率的过滤器。

（3）泡沫材料过滤器。泡沫材料过滤器是一种采用泡沫材料制作的过滤器，此类过滤器的过滤性能与其孔隙率关系密切。目前国产泡沫塑料的孔隙率控制困难，各制造厂家制作的泡沫材料的孔隙率差异很大，制成的过滤器性能不稳定，因此应用较少。

除此之外，还有很多种分类方法。如按过滤器的结构状况分类，以滤纸过滤器为例，有折叠形和管状，而折叠形滤纸过滤器可按有无分隔板分类为有分隔板、斜分隔板和无分隔板，目前应用较多的是无分隔板和有分隔板两种；按过滤器微粒对象 $0.3\mu m$、$0.1\mu m$ 划分；以外框材料是木板、塑料板、铝合金板、普通钢板和不锈钢板进行分类；以外形分类可分为平板、V 形板等。

10.4　净化空调的洁净原理

空气净化系统作为普通楼宇或工厂等空气调节设备的一部分，可以除去由室外进入的空气及室内循环空气中的颗粒物或有害气体；作为排气系统的一部分，又可以减少有害气体向外界的排放。空气净化系统是由空气处理装置（包括热源）、空气输送和分配设备等组成的一个完整的系统，该系统能够对空气进行冷却、加热、加湿、干燥和净化处理，还能对空气进行消毒处理，能消除传入房间的噪声；空气净化系统的运行应能进行自动控制和检测。

净化空调系统的空气处理措施主要有四种：（1）是空气过滤，利用过滤器有效地控制从室外引入室内的全部空气的洁净度，由于细菌都依附在悬浮粒子上，微粒被过滤的同时，细菌也能滤掉；（2）是组织气流排污，在室内组织特定形式和强度的气流，利用洁净空气把生产中发生的污染物排除出去；（3）是提高空气静压，防止外界污染空气从门以及各种漏隙部位侵入室内；（4）是采取综合净化措施，在工艺、设备、装饰和管道上采取相应办法。

10.4.1　空气过滤

空气过滤器是当前空气净化最重要的手段，能有效地控制从室外引入室内的全部空气的洁净度。空气过滤器的性能直接影响洁净空调系统的洁净度级别和空气净化效果，洁净空调系统必须选用合造的空气过滤器，并保证其运行可靠。空气过滤器的性能有风量、过滤；效率、空气阻力和容尘量等指标，它们是评价空气过滤器的四项主要指标。总的来说希望过滤器的效率高、阻力小而容尘量大。

所有送入洁净室的空气应经初效、中效、高效或亚高效过滤器的过滤。初效过滤器主要用作对新风及大颗粒尘埃的控制，主要过滤对象是大于 $10\mu m$ 的尘粒；中效及高中效过滤器主要用作末级过滤器的预过滤、预防护，主要处理对象是 $1\sim10\mu m$ 尘粒；亚高效过滤器用作终端过滤或作为高效过滤器的预过滤，主要处理对象是小于 $5\mu m$ 的尘粒；高效过滤器作为送风及排风处理的终端过滤，主要过滤小于 $1\mu m$ 的尘粒。

我国常用过滤器的习惯分类见表 10-17。

表 10-17　我国常用过滤器分类

性 能 指 标	额定风量下的效率 η/%		额定风量下的初阻力/Pa
初效过滤器 G3（EU3）	$D\geqslant5\mu m$	$80>\eta\geqslant80$	$\leqslant50$
中效过滤器 F5（EU3）	$D\geqslant1\mu m$	$70>\eta\geqslant20$	$\leqslant80$
高中效过滤器 F7（EU7）	$D\geqslant1\mu m$	$99>\eta\geqslant70$	$\leqslant100$
亚高效过滤器 H10（EU10）	$D\geqslant0.5\mu m$	$99.9>\eta\geqslant95$	$\leqslant120$
高效过滤器 H13（EU13）	$D\geqslant0.3\mu m$	A 级 $\geqslant99.99$	$\leqslant190$
		B 级 $\geqslant99.99$	$\leqslant120$

注：G3 等为欧洲新规格，括号内如 EU3 等为欧洲旧规格，下同。

过滤器常用的效率表示方法有三种：计重效率、计数效率和比色法（NBS）。

空气净化系统过滤器的配置有一定规律。机连的两级过滤器的效率不能太接近，否则后级负荷太小；但也不能相差太大，否则会失去前级对后级的保护。一般配置方法：用 NBS 80 以上效率（相当于高中效）的过滤器保护高效过滤器，有利于提高高效过滤器的使用寿命；用 NBS 60 以上效率（相当于中效）的过滤器保护亚高效过滤器；用重量法效率 85% 以上（相当于初效）的过滤器保护中效及高中效过滤器。

在装备了中央空调的地方，人们经常可以见到送风口周围有辐射状的黑渍，因此需安装效率不低于 F7 的过滤器。

10.4.2　组织气流排污

10.4.2.1　洁净室气流组织

为了特定目的而在室内造成一定的空气流动状态与分布，通常叫作气流组织。合理的气流组织能使室内空气的流动符合洁净室设计要求，保证室内空气的温度、湿度、流速及洁净度等满足工艺要求和人员的舒适度要求。

洁净室的气流组织与一般空调的气流组织方式不同。一般空调房间多采用乱流度大的气流组织形式，利用较少的通风量尽可能提高室内的温、湿度场的均匀程度，使送风与室内空气充分混合，形成均匀的温度场和速度场；而洁净室气流组织的主要任务，是供给足量的清洁空气，稀释并替换室内所产生的污染物质，使室内洁净度保持在允许范围之内。因此，洁净室气流组织设计应遵循以下一般原则：

（1）要求送入洁净室的洁净气流扩散速度快、气流分布均匀，尽快稀释室内含有污染源所散发的污染物质的空气，维持生产环境所要求的洁净度。

（2）使散发到洁净室的污染物质能迅速排出室外，尽量避免或减少气流涡流和死角，缩短污染物质在室内的滞留时间，降低污染物质与产品的接触概率。

（3）满足洁净室内温度、湿度等空调送风要求和人的舒适要求。

目前洁净室采用的主要气流组织有层流（包括单向流、平行流）、乱流和矢流三种方式。

10.4.2.2 单向流洁净室气流组织

单向流洁净室过去常被称为层流洁净室或平行流洁净室，从美国联邦标准 FED-STD-209C 开始正式被称为单向流洁净室。单向流洁净室定义为气流以均匀的截面速度，沿着平行流线以单一方向在全室截面上通过的洁净室。

A 单向流洁净室的基本原理

单向流洁净室靠送风气流"活塞"般的挤压作用，迅速把室内污染物排出。在洁净室内，从送风口到回风口，气流流经途中的断面基本上没有什么变化。送风静压箱和高效过滤器起均压作用，全室断面上的流速比高效空气过滤器循环风机较均匀，在工作区内流线单向平行，没有涡流，如图 10-3 和图 10-4 所示。

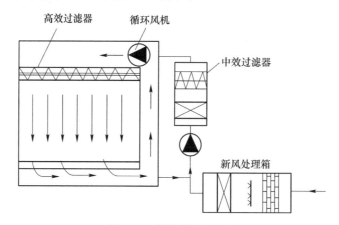

图 10-3 单向流气流组织

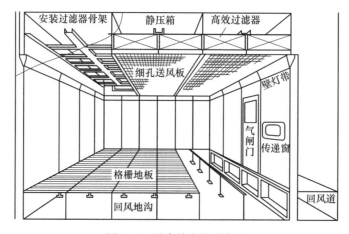

图 10-4 垂直单向流洁净室

在单向流洁净室内，洁净气流不是一股或几股，而是充满全室断面，所以这种洁净室不是靠掺混稀释作用，而是靠推出作用将室内的污染空气沿整个断面排至室外，从而达到净化室中效空气过滤器内空气的目的。因此，有人称单向流洁净室的气流为"活塞流""平推流""被挤压的弱空气射流"。洁净空气就好比一个空气活塞，沿着房间这个"气缸"，向前（下）推进，把原有的含尘浓度高的空气挤压出房间，这一压出过程如图 10-5 所示。由于这种方式是以要求室内断面上有一定风速为前提的，所以洁净室在净化空调系统开动后能立即（1min 以内）达到稳定状态。当室内污染发生时即能迅速排走，不致扩散而影响洁净度。

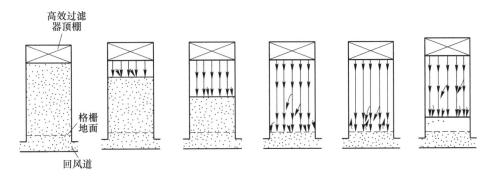

图 10-5　单向流洁净室原理图

保证单向流洁净室特性（高洁净度和快速自净恢复能力）的重要先决条件有两个：

（1）来流的洁净度；

（2）来流的活塞流情况。

为了保证"活塞"作用的实现，所采取的重要措施是在顶棚或墙面上满布高效过滤器。由于过滤器和顶棚都是有边框的，所以不可能百分之百地满布过滤器。

过滤器的满布程度用满布比来衡量。满布比定义为：

$$满布比 = \frac{高效空气过滤器净截面面积}{洁净室布置过滤器截面面积}$$

国家标准和设计规范对单向流洁净室的满布比都作出了明确规定，一般情况下满布比应达到80%。我国《洁净厂房设计规范》（GB 50073—2013）规定，垂直单向流洁净室满布比不应小于60%，水平单向流洁净室不应小于40%，否则就是局部单向流了。

对于单向流洁净室，假定过滤器满布比达到100%（连边框都没有），则在室内整个高度和断面上，都是平行单向气流而无涡流区。理想情况下，过滤器后房间内的含尘浓度只取决于过滤器送风浓度。

如果过滤器不是100%满布，而有一个比例（即满布比），此时就有涡流区，满布比不同的单向流洁净室，其含尘浓度是不同的。同样，人员密度不同的单向流洁净室含尘浓度也不同，所以要适当控制单向流洁净室的人员数量。

当高效空气过滤器布置在静压箱之外，静压箱的送风面为阻漏层时，由于阻漏层既有一定的阻力，又有全面透气性能和过滤亚微米微粒的性能，它使静压箱中的气流又经过一次具有阻漏效果的过滤。高效空气过滤器与阻漏层之间为连续的洁净空间，出风面之前的管路仍为封闭系统，阻漏层实际上是高效空气过滤器末端的延伸，阻漏层上通气面积可以

等同于过滤器面积,此时满布比的表达式为:

$$洁净气流满布比 = \frac{送风面上洁净气流通过面积}{送风面全部截面面积}$$

B　单向流洁净室的特性指标

表示单向流洁净室性能好坏的特性指标主要有三项:流线平行度、乱流度和下限风速。

a　流线平行度

流线平行的作用是保证尘源散发的尘粒不做垂直于流向的传播。如果这种传播范围在允许范围内,那么流线略有倾斜也是允许的。

单向流洁净室要求流线之间既要平行,在 0.5m 距离内线间夹角最大不能超过 25°,又要求流线尽可能垂直于送风面,其倾斜角不能小于 65°,或者简单用流线偏离垂直线的角度表示,《洁净室施工及验收规范》(GB 50591—2010)规定该角不应大于 15°。

b　乱流度(速度不均匀度)

速度场均匀对于单向流洁净室是极其重要的,不均匀的速度场会增加速度的脉动性,促进流线间质点的掺混。乱流度是为了说明速度场的集中或离散程度,用于不同速度场的比较。

对于单向流洁净室,乱流度不宜大于 0.2。在实际应用中,乱流度小于 0.3 即可。

c　下限风速

下限风速是指保证洁净室能控制以下四种污染气流的最小风速:

(1)当污染气流多方位散布时,送风气流要能有效控制污染的范围;不仅要控制上升高度,还要控制横向扩散距离。

(2)当污染气流与送风气流同向时,送风气流要能有效地控制污染气流到达下游的扩散范围。

(3)当污染气流与送风气流逆向时,送风气流应能将污染气流抑制在必要的距离之内。

(4)在全室被污染的情况下,要能以合适的时间迅速使室内空气自净。

表 10-18 列出了下限风速的建议值。下限风速是洁净室应经常保持的最低风速,过滤器阻力升高风速将下降,因此确定初始风速时要考虑这个因素或使风量、风速可以调节。

表 10-18　下限风速建议值

洁净室	下限风速/m·s⁻¹	条　　件
垂直单向流	0.12	平时无人或很少有人进出,无明显热源
	0.3	无明显热源
	<0.5	有人,有明显热源。如 0.5 仍不行,则宜控制热源尺寸和加以隔热
水平单向流	0.3	平时无人或很少有人进出
	0.35	一般情况
	<0.5	要求高或人员进出频繁的情况

标准(ISO 14644-1)对单向流洁净室建议的平均风速是:ISO 5 级(100 级)0.2 ~ 0.5m/s;高于 ISO 5 级 0.3~0.5m/s。

C　单向流洁净室气流组织的主要形式

根据洁净室内气流的流动方向，单向流洁净室的气流组织形式可以分为垂直单向流气流组织和水平单向流气流组织两大类，每种类型又有多种形式。

a　垂直单向流洁净室

在天棚上满布高效过滤器，回风可通过格栅地板，空气经过操作人员和工作台时可将污染物带走。由于气流为单一方向，故操作时产生的污染物不会落到工作面上去，可在操作区保持无菌无尘，达到 100 级洁净度。若以侧墙下部回风口代替格栅地板，气流方式改为"全顶送风侧下回风"，只要回风口位置足够低的话，则在地面以上 0.8~1.0m 高度处的气流仍可保持层流特性，为准垂直层流方式。

b　水平单向流洁净室

在一面墙上满布高效过滤器作为送风墙，对面墙上满布回风格栅作为回风墙。洁净空气沿水平方向均匀地从送风墙流向回风墙。操作面离高效过滤器越近，越能接受到最干净的空气，可以达到 100 级洁净度，依次下去便可能是 1000 级、10000 级。不同地点可能得到不同级别的洁净度。

水平单向流洁净室根据送、回风口的相互关系和气流方向，一般可分为直回式、敞开式或隧道式、一侧回风式、双侧回风式、双层壁双侧回风式、上回风式、对送式等不同形式。

此外诸如洁净工作台、层流罩、层流隧道等局部净化装置也有垂直层流及水平层流方式，其原理与上述没有什么差别，供局部洁净环境下操作的工序使用。同理的还有移动式（水平）层流台、自净器等净化设备。

10.4.2.3　非单向流洁净室气流组织

非单向流洁净室指的是气流以不均匀的速度呈不平行流动，伴有回流或涡流的洁净室。以前将这种洁净室称为乱流洁净室，美国联邦标准 FED-STD-209C 将乱流洁净室称为非单向流洁净室，现在国际上习惯称为非单向流洁净室。

A　非单向流洁净室的基本原理

非单向流洁净室靠送风气流不断稀释室内空气，把室内污染物逐渐排出，达到平衡，如图 10-6 所示。

为了保证稀释作用达到很好的效果，最重要的是室内气流扩散得越快越好。如图 10-7 所示，当一股干净气流从送风口送入室内时，能迅速向四周扩散混合，将气流从室内回风口排走，利用干净气流的混合稀释作用，将室内含尘浓度很高的空气稀释，使室内污染源所产生的污染物质均匀扩散并及时排出室外，降低室内空气的含尘浓度，使室内的洁净度达到要求。

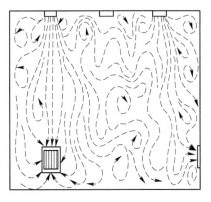

图 10-6　非单向流洁净室的工作原理

B　非单向流洁净室的特性指标

同单向流洁净室类似，也可以用非单向流洁净室特性指标反映非单向流洁净室性能的好坏。非单向流洁净室的特性指标主要有三项。

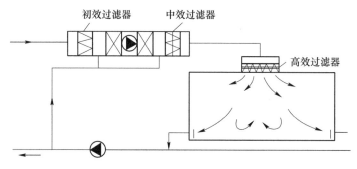

图 10-7　非单向流气流组织

（1）换气次数。换气次数的作用是保证有足够进行稀释的洁净气流。

换气次数定义为：

$$n = \frac{L}{V} \tag{10-2}$$

式中　n——房间换气次数，次/h；

　　　L——洁净室送风量，m^3/h；

　　　V——洁净室体积，m^3。

不同级别的非单向流洁净室换气次数按表 10-19 所示确定。

表 10-19　非单向流洁净室的换气次数

空气洁净度等级	换气次数/次·h^{-1}	备　注
ISO 6 级（1000 级）	50~60	适用于层高小于 4.0m 的洁净室
ISO 7 级（10000 级）	15~25	室内人员少、热源少的，宜采用下
ISO 8~9 级（100000~1000000）	10~15	限值

（2）气流组织。气流组织的作用是保证能均匀地送风和回风，充分发挥洁净气流的稀释作用，因此要求单个风口要有足够的扩散作用；整个洁净室内风口布置要均匀，尽可能增加风口数量，以减少涡流和气流回旋。

非单向流洁净室的气流组织是通过测定流场流线来分析的，没有定量标准。非单向流洁净室一般只能到 ISO 6 级（1000 级）以下的洁净度，为了达到 ISO 5 级（100 级）或更高的洁净度，需要采用单向流洁净室。

（3）自净时间。非单向流洁净室的自净时间指的是室内从某污染状态降低到某洁净状态所需要的时间。非单向流洁净室的自净时间反映了洁净室从污染状态恢复到正常状态的能力，因此自净时间越短越好。非单向流洁净室自净时间一般不超过 30min，可用下式计算：

$$t = 60\left[\left(\ln\frac{N_0}{N} - 1\right) - \ln 0.01\right] \Big/ n \tag{10-3}$$

式中　t——非单向流洁净室自净时间，min；

　　　N_0——洁净室原始含尘浓度，即 $t=0$ 时的含尘浓度，pc/L；

　　　N——洁净室稳态时的含尘浓度，pc/L；

n——换气次数，次/h。

C　非单向流洁净室气流组织的主要形式

非单向流洁净室根据送风口、回风口的构造和设置位置可分为多种不同的气流组织形式，常用的送、回风方式为顶送（双）单下侧回、上侧送下侧回、上送上回，以顶送、侧下回风最为典型。顶送高效空气过滤器风口带有孔板散流器，有助于送入洁净室的洁净气流的扩散。在高效空气过滤器风口的正下方，处于所谓送风主流区的中央，它的洁净度一般明显高于周围区域。而所谓的周围区域则是指送风进入室内后，不断卷吸入室内的污染空气、气流截面不断扩大所覆盖的部分空间。在相邻风口之间和房间四角等送风气流未能覆盖部位的洁净度会更低些。

洁净室内不同区域有不同的洁净度要求，因此常将前两类流型组合在一起，要求高的部位采用单向流，室内其他地方采用非单向流，这种气流组织方式称为混合流型。

乱流方式由于受到送风口形式和布置的限制，不可能使室内获得很大的换气次数（相对于平行流来说），且不可避免地在室内存在涡流，因而室内洁净度不可能很高，可达到1000级至300000级。在一定的换气次数下，室内洁净度取决于人员的多少及其动作状态。乱流方式的洁净室构造简单，施工方便，投资和运行费用较小，因而药品生产上大多数洁净室都采用此方式。

10.4.2.4　辐流洁净室气流组织

A　辐流洁净室气流组织的基本原理

辐流洁净室（或矢流洁净室）应属于非单向流，但又比较接近于单向流的效果，而在构造上又远比单向流简单。

辐流气流组织形式主要为扇形、半球形或半圆柱形。高效过滤器形成扇形、半球形或半圆柱形辐流风口，从上部送风，对侧下回风，如图10-8和图10-9所示。其流线近似向一个方向流动，性能接近单向流，并且施工较简单，费用低。

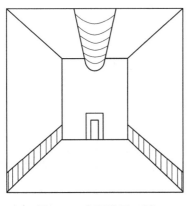

图 10-8　扇形送风口图

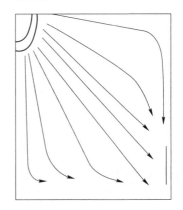

图 10-9　辐流洁净室示意图

辐流洁净室的工作原理不同于非单向流洁净室的掺混稀释作用，类似于单向流洁净室的"活塞"作用。它的流线不单向，也不平行，流线也不发生交叉，因此其工作原理仍然是靠推出作用，但是不同于单向流的"平推"，而是"斜推"。

B　辐流洁净室气流组织的特点

辐流洁净室气流组织具有以下特点：

（1）空态时流线不交叉，流线间横向扩散比较弱，在下风向上角处有非常弱的反向气流。但是，极弱的反向气流不会影响污染气流向下风侧的排出，因而使污染物在室内的滞留时间短于非单向流洁净室的自净时间，符合洁净室要求气流以较短的路径排除污染空气的特性。

（2）静态时，在障碍物的下风侧或两侧出现涡流区，因此在辐流洁净室中应尽可能避免在流线方向上有障碍物。

（3）设置扇形送风口时，回风口对流场和浓度场的影响均很小；设置半圆柱形送风口时，低回风口对控制污染有利，一般回风口高度宜取 0.3m。

（4）辐流洁净室的气流分布不如单向流洁净室的气流分布均匀，风口和过滤器均比常规风口和过滤器复杂一些，并且在非空态时容易产生涡流区。

矢流方式可以达到 100 级洁净度，但其弧形送风口面积只为层流方式满布高效过滤器的送风面积的 1/3，设备的投资和能耗也大大减少。当产品要求洁净度为 100 级时，选用层流流型或矢流流型；当产品要求洁净度为 1000～300000 级时，选用乱流流型。

10.4.3　洁净室压差控制

为了维持洁净室的洁净度免受邻室的污染或者污染邻室，在洁净室内应维持一个高于邻室或低于邻室的空气压力，同时为了防止外界污染物随空气从围护结构的门窗或其他缝隙（如灯框）渗入洁净室内，以及防止当门开启后空气从低洁净区流向高洁净区，必须使洁净室对相邻房间或走廊维持一个正的静压差（正压），有时则需要维持负的静压差（负压）。这是空气净化中的又一项重要措施。工业洁净室和一般生物洁净室都是采用维持正压。使用有毒、有害气体或使用易燃易爆溶剂或有高粉尘操作的洁净室、生产致敏性药物、高活性药物的生物洁净室以及其他有特殊要求的生物洁净室需要维持负的静压差（简称负压）。

对于洁净空调系统来说，过滤器积尘会造成新风、送风管路阻力增加，从而影响风量，排风设备的时开时停也会导致排风量的变化；此外，与楼道、室外相邻还会因热压、风压的变化影响房间的压差。因此洁净室的正差值需要经常进行检查，并依次对新、送、回、排风通路的阀门做出相应的调整。

10.4.3.1　维持压差的控制措施

（1）回风口控制。即通过回风口上的百叶可调格栅或阻尼层改变其阻力来调整回风量，达到控制室内压力的目的。这是一种最简单的控制方式，特点是结构比较简单、经济。格栅控制调节方便，但格栅不易密闭，且调节幅度不大，同时也会对气流方向产生影响。一般使用初效泡沫塑料或初效无纺布作为阻尼层，通过改变回风口的阻力来调整回风量，控制洁净室内外的压差。随着阻尼层使用时间增长，其阻力增加，室内正压有加大的趋向，因此应定期进行清洗，阻尼层可以重复使用。

（2）余压阀控制。通过手动或自动调整余压阀上的平衡压块，改变压阀的阀门开度，实现室内的压力控制。

余压阀一般设在洁净室下风侧墙上。采取这种措施时，洁净室内需有足够的剩余正压值，如果排风量发生变化，需重新调整余压阀。余压阀安装简单，但长期使用后关闭不严。如果余压阀完全关闭时室内正压值仍低于要求值，则需改用其他方式控制室内压差。

（3）调节回风阀或排风阀。根据检测的室内压力值，调节回风管上（或排风管上）的电动阀，改变回风量（或排风量），控制洁净室内的压力值。

（4）差压变送器控制。通过差压变送器检测室内的压力，然后调整新风量，新风（OA）管路上的电动阀（MD）阀门开大（变小），则回风管路上的电动阀阀门变小（开大）。

（5）调节新风阀。利用控制系统调节进入洁净室的新风量和回风量，控制各洁净室内的压力值。

针对室内不同洁净度的房间而言，我国规范规定其静压差≥5Pa（0.5mmH$_2$O）；而洁净区与非洁净区之间静压差应不小于10Pa（1.0mmH$_2$O）。但对于工艺过程产生大量粉尘或有害、易燃、易爆物质的工序，其操作室与其他房间或区域之间应保持相对负压。这时，可将走廊做成与生产车间相同的净化级别，并把静压调得高一些，使空气流向产生粉尘的房间。

此外，制造或分装青霉素等药物的洁净室有特殊要求，既要阻止外部污染的流入，又要防止内部空气的流出，因此室内要保持正压，与相邻房间或区域之间则要保持相对负压。

如某10000级洁净室相对100000级的邻室来说，其正压值应大于5Pa，但相对于室外及吊顶来说，其正压值应大于10Pa。

洁净室的压差控制是防止污染物渗入或逸出洁净室的重要措施。但是当需要的压差值太大，不容易达到时，就要加设辅助设施。常用的辅助设施有缓冲室、气闸室、气幕室和空气吹淋室。辅助设施也称为缓冲设施，其作用是防止将室外污染物带入室内，或者减少室内污染物发生量。当人或物从非洁净区进入洁净区时，应通过缓冲设施。

10.4.3.2 缓冲设施

（1）气闸室。设置在洁净室出入口、阻隔室外或邻室污染气流和压差控制的小室叫气闸室。气闸室的几个门，在同一时间内只能打开一个，这样做是为了防止外部受污染的空气流入洁净室内。当两侧需要的压差太大且难以达到时，可以设置气闸室。

气闸室是一间门连锁不能同时开启的房间，不送洁净风的这种房间最多起缓冲作用。这样的缓冲不能有效防止外界污染物入侵，因为当进入这个气闸室时，外界污染空气已经随人的进入而进入，当再开二道门进入洁净室时，又把已被污染的气闸室内的空气带入洁净室。

（2）缓冲室。缓冲室是位于洁净室入口处的小室。同气闸室一样，缓冲室的几个门，在同一时间内只能打开一个。缓冲室一方面是为了防止污染物进入洁净室，另一方面还具有补偿压差的作用。缓冲室相对于洁净室为负压，相对室外环境为正压。缓冲室属于准洁净区域，缓冲室内也要进行适量的洁净送风，使其洁净度达到将要进入的洁净室的洁净度等级。

（3）空气吹淋室。空气吹淋室利用喷嘴喷出的高速气流使衣服抖动起来，从而把衣服表面沾的尘粒吹掉。它通常设置在洁净室的人员入口处。

垂直单向流洁净室由于自净能力强，无湍流现象，人员散尘能迅速被回风带走而不至于污染产品，鉴于这种有利条件，可不设吹淋室而改设气闸室。

（4）传递窗设置。在不同级别的洁净区，以及洁净区和非洁净区之间的隔墙上，可以防止两洁净区之间物体流经非洁净区时被污染，通过传递窗，可以把物品、工件、产品等进行传递。它设有两扇不能同时开启的门，可将两边的空气隔断，防止污染空气进入洁净区。

若产尘量大的洁净室（区）经捕尘处理后仍不能避免交叉污染时，其空气净化系统不得利用回风。防爆区的空气也不能采用循环风（回风）。10000 级洁净室（区）使用的传输设备不得穿越洁净度较低级别的区域。药品生产企业的净化空调系统有自己的特点，如不宜采用走廊回风，不宜采用余压阀，产尘量大的洁净室应保持相对负压等就不同于其他行业。上送上回的气流组织虽然不尽人意，但比采用走廊回风的方式在防止交叉污染方面却要好得多。

10.4.4　采取综合净化措施

空气洁净技术是一项综合性的措施，解决交叉污染还必须从工艺、设备、建筑等方面考虑。如对容易产尘的工艺操作，在设计、设备、管道和容器选用时要强调选用密闭性能良好的；室内凡有缝隙的地方都要强调密封；对产尘量大的设备，如粉碎、过筛、混合、制粒、干燥、压片、包衣等设备应采用除尘措施；对工艺管道、公用工程管道采用技术夹层、管道竖井、技术夹墙等暗敷方式，使生产环境减少积尘点，等等。

思考题及习题

10-1　如何正确理解"空气洁净"的概念?

10-2　什么是空气洁净度? 洁净室（区）的空气洁净度级别状态可以分为哪几种?

10-3　生物洁净室与工业洁净室相比，有哪些差别?

10-4　洁净室有哪些特点?

10-5　洁净空调与一般空调有哪些区别?

10-6　洁净室按气流组织形式可以分为哪几类?

10-7　单向流洁净室的定义、作用原理及特点是什么?

10-8　非单向流洁净室最典型的气流组织形式是怎样的? 为什么?

10-9　和单向流、非单向流洁净室相比，辐流洁净室有哪些特点?

10-10　洁净室为什么要进行压差控制?

11　有害气体净化

▶▶

本章学习目标

1. 掌握吸收、吸附法的作用原理，了解影响两类工艺净化效率的因素；
2. 掌握选择吸收剂、吸附剂和催化剂的一般原则；
3. 掌握冷凝、燃烧法的作用原理；
4. 掌握生物法的原理；
5. 掌握新出现的等离子体、光催化转化等的技术原理。

▶▶

11.1　有害气体特性

有害气体主要分为无机毒性气体和具有挥发性的有机物质两大类。

无机有毒气体主要包括含碳、含硫、含氮化合物，主要来源于人类生活中的煤和石油燃烧、石油化工业，以及大自然中火山爆发、森林火灾和家用电器释放的毒性气体。无机有毒气体主要是经过呼吸系统进入人体，导致人体需氧量不足进而产生中毒反应，所以常规无机气体中毒治疗方法就是高压氧舱法。对人体有毒害作用的无机气体主要有 CO、SO_2、H_2S、NO_x 和 O_3 气体。

对人体有毒害性的有机物质主要包括游离的甲醛气体、乙醚气体、苯系列半挥发性气体和挥发有机物 TVOC。苯系列的气体主要包括气态的苯、甲苯、二甲苯。总挥发有机物（TVOC）指室温下饱和蒸气压超过 133.32Pa 的有机物，其沸点在 50～250℃之间，常温下以挥发蒸气的形式存在。主要来源于石油化工、建筑和装饰材料、化学实验室以及烟草的燃烧。毒性有机气体主要对皮肤黏膜和呼吸道黏膜刺激，导致皮肤感觉细胞、神经系统和肺部病变。

废气中的气态污染物与载气形成均相体系。与颗粒污染物不同的是，颗粒物可以用机械的或简单的物理方法，靠作用在颗粒上的各种外力（如重力、离心力、电场力等），使其与载气分离；而气态污染物要利用污染物与载气二者在物理、化学性质上的差异，经过物理、化学变化，使污染物的物相或物质结构改变，从而实现分离或转化。在此过程中，需要各种吸收剂、吸附剂、催化剂和能量，因此，气态污染物的净化，技术比较复杂，所需代价较高。

有害气体种类繁多，物理、化学性质各不相同，因此其净化方法也多种多样。排入大气的有害气体净化方法主要有燃烧法、冷凝法、吸收法、吸附法和催化法。室内空气污染物的净化方法主要有吸附法、光催化法及等离子体法等。

11.2 吸收净化技术

吸收净化是气体净化的重要技术之一，其原理是在不同温度、压力等操作条件下利用溶液对气体溶解性质的不同或利用传质速率不同来净化与分离气体混合物。

11.2.1 气体吸收概述

11.2.1.1 气体吸收与解吸

气体吸收是通过液体溶液对气体混合物中各种气体成分的溶解能力不同或气体在溶液中传递速率不同而使混合气体中不同成分得到分离与净化。其中具有吸收能力的液体溶剂称为吸收剂；被吸收的气体组分称为吸收质，也称吸收组分；不被吸收剂吸收的组分称为惰性组分。

要完成气体的吸收过程，必须使气液两相直接接触，既要有足够大的气液接触面积，又要保证良好的接触条件。因此在废气处理中必须选择适宜的吸收设备来满足这两点要求。具有代表性的气被接触装置主要有三种形式，即填充塔、板式塔和喷淋塔。根据气、液两相的流动方向，吸收操作分为逆流操作和并流操作两类，工业生产中以逆流操作为主。

气体吸收过程使混合气中的溶质溶解于吸收剂中而得到一种溶液，该溶液是一种混合物。为了分离溶解在吸收剂中的气体和使吸收剂再生后循环使用，需要有一个气体解吸过程。气体解吸也称为脱吸，它是溶液在操作温度或压力发生变化时气体溶质从溶液中分离的过程。例如低温甲醇吸收溶液在温度升高后，溶解在溶液中的气体溶质 CO_2 和 H_2S 从甲醇溶剂分离出来，达到气体净化与分离和溶剂再生循环使用的目的。解吸是使溶质从吸收液中释放出来的过程，通常在解吸装置中进行。

作为一种完整的气体净化与分离方法，气体吸收过程应包括"吸收"和"解吸"两个步骤。"吸收"仅起到把溶质从混合气体中分出的作用，在吸收装置底部得到的是由溶剂和溶质组成的混合液，此液相混合物还需进行"脱吸"才能得到纯溶质并回收溶剂。气体吸收是气相的组分由气相向液相传质过程，气体解吸是溶解于液相的组分由液相向气相的传质过程。

11.2.1.2 吸收分类

吸收操作按吸收质与吸收剂之间有无化学反应发生可分为物理吸收和化学吸收两类。

A 物理吸收

物理吸收时并不伴有明显的化学反应，又称简单吸收。这时在吸收溶液面上的被吸收组分（下面简称为组分）压力较大，而且与液相中已溶解的组分浓度有关。在物理吸收时、吸收过程的进行是气相中的组分不断溶解于液相，在吸收剂中达到一定浓度，称之为溶解度。但组分的吸收是不能完全的，其极限取决于吸收条件下的气液平衡关系，即只能进行到气相中的组分分压，略高于组分在溶液面的平衡压力为止。吸收过程的速度为被吸收组分从气相转入液相的扩散速度所决定。物理吸收可以看作是单纯的溶解过程，例如用水吸收氨。物理吸收是可逆的，解吸时不改变吸收气体的性质。

B 化学吸收

化学吸收时伴有明显的化学反应，比较复杂。吸收过程的依据是气相中的组分在液相吸收剂中的溶解并与吸收剂中活泼组分起化学反应生成另一种新物质。但在多数情况下，反应所生成的化合物不够稳定，故在平衡时，组分在溶液面上仍有明显的分压。因而在选择吸收的温度、压强等条件时，要选择不但对气体的溶解度而且对液相化学反应有利。吸收的极限同时为气液相平衡和化学反应所限制，吸收速度也同时为扩散速度和反应速度所决定。

在吸收操作中，如果气相中只有一种组分能明显地被已给定吸收剂所吸收，为单组分吸收；若气相中多种组分同时被吸收，则为多组分吸收。

在净化气体上化学吸收多于物理吸收。化学吸收的效率要比物理吸收高，特别是处理低浓度气体时。要使有害气体浓度达到排放标准要求，一般情况下、简单的物理吸收是难以满足要求的，常采用化学吸收。由于化学吸收的机理较为复杂，在后面的讨论中着重介绍单组分物理吸收。

11.2.1.3 吸收剂

A 对吸收剂的要求

吸收剂性能的优劣，往往成为决定吸收操作效果是否良好的关键。因此在选择吸收剂时应考虑以下几方面的问题。

（1）溶解度。吸收剂应对被吸收组分具有较大的溶解度，以提高吸收速率和减小吸收剂的耗量。当吸收为化学吸收时，可大大提高溶解度，但若吸收剂循环使用时，则化学反应必须是可逆的。

（2）选择性。吸收剂要在对被吸收组分有良好的吸收能力的同时，对混合气体中的其他组分要基本不吸收或吸收甚微，以实现有效的分离。

（3）挥发性。在操作温度下吸收剂的蒸气压要低，以减少其挥发损耗。

（4）腐蚀性。吸收剂应无腐蚀或腐蚀性甚小，以降低设备投资。

（5）黏性。操作温度下吸收剂的黏度要低，以改善吸收塔内的流动状况，从而提高吸收速率，且有助于减小泵的功能，减小传热阻力。

（6）其他。吸收剂应尽可能无毒、不易燃、不发泡、冰点低、价廉易得，并具有化学稳定性。

B 吸收剂的选择方法

（1）对于物理吸收，要求溶解度大。

（2）对于化学吸收，可以选择容易与被吸收气体发生反应的物质作为吸收剂。

（3）在水中溶解度较大的气体，用水作为吸收剂是首选对象，其优点是价廉易得，吸收流程、设备和操作都比较简单；缺点是设备庞大、净化效率低、动力消耗大。

（4）碱金属钠、钾、铵或碱土金属钙、镁等的溶液，是另一类常用吸收剂。由于这一类吸收剂能与被吸收的气态污染物如 SO_2、HCl、HF、NO_2 等发生化学反应，因而使吸收能力大大增加。

（5）吸收碱性气体常用各种酸液作为吸收剂；对于酸性气体，则优先选用碱或碱性盐溶液吸收。

C　吸收剂的再生

吸收剂使用到一定程度，需要处理后再使用。处理方式有两种：一种是通过再生回收副产品后重新使用，如用亚硫酸钠法吸收 SO_2 气体，吸收液中的亚硫酸氢钠经加热再生，回收 SO_2 后变为亚硫酸钠重新使用；另一种是直接把吸收液加工成副产品，如用氨水吸收 SO_2 得到的亚硫酸铵经氧化变为硫酸铵化肥。

对物理吸收过程，吸收剂的再生方法有以下几种：

（1）降压、负压下解吸。基于气体的溶解度随压力降低而降低的原理，减压或负压下降低组分的气相分压，溶解度减少，可达到解吸的目的。此法特别适用于加压吸收之后的解吸过程。

（2）通入惰性气体或贫气解吸。不与吸收剂作用或不被吸收的气体称为惰性气体。在解吸塔中，惰性气体或贫气中的污染物分压很低或近似等于零，液相中的溶质要向气相扩散，从而解吸出来。这种解吸方法得不到纯的溶质组分，只能得到溶质组分浓度较高的气体的混合物。

（3）直接水蒸气解吸。利用水蒸气从塔底作为解吸剂，不仅降低了组分在气相中的分压导致解吸，也由于蒸汽温度高于溶液温度，而且通常是高于溶液的沸点，溶液被加热，从而促进了解吸过程的进行。

（4）间接加热水蒸气解吸。

11.2.2　吸收过程中的相平衡

11.2.2.1　气体在液体中的溶解度

吸收的相平衡关系，是指气液两相达到平衡时被吸收组分在两相中的浓度关系，即气体吸收质在吸收剂中的平衡溶解度。故可以说气体在液体中的溶解度是气液两相平衡关系中的一种定量表示方法。

在一定的温度与压强下，当吸收剂与混合气体接触时，气体中的吸收质就向液体吸收剂传递，被吸收剂吸收形成溶液。但同时溶液中被吸收的组分也会由液相向气相传递，进行解吸。随着接触时间的延长，吸收质在溶液中的浓度不断增加，但同时溶液中被吸收的吸收质也不断通过分子扩散由液相向气相传递，进行解析。开始时吸收是主要的，随着吸收剂中吸收质浓度的增高，吸收质从气相向液相的吸收速度逐渐减慢，而液相向气相的解吸速度却逐渐加快。经过相当长时间的接触后，吸收速度和解吸速度相等，即吸收质在气、液相中的组成不再发生变化，此时即气液两相达到相际动平衡，简称相平衡或平衡。平衡时，吸收剂中的吸收质浓度达到最大，称为平衡浓度，或吸收质在溶液中的溶解度。例如，在 $t = 20℃$，气相吸收质分压力为 101.325kPa 时，$1m^3$ 水约能吸收 $0.028m^3$ 氧和 $442m^3$ 氯化氢。

平衡、溶解度是吸收过程的极限，某一气体的溶解度除了与吸收质和吸收剂的性质有关外，还与吸收剂的温度、气相中吸收质的分压力有关。通常温度上升，气体的溶解度显著下降；而压力上升，气体溶解度则有所增加。

吸收剂吸收了某种气体后，由于分子扩散会在液面上会形成一定的分压力，使吸收质可以通过扩散从液相返回气相。该分压力的大小与溶液中吸收质浓度（简称液相浓度）有关。当液面的分压力与气相吸收质分斥力相等时，气液达到平衡。我们把这时气相中吸收质的分压力称为该液相浓度（溶解度）下的平衡分压力，用 p^* 表示。在吸收过程中，当气相中溶质的实际分压 p 高于其与液相成平衡的溶质分压时，即 $p>p^*$ 时，溶质便由气相向液相转移，于是就发生了吸收过程。p 与 p^* 的差别越大，吸收的推动力越大，吸收的速率也越大；反之，如果 $p<p^*$，溶质便由液相向气相转移，即吸收的逆过程，称为解吸（或脱吸）。所以不论是吸收还是解吸，均与气液平衡有关。吸收过程进行的方向与极限取决于溶质（气体）在气液两相中的平衡关系。

因此，某一种气体的溶解度不但与气相吸收质分压力有关，而且与液相中吸收质在液面上的分压力有关。例如，在 $t=20\text{℃}$，气相中氨的分压力为 10kPa 时，平衡状态下每千克水最大可以吸收 104g 氨，这就是说，$t=20\text{℃}$，水中氨的溶解度为 104g（NH_3）/kg（H_2O），其对应的气相平衡分压力为 10kPa。如果要使吸收继续进行，必须提高气相中 NH_3 的分压力，使它高于 10kPa。

综上所述，气体能否被液体吸收，关键在于气相中吸收质分压力和液相中吸收质的平衡分压力。只要气相中吸收质分压力大于平衡分压力，吸收就可以进行。平衡分压力是随液相中吸收质浓度的增加而提高的，当平衡分压力增大到等于气相吸收质分压力时，气液两相达到平衡。气体的溶解度与平衡分压力之间的依存关系称为气液平衡关系。

11.2.2.2 亨利定律

通过对气液间平衡关系实验数据的积累，发现总压力不超过 506.625kPa 下，气体在液体中的最大溶解量（或称平衡溶解度），是温度与气体分压的函数。即在一定温度下，当溶液达到平衡时，溶质气体 A 的平衡分压与其在溶液中的浓度 x 之间具有一定的函数关系 $p^*=f(x)$。即在总压力小于 506.625kPa 时，对于多数的稀溶液，在相当大的范围内其溶解度曲线为一条通过原点的直线，即气、液两相的浓度成正比，这就是著名的亨利定律，表达式为：

$$p^*=Ex \tag{11-1}$$

式中　p^*——气相吸收质平衡分压力，kPa；

　　　x——液相中吸收质浓度（用摩尔分数表示），无因次量；

　　　E——亨利常数，kPa。

因 x 是无因次的量，故亨利系数 E 具有压力因次，它可视为温度高于临界值时的某种虚拟蒸气压。式（11-1）为直线方程式，E 是此直线斜率。

对于同一物系，E 是温度的函数，E 值随温度而变化。一般来说，温度上升则 E 值增大，不利于气体的吸收。在同一溶剂中，难溶气体正值大，反之则小。

因通风排气中有害气体浓度较低，亨利定律完全适用。

由于气液组成或浓度表示方法不同，所以亨利定律还有多种表示方式：

（1）液相中吸收质浓度用 $C(\text{kmol/m}^3)$ 表示：

$$p^*=C/H \quad \text{或} \quad C=Hp^* \tag{11-2}$$

式中　C——平衡状态下液相中吸收质浓度（即气体溶解度），kmol/m^3。

H——溶解度系数，kmol/（m³·kPa），H 值由试验测定。

H 是温度的函数，随温度升高而减小，且因溶质、溶剂的特性不同而异，其数值等于平衡分压 1.01×10^5 Pa 时的溶解度。H 值的大小反映了气体溶解的难易程度，易溶气体 H 值大，所以又称 H 为溶解度系数。

对于稀溶液，E 与 H 有如下近似关系：

$$E = \frac{1}{H} \cdot \frac{\rho}{M} \tag{11-3}$$

式中 ρ——溶液的密度，kg/m³；

         M——溶液的摩尔质量，kg/mol。

（2）当溶质在气相和液相中的溶度均以摩尔分数表示时，亨利定律又可表示为平衡分压力，p^* 是平衡状态下气相中吸收质分压力，根据道尔顿气体分压定律：

$$p = p_z y \tag{11-4}$$

式中 p——混合气体中吸收质分压力，kPa；

         p_z——混合气体总压力，kPa；

         y——混合气体中吸收质摩尔分数。

把式（11-4）代入式（11-2），得：

$$p_z y^* = Ex$$
$$y^* = Ex/p_z$$

令 $m = E/p_z \tag{11-5}$

所以 $y^* = mx \tag{11-6}$

式中 y^*——平衡状态下气相中吸收质的摩尔分数；

         m——相平衡常数。

式（11-6）为亨利定律最常用的形式之一，称为气液平衡关系式，m 为相平衡常数，无量纲，对于稀溶液，m 近似为常数。

相平衡常数 m 也是由试验结果计算出来的数值，对于一定的物系，它是温度和压力的函数；由 m 值的大小同样可以看出气体溶解度的大小，在同一溶剂中，m 值大，则表明该气体的溶解度越小。m 值不仅与温度、总压有关，也与溶液的组成有关。由式（11-5）亦可看出，对某种溶液，温度升高，总压下降，则 m 值变大，不利于吸收操作。

（3）当溶质在气相和液相中的浓度均以比摩尔分数来表示。

根据液相和气相中组分 A 的比摩尔分数，得 $x = \dfrac{X}{1 - X}$，$y = \dfrac{Y}{1 - Y}$。

将上列公式列入式（11-6）得：

$$\frac{Y^*}{1 + Y^*} = m\left(\frac{X}{1 + X}\right)$$

$$Y^* = \frac{mX}{1 + (1 - m)X} \tag{11-7}$$

式中 Y^*——与液相浓度相对应的气相中吸收质平衡浓度，kmol 吸收质/kmol 惰性气体；

         X——液相中吸收质浓度，kmol 吸收质/kmol 吸收质。

对于稀溶液，液相中吸收质浓度很低（即 X 值很小），式（11-7）简化为：

$$Y^* = mX \qquad (11-8)$$

在净化有毒有害气体吸收计算中，一般均为稀溶液，主要用式（11-7）。表明当液相中溶质浓度足够低时，平衡关系在 y-x 图中也可近似地表示成一条通过原点的直线，其斜率为 m。如果把式（11-8）反映的关系画在图上，得到的这条直线称为平衡线，如图 11-1 所示。已知气相中吸收质浓度 Y_A，可以利用该图查得对应的液相中吸收质平衡浓度 X_A^*；已知液相中吸收质浓度 X_A，可以由图查得对应的气相吸收质平衡浓度 Y_A^*。m 值越小，说明该组分的溶解度越大，易于吸收，吸收平衡线较为平坦。

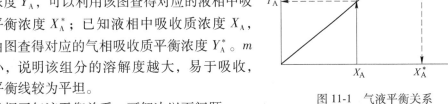

图 11-1 气液平衡关系

掌握了气液平衡关系，可解决以下问题：

（1）在设计过程中判断吸收的难易程度。吸收剂选定以后，液相中吸收质起始浓度 X 是已知的，从平衡线可以查得与 X 相对应的气相平衡浓度 Y^*，如果气相中吸收质浓度（即被吸收气体的起始浓度）$Y > Y^*$，说明吸收可以进行，$\Delta Y = (Y - Y^*)$ 越大，吸收越容易进行。我们把 ΔY 称为吸收推动力，吸收推动力小，吸收难以进行，必须重新选择吸收剂。

（2）可在运行过程中判断吸收已进行到什么程度。在吸收过程，随液相吸收质浓度的增加，气相平衡浓度 Y^* 也会不断增加，如果发现 Y^* 已接近气相中吸收质浓度 Y，说明吸收推动力 ΔY 已很小，吸收将难以继续进行，必须更换吸收剂，降低 Y^*，吸收才能继续下去。

11.2.3 吸收过程机理

吸收过程是吸收质从气相转移到液相吸收剂中的质量传递过程。传质过程的基础是物质的扩散，故又称为扩散过程。传质分两种不同的情况：静止介质中的分子扩散，运动介质中的对流扩散。分子扩散是由于分子热运动，使物质由浓度高处向浓度低处转移，分子扩散与传热中的导热相似。物质通过紊流流体的转移称为对流传质，对流传质和对流传热相似。

研究吸收过程的机理，目的是掌握吸收过程的规律和物质传递的历程，进而考虑吸收操作的强化途径和改进方法。由于吸收过程涉及的因素较为复杂，到目前为止尚缺乏统一的理论来完善地反映相间传质的内在规律。下面介绍一种应用较为广泛、简明易懂的传质机理模型——双膜理论。

11.2.3.1 双膜理论

如流体力学所述，流体流过固体壁面时，存在着一层做层流运动的边界层。双膜理论就是以此为基础提出的。双膜理论适用于一般的吸收操作和具有固定界面的吸收设备（如填料塔等），但是不完全适用于气液湍动程度比较剧烈的吸收过程。双膜理论的基本要点如下：

（1）气液两相做相对运动时，在气液两相接触处时，有一分界面叫作相界面。在相界面两侧分别存在一层很薄的稳定的气膜和液膜（见图 11-2），膜层中的流体均处于滞流（层流）状态，物质只能以分子扩散方式通过膜层，没有对流扩散膜层的厚度是随气液两相流速的增加而减小的，传质的阻力也变小。吸收质以分子扩散的方式通过这两个膜层，从气相扩散到液相。

（2）两膜以外的气液两相叫作气相主体和液相主体。主体中的流体都处于紊流状态，由于对流发生，主要以对流扩散为主，吸收质浓度是均匀分布的，与滞流层相比，传质阻力可以忽略不计。因此吸收质从气相主体传递到液相主体，吸收过程的阻力主要是吸收质通过气膜和液膜时的分子扩散阻力。对不同的吸收过程，气膜和液膜的阻力是不同的。

（3）不论气液两相主体中吸收质浓度是否达到平衡，在相界面上气液两相总是处于平衡状态，吸收质通过相界面时的传质阻力可以略而不计，这种情况叫作界面平衡界，而平衡并不意味着气液两相主体已达到平衡。

图 11-3 是双膜理论的吸收过程示意图，Y_A、X_A 分别表示气相和液相主体的浓度，Y_i^*、X_i^* 分别表示相界面上气相和液相的浓度。因为在相界面上气液两相处于平衡状态，Y_i^*、X_i^* 都是平衡浓度，即 $Y_i^* = mX_i^*$。当气相主体浓度 $Y_A > Y_i^*$ 时，以 $Y_A - Y_i^*$ 为吸收推动力克服气膜阻力，从 a 到 b，在相界面上气液两相达到平衡，然后以 $X_i^* - X_A$ 为吸收推动力克服液膜阻力，从 b' 到 c，最后扩散到液相主体，完成整个吸收过程。

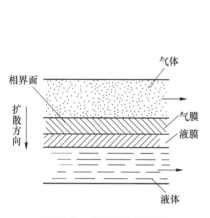

图 11-2　双膜理论示意图

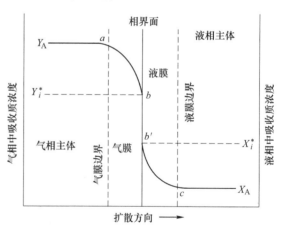

图 11-3　双膜理论的吸收过程示意图

根据以上假设，复杂的吸收过程被简化为吸收质以分子扩散方式通过气液两膜层的过程。通过两膜层时的分子扩散阻力就是吸收过程的基本阻力，吸收质必须要有一定的浓度差，才能克服这个阻力进行传质。

根据流体力学原理，流速越大，膜层厚度越薄。因此增大流速可减小扩散阻力、增大吸收速率。实践证明，在流速不太高时，上述论点是符合实际的，当流体的流速较高时，气、液两相的相界面处在不断更新的过程中，即已形成的界面不断破灭，新的界面不断产生。界面更新对改善吸收过程有着重要意义，但双膜理论却未予考虑。因此，双膜理论在实际应用时，有一定的局限性。

11.2.3.2　吸收速率

前面所述的气液平衡关系，是指气液两相长时间接触后，吸收剂所能吸收的最大气体量。在实际的吸收设备中，气液的接触时间是有限的，因此不能直接用式（11-7）进行计算。必须确定单位时间内吸收剂所吸收的气体量，我们把这个量称为吸收速率。吸收速率方程式是计算吸收设备的基本方程式。

由于传质过程的机理与传热过程是相似的，因此吸收速率方程式在形式上和传热方程式是相似的。

在吸收过程中，吸收质首先从气相主体通过气膜到界面，再穿过液膜扩散到液相主体中去。传质速率决定于吸收推动力和总吸收阻力。总的吸收阻力包括气膜阻力和液面阻力，而界面已假定没有阻力，也可以用类似传热速率表示：

$$吸收速率 = \frac{吸收推动力}{总阻力} = 吸收系数 \times 吸收推动力$$

$$G_A = \frac{\Delta C_m}{\frac{1}{KF}} = KF\Delta C_m \tag{11-9}$$

式中　G_A——吸收速率；

ΔC_m——吸收推动力；

K——吸收总系数，是吸收阻力的倒数；

F——气液两相的接触面积。

吸收系数（或传质系数）的物理意义，可以理解为当气液两相相互接触时，组分在两相的浓度差为 1 时，其界面为 $1m^2$，在 1 小时内由气相转移到液相中的量。

由于吸收过程中，其推动力为浓度差（指在某一浓度与平衡浓度之间的浓度差），而气体或溶液的浓度表示方法有各种各样，又由于气相浓度与液相浓度的基准不同，数字不能直接相加减，必须换算成同一基准。因此吸收速率方程式可以有几种不同形式。

A　吸收分系数或膜吸收系数

吸收质通过气膜和液膜的阻力是不同的，因而其吸收分数也是不一样的。

单位时间通过气膜的气体量：

$$G_A = k_g'F(P_A - P_i^*) \tag{11-10}$$

式中　G_A——单位时间通过气膜转移到界面的吸收质量，kmol/s；

F——气液两相的接触面积，m^2；

P_A——气相主体中吸收质分压力，kPa；

P_i^*——相界面上吸收质分压力，kPa；

k_g'——以（$P_A-P_i^*$）为吸收推动力的气膜吸收系数，$kmol/(m^2 \cdot kPa \cdot s)$。

为便于计算，式（11-10）中的吸收推动力以比摩尔分数表示时，该式可写为

$$G_A' = k_gF(Y_A - Y_i^*) \tag{11-11}$$

式中　Y_A——气相主体中吸收质浓度，kmol 吸收质/kmol 惰气；

Y_i^*——相界面上的气相的平衡浓度，kmol 吸收质/kmol 惰气；

k_g——以 ΔY 为吸收推动力的气膜吸收系数，$kmol/(m^2 \cdot s)$。

同理，单位时间通过液膜的吸收质量：

$$G'_A = k_i F(X_A - X_i^*) \tag{11-12}$$

式中 X_A——气相主体中吸收质浓度，kmol 吸收质/kmol 吸收剂；

X_i^*——相界面上的气相的平衡浓度，kmol 吸收质/kmol 吸收剂；

k_i——以 ΔX 为吸收推动力的气膜吸收系数，$kmol/(m^2 \cdot s)$。

B 吸收总系数和吸收分系数的关系

在稳定的吸收过程中，通过气膜和液膜的吸收质量应相等，即 $G_A = G'_A$。要利用式（11-11）或式（11-12）进行计算，必须预先确定 k_g 或 k_i，以及相界面上的 X_i^* 或 Y_i^*。实际上相界面上的 X_i^* 和 Y_i^* 是难以确定的，为了便于今后的计算，下面提出总吸收系数的概念。

$$G'_A = k_g F(Y_A - Y_i^*) = k_i F(X_i^* - X_A) \tag{11-13}$$

根据双膜理论，$Y_i^* = mX_i^*$，因此：

$$X_i^* = \frac{Y_i^*}{m} \tag{11-14}$$

由于 $Y_A^* = mX_A^*$，所以：

$$X_A^* = \frac{Y_A^*}{m} \tag{11-15}$$

式中 Y_A^*——与液相主体浓度 X_A 相对应的气相平衡浓度，kmol 吸收质/kmol 惰气。

将式（11-14）和式（11-15）代入式（11-13），得：

$$G_A = k_g F(Y_A - Y_i^*) = k_i F\left(\frac{Y_i^*}{m} - \frac{Y_A^*}{m}\right)$$

所以：

$$Y_A - Y_A^* = \frac{G_A}{F\, k_g} \tag{11-16}$$

$$Y_i^* - Y_A^* = \frac{G_A}{F\frac{k_i}{m}} \tag{11-17}$$

$$Y_A - Y_A^* = \frac{G_A}{F}\left(\frac{1}{K_g} + \frac{m}{k_i}\right)$$

$$\frac{G_A}{F} = \frac{1}{\frac{1}{k_g} + \frac{m}{k_i}}(Y_A - Y_A^*)$$

令

$$\frac{1}{\frac{1}{k_g} + \frac{m}{k_i}} = K_g \tag{11-18}$$

$$G_A = K_g(Y_A - Y_A^*)F \tag{11-19}$$

式中　K_g——以 $(Y_A - Y_A^*)$ 为吸收推动力的气相总吸收系数，$\text{kmol}/(\text{m}^2 \cdot \text{s})$。

同理，可以推导出以下公式：

$$K_i = \cfrac{1}{\cfrac{1}{m\,k_g} + \cfrac{1}{k_i}} \tag{11-20}$$

$$G_A = K_i(X_A^* - X_A)F \tag{11-21}$$

式中　X_A^*——与气相主体 Y_A 相对应的液相平衡浓度，kmol 吸收质/kmol 吸收剂；

K_i——以 $(X_A - X_A^*)$ 为吸收推动力的液相总吸收系数，$\text{kmol}/(\text{m}^2 \cdot \text{s})$。

式（11-19）和式（11-21）就是吸收速率方程式，这两个公式计算出来的结果是一样的，类似于传热过程的热阻，我们把吸收系数的倒数称为吸收阻力。

$$\frac{1}{K_g} = \frac{1}{k_g} + \frac{m}{k_i} \tag{11-22a}$$

$$\frac{1}{K_i} = \frac{1}{mk_g} + \frac{1}{k_i} \tag{11-22b}$$

式（11-22a）说明，吸收过程的总阻力 $1/K_g$ 为气膜吸收阻力 $1/k_g$ 与液膜吸收阻力 m/k_i 之和，式（11-22b）也同样说明此理。一般来说，吸收速率方程式（11-19）、式（11-21）对某个吸收过程均可应用，结果也会相同。

由式（11-22a）可以看出，气体的相平衡系数 m 较小时，m/k_i 很小可以忽略不计，此时 $K_g \approx k_g$，这说明吸收阻力主要集中在气膜的吸收过程，简称为气膜控制过程。防止大气污染的吸收，由于被吸收有害气体含量一般较低，选择的吸收剂性能好，多数属于气膜控制。当系统为气膜控制时，其过程的吸收速率按式（11-19）计算较为方便。

m 较大时，$1/(mk_g)$ 很小，可以忽略不计，此时 $K_i \approx k_i$ 说明吸收阻力主要集中在液膜的吸收过程，简称为液膜控制过程。当系统为液膜控制时，过程的吸收速率按式（11-21）计算较为方便。这就是上述一个吸收速率要两套推动力来表示的原因所在。从这点说明吸收过程的速率方程要比传热的速率方程复杂得多。

当 m 值适中时，则气、液膜的吸收阻力都很显著，都不能略去。

在设计和运行过程中，如能判别吸收过程的阻力主要在哪一方面，会给设备的选型、设计和改进带来很多方便。例如对于气膜控制的过程，气膜阻力是传质的主要矛盾，应采取减少气膜阻力的措施，如增大气流速度或气液比，以增加气流扰动，减小气膜厚度。k_g 气流速度的 0.8 次方成比例增加的。对液膜控制过程则应增大液体流量和增大液相的湍动程度，k_i 是按喷漆密度的 0.7 次方成比例增加的。

对吸收过程的某些经验判别，可参考表 11-1。

表 11-1　部分吸收过程中膜控制情况

气膜控制	液膜控制	气、液膜控制
水或氨水吸收氨	水或弱碱吸收二氧化碳	水吸收二氧化硫
浓硫酸吸收三氧化硫	水吸收氧气	水吸收丙酮
水或稀盐酸吸收氯化氢	水吸收氯气	浓硫酸吸收二氧化氮

气膜控制	液膜控制	气、液膜控制
酸吸收 5%氨		水吸收氨①
碱或氨水吸收二氧化硫		碱吸收硫化氢
氢氧化钠溶液吸收硫化氢		
流体的蒸发或冷凝		

①用水吸收氨，过去认为是气膜控制，经实验测知液膜阻力占总阻力的 20%。

从上面的分析可以看出，要强化吸收过程可以通过以下途径实现：

（1）增加气液的接触面积；

（2）增加气液的运动速度，减小气膜和液膜的厚度，降低吸收阻力；

（3）采用相平衡系数小的吸收剂；

（4）增大供液量，降低液相主体浓度 X_A，增大吸收推动力。

11.2.4 吸收设备

从吸收机理的分析可以看出，气液两相的界面状态对吸收过程有着决定性的影响。实现对气体组分高效率的吸收，目前所采用的方式和设备主要功能就在于实现气体与吸收剂液体的密切接触，也就是要提供尽可能大的有效接触面积和高强度的界面更新，并最大限度地减小阻力和增大推动力。据此，对吸收设备提出以下基本要求：

（1）气液之间有较大的接触面积和一定的接触时间；

（2）气液之间扰动强烈，吸收阻力低，吸收速率高；

（3）采用气液逆流操作，增大吸收推动力；

（4）气体通过时压降小；

（5）耐磨、耐腐蚀、防堵，运行安全可靠；

（6）构造简单，便于制作和检修、造价低廉。

由于用吸收法净化处理的通风排气大都是低浓度、大风量，因而大都选用气相为连续相、紊流程度高、相界面大的吸收设备。目前，使用的气体吸收设备大致可分为塔器和其他设备。塔器类主要包括喷淋塔（俗称空塔）、填料塔、板式塔、湍球塔、鼓泡塔等；其他设备也很多，如列管式湿壁吸收器、文丘里喷射吸收器、喷洒式吸收器等。常用的吸收装置分类及特点见表 11-2。

A 喷淋塔

喷淋塔又称空塔，塔内一般仅装有喷头，气体从下部进入，吸收剂自上而下喷淋，塔的上部设有气液分离器。喷淋的液滴应大小适中，液滴过大，气液接触的面积小，接触时间短，影响吸收速率；液滴过小，容易被气流带走，吸收剂损失大，并可能影响后续工艺或设备。

喷淋塔的优点是阻力小，结构简单，操作简单。但传统的喷淋塔因不能使用较高的空塔气速（一般小于 1.5m/s），所以处理能力小；此外，它的液滴内部没有液体循环，液膜阻力往往很高，因此一般只适用于气膜控制的吸收过程。

近年来，喷淋塔结构不断改进，并成功应用于火电厂烟气湿式脱硫装置中。其改进的重点是喷嘴，改进的方向主要有：增大喷淋密度、减小喷淋液滴的直径以提高气液接触面积；合理布置喷嘴的位置和喷射方向，以提高塔内湍流强度和喷嘴喷射的速度等。现在的喷淋塔的空塔气速一般在 4m/s 以上，有的高达 6m/s。

B　填料塔

在喷淋塔的内部填充适当的填料就成了填料塔，放置填料后，可以增大气液接触面积。填料塔的性能优劣，关键取决于填料。好的填料要有较大的比表面积，较高的空隙率，单位体积的质量轻、造价低、坚固耐用、不易堵塞、对于气液两相介质都具有良好的化学稳定性。常用的填料有拉西环、鲍尔环、阶梯环、鞍形和波纹填料等。

根据气液两相流体的流动方向，填料塔可分为并流式、逆流式和错流式。从传质的角度说，逆流式操作的传质条件最好，出口浓度最低；并流式的最差；错流式的介于两者之间。通常国内使用的填料塔多数是逆流式的。而在国外，错流式的填料塔也有较广泛的应用。

液体流过填料层时，有向塔壁流动的倾向，因此填料层高度较大时，通常将其分成若干层，填料塔的空塔气速一般为 0.5 ~ 1.5m/s，气体通过填料层产生的压降为 400 ~ 600Pa/m。

填料塔的结构简单，阻力小，是目前应用较多的一种吸收设备。

C　湍球塔

湍球塔是填料塔的特殊情况，其塔内的填料处于悬浮状态，以强化吸收过程。湍球塔内设有开孔率较大的筛板，筛板上放置一定数量的轻质小球。气流以较高的速度通过，使小球在塔内湍动并相互碰撞，吸收剂自上而下喷淋加湿小球表面。由于小球表面的液膜能不断更新，这增大了吸收推动力，提高了吸收效率，并由于小球不断相互碰撞，所以不容易发生结垢、堵塞。

湍球塔的空塔气速一般为 2~6m/s，气体通过每段湍流塔的压降为 400~1200Pa。同样空塔气速下，湍球塔内的气体压降比填料塔小。湍球塔的优点是气速高，处理能力大，体积小，吸收效率高；缺点是有一定程度的返混，小球磨损大，需经常更换。

D　板式塔

板式塔是化工工业中常用的吸收设备，它的构造型式很多，如筛板塔、泡罩塔、浮阀塔、旋流板塔等，最简单的是筛板塔。筛板塔内设几层筛板，气体自上而下经筛板上的液层。气液在筛板上错流流动，为了在筛板上有一定的液层厚度，筛板上有溢流堰，液体由溢流堰经降液管流至下层筛板。

塔内气体必须保持适当的流速。气体速度低，液体将从筛孔泄漏，使吸收效率急剧下降，气流过高，气流带液现象严重。筛板塔的空塔气速一般取 1.0~3.5m/s，随气流速度不同，筛板上液层呈现不同的气液混合状态。筛孔直径一般为 3~8mm，开孔率一般 10%~18%，对于含悬浮物的液体，可采用 13~15mm 的大孔，筛孔直径过小，容易堵塞。

筛板塔的优点是，构造简单，吸收效率高；缺点是筛孔容易堵塞，操作不稳定，只适用于气液负荷波动不大的情况，处理气量较大时，采用筛板塔较为经济。

旋流板塔是一种较新的吸收装置，其关键设备是内部的旋流叶片。在旋流叶片的作用下，气体旋转向上，与叶片上流下的液相充分接触，因此它具有传质强度高、通气量大等优点。旋流板塔还可以作除雾装置。

　　E 文丘里吸收器

文丘里管也可应用于气体吸收，其结构如图 11-4 所示。它由文丘里管和气液分离器组合而成。文丘里管由渐缩管、喉管和渐扩管组成。气体在渐缩管被逐渐加速，在喉管处形成负压，吸收剂被吸入并分散成雾滴，形成气液接触界面。气体流经渐扩管时压力逐渐上升，细小的雾滴凝聚成较大的液滴，后经气液分离器分离除去。净化后气体从分离器顶部排出。液气比为 $0.3 \sim 1.5 \mathrm{L/m^3}$，适于吸收剂用量小的吸收操作。文丘里吸收器的优点是体积小、处理风量大，可兼作冷却除尘设备；缺点是噪声大（喉管部流速 $40 \sim 80 \mathrm{m/s}$）。消耗能量较多（压降大）。

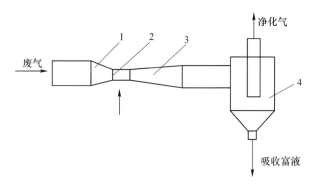

图 11-4 文丘里吸收器

1—渐缩管；2—喉管；3—渐扩管；4—气液分离器

几种常见吸收设备的特性比较如表 11-2 所示。

表 11-2 吸收设备的特性比较

吸收设备	特 性	优 点	缺 点
填料塔	空塔气速 $0.5 \sim 1.5 \mathrm{m/s}$，液气比 $0.5 \sim 2.0 \mathrm{L/m^3}$，阻力 $500 \mathrm{Pa/m}$ 填料	结构简单，气液接触效果好，阻力较小，便于用耐腐蚀材料制造	气体流速过大时，呈液泛，不能再运转；当烟气中含有颗粒物和吸收液中有沉淀物时，易堵塞
喷淋塔	空塔气速 $0.6 \sim 1.2 \mathrm{m/s}$，液气比 $0.7 \sim 2.7 \mathrm{L/m^3}$，阻力 $250 \mathrm{Pa}$	结构简单、造价低，阻力小，适宜含尘气体的吸收净化，操作稳定方便	喷嘴易堵塞，气流分布不易均匀，设备庞大，效率低，耗水量及占地面积均较大
文丘里吸收器	候补气速 $40 \sim 80 \mathrm{m/s}$，液气比 $0.3 \sim 1.5 \mathrm{L/m^3}$，阻力 $2000 \sim 9000 \mathrm{Pa}$	设备小，可以处理大体积量气体，吸收效率高	阻力大
板式塔	空塔气速 $1.0 \sim 2.5 \mathrm{m/s}$，液气比 $0.5 \sim 1.2 \mathrm{L/m^3}$，阻力 $980 \sim 1960 \mathrm{Pa/}$板	处理能力大，压降小，板效率高，制作安装简单，金属耗量少，造价低	负荷范围比较窄，必须维持恒定的操作条件，小孔径的筛孔容易堵塞

11.3 吸附净化技术

气体吸附是重要的气体净化与分离技术之一，其原理是在不同温度、压力等操作条件下利用固体吸附剂对气体吸附性质或化学反应性质或吸附质传质速率不同来净化与分离气体混合物，属于我们经常提到的干法净化与分离方法。

在固体表面上的分子力处于不平衡或不饱和状态，由于这种不饱和的结果，固体会把与其接触的气体或液体溶质吸引到自己的表面上，从而使其残余力得到平衡。这种在固体表面进行物质浓缩的现象，称为吸附。吸附净化就是利用多孔性的固体颗粒处理工业生产过程中排放出的有害气体，使其中的有害组分附着于固体表面上，使排出的气体得到净化，达到改善工作环境、减少空气污染的目的。气体吸附作为一种最常见的物理化学现象，长期得到国内外专家和学者细致的研究，并被使用于气体分离与净化工艺过程中，起着非常重要的作用。它涉及许多诸如吸附与脱附、吸附过程类型、吸附剂的性能等基本概念。

吸附技术由于脱除效率高、富集功能强，适用于几乎所有的恶臭有害气体的处理，因而是脱除有害气体比较常用的方法。吸附法广泛应用于低浓度有害气体的净化特别是各种有机溶剂蒸气。常用的吸附剂有颗粒的活性炭、含高锰酸钾的活性氧化铝及复合活性碳纤维。

11.3.1 吸附过程

当气体与固体表面接触时，固体表面上气体的浓度高于气相主体浓度的现象称为吸附现象。固体表面上气体浓度随时间延长而增大的过程，称为吸附过程。而固体表面上气体浓度随时间延长而减小的过程，称为脱附过程。当吸附过程进行的速率和脱附过程进行的速率相等时，固体表面上气体浓度不随时间而改变，这种状态称为吸附平衡。吸附平衡是一动态平衡，此时固体表面存在吸附和脱附现象。吸附速率和吸附平衡的状态与吸附温度、压力有关。在恒定温度下进行的吸附过程称为等温吸附，而在恒定压力下进行的吸附过程称为等压吸附。

在吸附过程中，用于吸附的固体物质称为吸附剂，被吸附的气体称为吸附质。

吸附发生在吸附剂表面的局部位置，这样的位置称为吸附中心（吸附位）。对催化剂来说，吸附中心常常是催化活性中心。吸附中心和吸附质分子共同构成表面吸附络合物，即表面活性中间物种。

吸附过程是由于气相分子和吸附剂表面分子之间的吸引力使气相分子吸附在吸附剂表面的。吸附和吸收的区别是，吸收时吸收质均匀分散在液相中，吸附时吸附质只吸附在吸附剂表面。因此，用作吸附剂的物质都是松散的多孔状结构，具有巨大的表面积。单位质量吸附剂所具有的表面积称为比表面积（m^2/kg 或 m^2/g），比表面积愈大，吸附的气体量愈多。例如工业上应用较多的活性炭，其比表面积为 $700 \sim 1500 m^2/g$。

吸附过程是非均相过程，一相为流体混合物，另一相为固体吸附剂。气体分子从气相吸附到固体表面，其分子的吉布斯自由能会降低，与未被吸附前相比，其分子的熵也是降低的。因此，吸附过程必然是一个放热过程，所放出的热称为该物质在此固体表面上的吸附热，吸附热是同类气体凝结热的 $2\sim3$ 倍。吸附热是反映吸附过程的一个特性值，吸附热越大，吸附剂和吸附质之间的亲和力越强。处理低浓度气体时可不考虑吸附热的影响，处理高浓度气体时要注意吸附热造成吸附剂温度上升，使吸附的气体量减少。

11.3.2　吸附原理

广义的吸附包括表面上的吸附、透入固体晶格中的吸收和孔内的毛细凝聚。

11.3.2.1　物理吸附和化学吸附

根据被吸附气体分子与固体表面吸附时的结合力不同，吸附可分为物理吸附和化学吸附。物理吸附是通过吸附质分子与固体吸附剂分子之间分子作用力，即主要是范德华（Vander Waals）力的作用下产生的吸附。发生物理吸附时吸附分子和固体表面组成都不会改变。物理吸附类似于冷凝、液化。物理吸附作用力无方向性。物理吸附吸附热非常小，为 $2\sim3$ kcal/mol，接近气体的凝聚热。物理吸附温度比较低，在靠近或低于被吸附物质的沸点时才发生吸附。物理吸附无选择性。物理吸附层是单层或多分子层，吸附态是分子吸附态。物理吸附是可逆的，可完全脱附。

化学吸附是通过吸附分子与固体吸附剂表面间的化学作用，即它们之间的电子交换、转移，原子的重排，化学键的形成或破坏而产生的吸附。化学吸附类似化学反应，吸附分子有明显的变化，吸附作用力有方向性。化学吸附吸附热较大，为 $20\sim120$ kcal/mol，接近于化学反应的热效应。化学吸附需要克服一定活化能，因此在较高的温度下进行。化学吸附有选择性。化学吸附层是单层，吸附态是变化的且有方向性。化学吸附脱附非常困难，脱附过程中常伴有化学变化。

由于物理吸附和化学吸附的作用力本质不同，它们在吸附热、吸附速率、吸附活化能、吸附温度、选择性、吸附层数和吸附光谱等方面表现出一定差异。表 11-3 给出了物理吸附和化学吸附的特性比较。

表 11-3　物理吸附与化学吸附的特性比较

特　性	物理吸附	化学吸附
吸附推动力	范德华力	化学键力
吸附热	接近凝聚热，$4\sim40$ kJ/mol	接近于化学反应热，$40\sim800$ kJ/mol
吸附质	处于临界温度以下的所有气体	化学活性蒸汽
吸附速率	不需要活化，受扩散控制，速率快	需经活化，克服能垒，低温速率慢，高温速率快
活化能	约等于凝聚热	大于等于化学吸附热
温度	低于或接近吸附质沸点	取决于活化能，高于气体沸点
选择性	无选择性，只要温度适宜，任何气体可在任何吸附剂上吸附	有选择性，与吸附质、吸附剂的特性有关
吸附层数	多层	单层
可逆性	可逆	可逆或不可逆
吸附态光谱	吸附峰的强度变化或波数位移	出现新的特征吸收峰

在吸附的过程中，吸附物种与催化剂表面键合形成化学吸附键的强弱，由反应物与催化剂的性质及吸附条件决定。其数值大小可由化学吸附热度量。

11.3.2.2 吸收

气体在固体上吸收与气体在固体上吸附相比，除了固体表面吸附外，还包括气体组分向晶格扩散。通常气体吸收过程可分三个步骤：（1）气体的扩散和微孔中的吸附；（2）在晶格中的扩散；（3）透入到晶格与原子形成一溶体。例如，氧化铁脱硫，固体表面存在液膜；金属铀吸收氢形成固溶体；氧化锌吸收硫化氢形成液固膜。

11.3.2.3 毛孔冷凝

毛孔冷凝理论的原始形式是由齐格门代在 1911 年提出的，他认为被吸附的蒸气在吸附剂的孔隙中凝结成一般的液体状态。后来凯尔文用热力学的观点加以说明，如液体存在于半径为 r 的毛细管中，则在弯月面上的平衡蒸气压 p 将比一般的饱和蒸气压小，而介于液体和毛细管壁间的接触角 θ 必须小于 $90°$。

采用毛细冷凝可以测试吸附剂的孔径、孔容、孔分布等孔结构性质，预测吸附剂的吸水率以及研究吸附剂操作条件（如吸附剂、催化剂使用露点）。

11.3.3 吸附平衡与等温方程

吸附平衡是吸附速率与解吸速率相同时的状态，它是一个动态平衡。吸附平衡与吸附温度、压力及容积有关。吸附平衡通常有三种平衡过程状态：等温吸附平衡、等压吸附平衡及等容吸附平衡，其中等温吸附平衡最为常见。

11.3.3.1 等温吸附线

一般讲，在平衡时可吸附的气体量是随温度的降低和要分离气体组分分压的增加而增加。在平衡时可吸附气体的量，通常是与吸附剂表面积的大小成正比。在恒定温度下，气体的吸附量（q）与气体浓度和分压（蒸汽组分的分压和该温度下饱和蒸汽压之比 p/p_0）的关系可用吸附等温线来表示。1940 年，在前人吸附体系的吸附等温线基础上，S. Brunauer、L. S. Deming、W. E. Deming 和 E. Teller 等人对各种吸附等温线进行分类，将吸附等温线分为五类，称为 BDDT 分类，也常被简称为 Brunauer 吸附等温线分类。等温吸附线类型如图 11-5 所示。

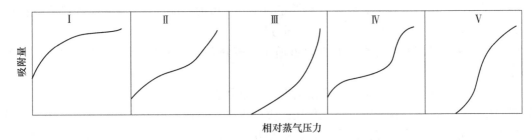

图 11-5　BDDT 等温吸附线类型

图中纵坐标为吸附量 q，横坐标为蒸气的对比压力 p/p_0，在组分的分压 p 等于该温度下组分的饱和蒸气压 P_0 时，对比压力 $p/p_0 = 1$。

类型Ⅰ是向上凸的 Langmuir 型曲线，表示吸附剂毛细孔的孔径比吸附质分子尺寸略大时的单层分子吸附或在微孔吸附剂中的多层吸附以及毛细凝聚。该类吸附等温线，沿吸附量坐标方向，向上凸的吸附等温线被称为优惠的吸附等温线。在气相中吸附质浓度很低的情况下，仍有相当高的平衡吸附量。具有这种类型等温线的吸附剂能够将气相中的吸附质脱除至痕量的浓度。低温下氧或有机物蒸气在孔径只有几个分子大小的活性炭上的吸附等温线为Ⅰ型，常称为 Langmuir 型，其特点是曲线迅速升高后趋于平坦，有一个饱和值。它属于单分子层吸附。

类型Ⅱ为形状呈反 S 形的吸附等温线，在吸附的前半段发生了类型Ⅰ吸附，而在吸附的后半段出现了多分子层吸附或毛细凝聚。低温下氮在非孔硅胶和非孔 TiO_2 上吸附的 S 形吸附等温线是Ⅱ型，它就是常用的 BET 型，其特点是曲线的最初一段是Ⅰ型，随着对比压力加大，曲线急剧上升，接近饱和压力时，吸附量趋于无限大。它属于多分子层吸附。

类型Ⅲ是反 Langmuir 型曲线。该类等温线沿吸附量坐标方向向下凹，被称为非优惠的吸附等温线，表示吸附气体量不断随组分分压的增加直至相对饱和值趋于 1 为止。曲线下凹是由于吸附质与吸附剂分子间的相互作用比较弱，在较低的吸附质浓度下，只有极少量的吸附平衡量；同时又因单分子层内吸附质分子的互相作用，使第一层的吸附热比诸冷凝热小，是只有在较高的吸附质浓度下出现冷凝而使吸附量大增所引起的。溴或碘蒸气在非孔硅胶上的吸附等温线是Ⅲ型，其特点是和Ⅱ型基本相同，只是等温线最初的一段和Ⅰ型不同，整条曲线无拐点。它属于多分子层吸附，与Ⅱ型比较，发生这类吸附是因为第一吸附层和固体表面的吸附作用比第二吸附层和第一吸附层的吸附作用弱得多。

类型Ⅳ是类型Ⅱ的变形，能形成有限的多层吸附，如水蒸气在 30℃ 下吸附于活性炭，在吸附剂的表面和比吸附质分子直径大得多的毛细孔壁上形成两种表面分子层。例如水蒸气在石墨上的吸附等温线或空气-水蒸气在活性氧化铝上的吸附等温线为Ⅳ型，其特点是曲线的最初一段类似Ⅱ型，但接近饱和压力时，曲线不是增至无限大，而类似Ⅰ型曲线一样，趋于饱和。它属于毛孔冷凝。

类型Ⅴ偶然见于分子互相吸引效应很大的情况。水蒸气在多孔硅胶上的吸附等温线为Ⅴ型，其特点是曲线的最初一段类似Ⅲ型，但接近饱和压力时，曲线不是增至无限大，而类似Ⅰ型曲线一样，曲线趋于饱和。它属于毛孔冷凝。

BDDT 吸附等温线分类在国际学术界曾被广泛接受，并用于在吸附相平衡研究中解释各种吸附机理。然而，随着对吸附现象研究的深入，BDDT 的五类吸附等温线已不能描述和解释一些新的吸附现象，因此人们又通过总结和归纳，在 1985 年由 IUPAC 提出了 IUPAC 的吸附等温线 6 种分类，如图 11-6 所示。该分类是对 BDDT 吸附等温线分类的一个补充和完善。

类型Ⅰ表示在微孔吸附剂上的吸附情况。类型Ⅱ表示在大孔吸附剂上的吸附情况，此处吸附质与吸附剂间存在较强的相互作用。类型Ⅲ亦表示在大孔吸附剂上的吸附情况，但此处吸附质分子与吸附剂表面间存在较弱的相互作用，吸附质分子之间的相互作用对吸附等温线有较大影响。类型Ⅳ是有着毛细凝结的单层吸附情况。类型Ⅴ是有着毛细凝结的多层吸附情况。类型Ⅵ是表面均匀的非多孔吸附剂上的多层吸附情况。

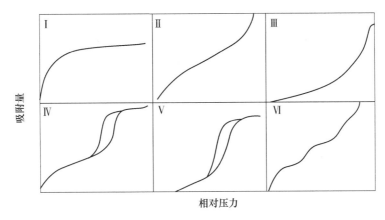

图 11-6 IUPAC 等温吸附线类型

毛细凝结现象的引入是 IUPAC 的 6 种分类对于 BDDT 分类的最重要的补充。毛细凝结现象，又称吸附的滞留回环，亦称为吸附的滞后现象。吸附等温曲线与脱附等温曲线的互不重合形成了滞留回环。

11.3.3.2 等温吸附方程

等温吸附平衡过程用数学模型方法来描述可得到等温方程，其中包括：朗格缪尔（Langmuir）等温方程、弗朗德里希（Freundlich）等温方程、焦姆金（Temkin）等温方程、BET（Brunauer-Emmett-Teller）等温方程、开尔文（Kelvin）方程。Langmuir 等温方程、（Freundlich）等温方程既可用于物理吸附，又可用于化学吸附；Temkin 等温方程只适用于化学吸附；BET 等温方程用于多层物理吸附；Kelvin 方程用于毛孔冷凝。下面主要讨论比较常见的几个等温方程。

A Langmuir 等温方程

Langmuir 于 1916 年提出最基本的吸附等温方程，其依据的模型是：（1）吸附剂表面是均匀的，各吸附中心能量相同；（2）吸附分子间无相互作用；（3）吸附是单分子层吸附，其吸附分子与吸附中心碰撞才能吸附，一个分子只占据一个吸附中心；（4）一定条件下，吸附与脱附可建立动态平衡。满足上述条件的吸附，就是 Langmuir 吸附，其吸附热 q 与覆盖率 θ 无关。Langmuir 吸附等温方程的是在假设吸附为理想吸附的基础上建立的。

Langmuir 吸附等温方程表达式为：

$$\frac{V}{V_\mathrm{m}} = \theta = \frac{KP}{1 + KP} \tag{11-23}$$

式中 V——气体分压为 P 时被吸附气体在标准状态下的体积；

V_m——吸附剂被覆盖满一层时吸附气体在标准状态下的体积；

K——吸附平衡常数。K 越大，吸附越强，它是温度的函数，由于吸附大多是放热的，故温度升高，K 值减小。

Langmuir 方程对等温线在低压部分的特点进行了很好的描述，对于高压部分不适用，主要原因是在较高分压情况下，吸附需要考虑毛细管凝结现象不能纯粹地当做单分子层吸附。

B　Freundlich 等温方程

Freundlich 于 1926 年提出吸附等温方程。Langmuri 理想吸附模型除了要求体系处于平衡态外，还有两个基本假设：表面能量均匀分布和吸附质点间没有相互作用。如果对其两个假设之一进行修正，那么与 Langmuri 理想吸附模型不符合的实验现象就可以得到解释，并能得到真实表面的吸附等温方程。Freundlich 方程就是对第一个假设修正后得出的结果，它假设吸附热随覆盖率的增加而呈对数下降。

Freundlich 吸附等温式经验方程为：

$$V = kP^{\frac{1}{n}} \quad (n > 1) \tag{11-24}$$

式中　V——吸附体积，m^3；

　　　P——吸附压力，kPa；

　　　k——常数，它与温度、吸附剂种类、吸附剂的比表面所采用的单位有关；

　　　n——常数，与温度有关，它表征吸附体系的性质。

Freundlich 方程表明等温下，吸附热随覆盖率（吸附量）的增加成对数下降，其吸附量和压力的指数分数成正比。压力增大，吸附量随之加大，但分压 P 增加到一定程度以后，吸附量饱和不再变化。在中等程度覆盖时，Freundlich 方程和 Langmuri 方程接近。

C　Temkin 等温方程

Temkin 吸附等温方程是人们所广泛共知的一个方程，与合成氨动力学方程齐名。方程建立的前提：（1）非均匀表面；（2）中等覆盖率；（3）化学吸附；（4）吸附热随覆盖率增加而呈线性下降。

Temkin 吸附等温方程也是一个经验型吸附等温方程，它可以写成：

$$\frac{V}{V_m} = \theta = \frac{1}{\alpha}\ln C_0 P \tag{11-25}$$

式中　α，C_0——常数，与温度以及吸附体系性质有关；

　　　P——压力；

　　V，V_m——含义同前。

Temkin 吸附等温方程表示，在等温下吸附热随覆盖率（吸附量）的增加呈线性下降。它只适用于化学吸附。

D　BET 等温方程

1935~1940 年，Brunauer-Emmett-Teller 在 Langmir 等温吸附方程的基础上提出 BET 等温吸附方程，这是最著名的吸附公式之一。

BET 方程的基本假设：（1）气体在固体表面上多层吸附；（2）各吸附层之间存在动态平衡，即吸附速度与解吸速度相等；（3）各层水平方向的分子之间没有相互作用力；（4）吸附层为不移动的理想均匀表面；（5）除第一层外，所有各层的吸附热都等于其体积摩尔凝聚热；（6）除第一层外，所有各层中的蒸发和凝聚情况都相同；（7）当 $P = P_0$ 时吸附质在固体表面上凝聚为体相液体，即吸附层数为无穷大。

BET 等温吸附方程为：

$$\frac{P}{V(P_0 - P)} = \frac{1}{CV_m}\left[1 + (C - 1)\frac{P}{P_0}\right] \tag{11-26}$$

式中　V——被吸附的吸附质的体积；

　　　P——吸附平衡时的压力；

　　　P_0——吸附气体在该温度下的饱和蒸气压；

　　　V_m——单分子层饱和吸附时，被吸附的吸附质的体积；

　　　C——与第一层吸附热有关的常数。

当相对压力 P/P_0 在 $0.05 \sim 0.35$ 之间时，实测值与理论值吻合较好。

E　Kelvin 方程

前面几种等温吸附方程，它们可以解释除Ⅳ类等温线外不同的吸附等温线。实际上在吸附理论和实践发展过程中，Ⅳ类等温吸附线是最先详细研究并发挥过重要作用。为了解释这些等温线，Zsigmondy 提出了毛细凝聚理论。这种理论模型假定，沿等温线的起始部分吸附只限于在壁上形成薄层，直到滞后回线的开始点在最细的孔中开始毛细凝聚。随着压力逐渐增加，越来越宽的孔被填充，直至达到饱和压力时整个系统都被凝聚物充满。Kelvin 在此基础上，推导出 Kelvin 方程。

$$\ln\left(\frac{P}{P_0}\right) = -\frac{2\gamma V_L}{RT} \cdot \frac{1}{r_m} \tag{11-27}$$

式中　V_L——液体吸附质的摩尔体积；

　　　P_m——相应于 $r_m = \infty$ 时吸附质的饱和蒸气压。

由 Kelvin 方程可见，在凹形弯月面上的蒸气压必定小于饱和蒸气压 P_0。因此，只要弯月面总呈凹形（亦即接触角小于 90°），则在小于饱和蒸气压并由孔径 r_m 决定的某个压力 P 下，蒸气将在孔中"毛细凝聚"为液体。

对上述几种等温吸附方程特点归纳于表 11-4。

表 11-4　各种吸附等温方程的性质及应用范围

等温方程名称	基本假设	数学表达式	应用范围
Langmuir 方程	q 与 θ 无关，理想吸附	$\dfrac{V}{V_m} = \theta = \dfrac{KP}{1 + KP}$	化学吸附与物理吸附
Freundlich 方程	q 与 θ 增加呈对数下降	$V = kP^{\frac{1}{n}} \quad (n > 1)$	化学吸附与物理吸附
Temkim 方程	q 随 θ 增加呈线性下降	$\dfrac{V}{V_m} = \theta = \dfrac{1}{\alpha}\ln C_0 P$	化学吸附
BET 方程	多层吸附	$\dfrac{P}{V(P_0 - P)} = \dfrac{1}{CV_m}\left[1 + (C - 1)\dfrac{P}{P_0}\right]$	多层物理吸附
Kelvin 方程		$\ln\left(\dfrac{P}{P_0}\right) = -\dfrac{2\gamma V_L}{RT} \cdot \dfrac{1}{r_m}$	毛孔凝聚

因为吸附过程与许多因素有关，而且吸附剂/吸附质系统使各个因素间的相互作用、变化也十分复杂，所以迄今为止尚未找到一般通用的吸附等温线方程。影响吸附的主要因素有：（1）比表面积；（2）颗粒大小分布；（3）孔径大小分布；（4）晶格；（5）晶格结构缺陷；（6）润湿性；（7）表面张力；（8）气相中分子的相互作用；（9）吸附层中分子的相互作用。

11.3.4　吸附剂和吸附设备

11.3.4.1　吸附剂

A　吸附剂的特性

吸附剂是具有丰富微孔的物质，内表面积很大。例如 1kg 活性炭的总表面积可达 $10^6 m^2$。内表面积和微孔的大小直接影响吸附性能。吸附剂的主要特性参数都与多孔结构有关。

（1）比表面积。单位质量吸附剂所具有的总表面积

（2）孔半径。通常用孔半径来表示微孔大小。根据孔半径大小，可将微孔分为大孔（$r=0.1\sim1.0\mu m$）、中孔（$r=0.002\sim0.1\mu m$）和小孔（$r<0.002\mu m$）。大孔吸附液体分子较有效，中孔吸附蒸气分子较有效，小孔吸附气体分子较有效。

（3）孔隙率吸附剂。内部微孔的容积与吸附剂个体体积之比为孔隙率。

（4）饱和吸附量。饱和状态下，单位质量吸附剂所吸附的吸附质的质量为饱和吸附量，又称静活性。不同吸附剂在不同条件下，对不同吸附质的饱和吸附量不同。

B　对吸附剂的要求

吸附剂是吸附净化设备的关键，对吸附剂的基本要求有以下几个：

（1）吸附性能好：饱和吸附量大，吸附快，选择性强。

（2）脱附性能好：脱附快，残留量低，并且耐水、耐强度急剧变化。

（3）化学性能稳定（对物理吸附而言）。

（4）有足够的机械强度。

（5）对气体流动的阻力小。

C　吸附剂种类

常用吸附剂有多种，如活性炭、活性氧化铝、硅胶、沸石分子筛等。

活性炭是应用最早、用途最广的一种优良吸附剂。活性炭由含碳原料（如果壳、动物骨骼、煤和石油焦）在不高于 773K 温度下炭化，通水蒸气活化制成。其形状有颗粒状（球状、柱状和不规则形状）、纤维状和粉末状。

含水氧化铝在严格控制加热速度下脱水，形成多孔结构，即得活性氧化铝。活性氧化铝的机械强度高，可用于气体干燥和含氟废气净化。

用酸处理硅酸钠溶液，经水洗后在 398~403K 温度下脱水至含湿量在 5%~7% 即可得硅胶。硅胶有很强的亲水性，可吸湿至自身质量的 50%，难于吸附非极性分子。硅胶吸水后，吸附其他气体的能力会大大下降，这一特性限制了它的应用范围。硅胶吸水后可加热至 573K 脱水再生。

分子筛是一种人工合成的泡沸石，是具有微孔的立方晶体硅酸盐，通式为 $Me_{x/n}[(Al_2O_3)_x(SiO_2)_y] \cdot mH_2O$（Me 为金属阳离子，$x/n$ 为 n 价金属阳离子数，m 为结晶水的分子数）。分子筛的微孔丰富，吸附容量大；孔径均一，又是离子型吸附剂，有较强的吸附选择性，对一些极性分子在较高温度和较低分压下也有很强的吸附能力。

D　吸附剂的浸渍

通过浸渍，将某些活性物质附载于吸附剂表面，可提高吸附效果，增加吸附容量。浸渍物是反应物或催化剂，常用的浸渍物质有铜、锌、银、铬、钴、锰、钒、钼等的化合物（一种或几种），以及卤毒、酸、碱等。浸渍物在过程中起催化作用时一般无需经常补充浸渍物；如果浸渍物与废气中的污染物发生化学反应而被消耗，则每次再生后，需重新浸渍。

E　吸附剂的再生

吸附剂吸附一定量的污染物后，净化效果下降，甚至失效，需要进行脱附再生。由于吸附剂的吸附容量有限（一般仅约40%，对某些有机物甚至在1%以下），吸附净化与脱附再生频繁交替，所以再生是净化系统的重要操作环节。脱附后的污染物质可回收利用或进行无害化处理。脱附方法有加热、减压、置换和化学或生化反应等多种。

a　加热脱附

恒压条件下，吸附剂的吸附容量随强度降低而增大，随温度升高而减小。所以，可在较低的温度下吸附，再用高温气体吹扫脱附。这种高低据交替进行的操作过程称为变温吸附。

吸附质和吸附剂不同，脱附温度也不同。摩尔体积在 80~190mol 的有机物，一般用水蒸气、惰性气体或烟道气吹脱，脱附强度在 373~423K；摩尔体积大于 190mL/mol 的吸附质，需要在 973~173K 温度下脱附，称高温焙烧，脱附介质用水蒸气或二氧化碳。用热气体吹脱时，一般采用逆流操作。

加热脱附给热量大，脱附较完全；但一般吸附剂导热性较差，冷却缓慢，因而再生时间较长。

b　减压脱附

恒温条件下，吸附剂的吸附容量随系统压强降低而减小，所以可在高压下吸附，低压下脱附。这种操作过程称为变压吸附。变压吸附循环包括吸附、均压、降压、冲洗、冲压、再吸附等阶段。

减压脱附不必加热，再生时间短，但由于设备存在死空间，因而使脱附回收率降低。

c　置换脱附

用于吸附剂亲和能力比与原吸附质（污染物）亲和能力更强的物质（脱附剂），将已被吸附的物质置换出来的方法。

d　吹扫脱附

吹扫脱附的原理与降压脱附相类似，也是降低吸附质在气相中的分压，使吸附质脱附。采用的吹扫气体必须是不被该吸附剂吸附的气体，比如用惰性气体吹扫吸附床层中的水蒸气等。

e　化学转化脱附

向吸附床层中加入可与吸附质进行化学反应的物质，使生成的产物不易被吸附，从而使吸附质脱附，这种方法多用于吸附量不太大的有机物，可以使之转化成 CO_2 而脱附下来。

实际应用中，往往是几种脱附方法的综合，例如用水蒸气脱附，就同时具有加热、置换和吹扫作用。

脱附不可能完全，脱附结束后吸附剂内总会有一定量的吸附质。脱附后吸附剂内残留的吸附质量称为脱附残留量，一般约为吸附剂质量的2%~5%。脱附残留量与吸附剂和脱附剂性质、脱附操作条件（温度、压降、时间）有关。

11.3.4.2　吸附设备

吸附装置的种类很多，常见的吸附装置有固定吸附器、移动床吸附器、流化床吸附器等。

A　固定床吸附器

处理通风排气用的吸附装置大多采用固定的吸附层（固定床）。固定床吸附器是将吸附剂固定在某一部位上，在吸附剂静止不动的情况下，进行吸附操作。吸附层穿透后要更换吸附剂。如果有害气体浓度较低，而且挥发性不大，可不考虑吸附剂再生。在保证安全的情况下把吸附剂和吸附质一起丢弃。

对工艺要求连续工作的，应设两台吸附器，一台工作，一台再生备用。

B　移动床吸附器

移动床吸附器中固体吸附剂与含污染物的气体以恒定的速度连续逆流运动，完成吸附过程，两相接触良好，不致发生沟流和局部不均匀现象，同时克服了固定床吸附器局部过热的缺点。一般是吸附剂自上而下运动。移动床的优点是处理气量大，吸附剂可循环使用。适用于稳定、连续、量大的气体净化，吸附和脱附连续完成；缺点是动力和热量消耗大，吸附剂磨损大。

工业上应用的典型移动床吸附器是超吸附塔，如图 11-7 所示，由塔体和流态化粒子提升装置两部分组成。吸附剂采用硬质活性炭。活性炭经脱附、再生及冷却后继续下降用于吸附。在吸附塔内，吸附与脱附是顺序进行的。

C　流化床吸附器

流化床是由气体和固体吸附剂组成的两相流装置。流化床吸附器基本流程如图 11-8 所示。吸附剂在多层流化床吸附器中，借助于被净化气体的较大的气流速度，使其悬浮呈流态化状态。流化床吸附器的优点是吸附剂与气体接触好，适合于治理连续排放且气量较大的污染源。但由于流速高，会使吸附剂和容器磨损严重，并且排出的气体中常含有吸附剂粉末，须在其后加除尘设备将其分离。

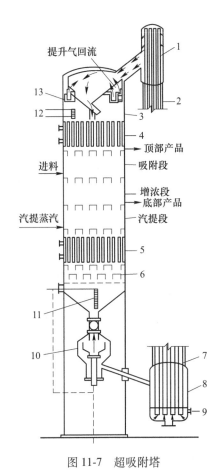

图 11-7　超吸附塔

1—提升器顶部；2—提升管；3—料料；4—冷却器；
5—提取器；6—吸附剂流控制器；7—提升管；
8—提升管底部；9—提升气；10—固体颗粒流控制阀；
11—固体颗粒层高控制器；12—固体颗粒层高控制器；
13—旋风分离器

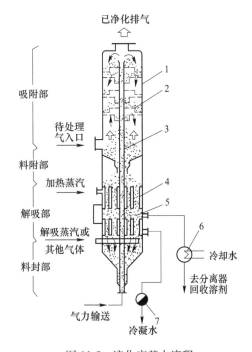

图 11-8　液化床基本流程

1—壳体；2—网板；3—气力输送管；4—预热器；
5—解析器；6—冷凝器；7—疏水器

11.4　催化净化技术

催化转化法是利用催化剂在化学反应中的催化作用，将废气中的有害物质转化为各种无害化合物，或者转化为比原来的状态更易被处理和回收利用的化合物而加以净化的方法。该方法将污染物转化成非污染物质直接完成对污染的净化，与吸收、吸附等净化方法相比区别在于，化学反应发生在气流与催化剂接触的过程中，反应物和产物无需与主气流分离，既避免其他方法可能产生的二次污染，又简化了操作过程。

催化转化法的另一个特点是对不同浓度的污染物都具有较高的去除率。因此，它成功用于脱硫、脱硝、汽车尾气净化和有机废气净化。目前采用催化转化法净化气态污染物已成控制气态污染物的一种重要方法。

11.4.1　催化原理

在化学反应中加入某种物质，使反应速率发生明显变化，而该物质的数量和性质在反应终了时不变，这种物质称为催化剂（固体催化剂又称触媒），这种作用称为催化作用。就整个反应过程而言，催化剂没有发生质量和性质的变化。

催化作用有两个显著特征：

（1）催化剂只能改变化学反应速率。对于可逆反应而言，其对正逆反应速度的影响是相同的，因而只能缩短达到平衡的时间，而不能使平衡移动，也不能使热力学上不可能发生的反应发生。

（2）催化作用具有特殊的选择性。特定的催化剂只能催化特定的反应。

催化过程通常按照催化剂与反应物、反应产物所处的状态分为非均相催化和均相催化，均相催化是指催化剂和反应物质处于同一种物相中的催化过程，最常见的是液相催化反应体系；而非均相催化最多见的体系是气-固相催化体系。在气体催化净化过程中，大多数情况下是应用正催化剂，而催化剂通常是固体物质，因而属于气-固相催化。

催化净化法选用催化剂的原则是：应根据污染气体的成分和确定的化学反应来选择恰当的催化剂。催化剂要求有很好的活性和选择性、足够的机械强度、良好的热稳定性和化学稳定性。另外，选择催化剂还要考虑经济性。

11.4.2　气-固相催化反应过程

气-固相反应总是在催化剂表面进行，催化剂通常是多孔、大比表面积。如图11-9所示，气-固相催化反应过程分为以下七个阶段：

（1）反应物从气流主体向催化剂外表面扩散（外扩散过程）；

（2）反应物由催化剂外表面沿微孔方向向催化剂内部扩散（内扩散过程）；

（3）反应物在催化剂的表面上被吸附（吸附过程）；

（4）吸附的反应物发生化学反应，转化成反应生成物（表面反应过程）；

（5）反应物生成物从催化剂表面上脱附（脱附过程）；

（6）脱附的生成物从微孔向外扩散到催化剂的外表面处（内扩散过程）；

（7）生成物从催化剂表面扩散到主气流中被带走（外扩散过程）。

在上述过程中，通常把反应物的吸附（3）及其在表面上的反应（4）和产物的吸附（5）称为表面催化过程，而将反应物和生成物在气体主体及孔内的扩散统称为扩散过程。（1）和（7）为外扩散过程，主要受气流状况的影响；（2）和（6）为内扩散过程，主要受微孔结构的影响。表面催化过程仅与反应物和生成物浓度、催化剂的浓度及反应温度有关，又称为化学动力过程。

在上述步骤中，速度最慢的一步决定着整个催化反应过程的总反应速度，这一步称为速度控制步骤。控制步骤是有条件的，改变反应条件，可改变控制步骤。通常在低温下催化反应常受化学反应速度控制，而高温下则受扩散过程控制。因此，按照控制步骤的不同，可将催化反应过程分为：

（1）化学动力学控制。在此情况下，内、外扩散进行得很快，化学反应速度最慢，总反应速度主要取决于化学反应速度。

（2）内扩散控制。由于受催化剂颗粒中微孔大小和形状的影响，内扩散速度最慢，因而总反应速度主要取决于内扩散速度。

（3）外扩散控制。吸附和表面化学反应很快，反应物一到催化剂表面就被反应掉了，这时总反应速度取决于反应物扩散到催化剂外表面的速度。

基于以上分析，对于外扩散和内扩散控制过程，只能从传质的角度考虑改善过程的速度，如改变多孔催化剂的内部结构或改变主气流的速度和床层高度等。对于化学动力学控制过程，则只能用改变温度等方法来提高反应速度。

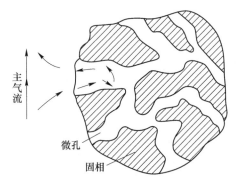

图 11-9　气-固相催化反应过程

11.4.3　催化剂和反应器

11.4.3.1　催化剂

A　催化剂的构成与成分

凡能加速化学反应速率，而本身的化学性质和数量在反应前后没有改变的物质称为催化剂。催化剂是催化转化反应的关键。

实际应用的催化剂是将具有催化活性的物质附载于适当的结构材料（载体）上。催化剂通常由主活性物质、助催化剂和载体组成。有的还加入成型剂和造孔物质等，以制成所需要的形状和孔结构。

（1）主活性物质。能单独对化学反应起催化作用，因而可作为催化剂单独使用。用于气体净化的主要是金属和金属盐。

（2）助催化剂。本身没有什么催化作用，但它的少量加入能明显提高主活性物质的催化性能。除此之外，助催化剂的加入，也可以提高主活性物质对反应的催化选择和提高主活性物质的稳定性。

（3）载体。用以承载主活性物质和助催化剂，它的基本作用在于：1）可以提供大的比表面积，提高活性物质和助催化剂的分散度，以节约活性物质；2）可以改善催化剂的传热，抗热冲击和机械冲击等性能。因此要求选用有一定机械强度，磨损强度及热稳定性与导热性好的多孔惰性材料作载体。

常用的载体材料有氧化铝、铁矾土、石棉、陶土、活性炭、金属等。载体的形状可以是网状、球状、柱状、蜂窝状（阻力小，比表面积大，填放方便）等。催化剂和助催化剂可采用喷涂和浸渍等方法附于载体表面。

B 催化剂的性能

催化剂的性能主要有三项：活性、选择性和稳定性。

活性和选择性是催化剂在动力学范围内变化最灵敏的指标，是选择和控制反应参数的基本依据。

（1）活性。催化剂的活性是衡量催化剂催化效能大小的标准。它取决于比表面积和活性中心密度，与化学成分、制造有关。活性是衡量催化剂加速化学反应速率之效能大小的尺度。

催化剂的活性通常用特定反应条件下，单位质量（或体积）的催化剂在单位时间内产生的反应产物量表示。

在催化反应器设计中经常使用空间反应速度（空速）衡量活性。催化剂只有在一定的强度（活性温度）范围内才具有活性：温度太低，活性不明显；强度太高，催化剂会受到损坏。

（2）选择性。催化剂的选择性是指只对特定的反应起催化作用的特性。从热力学角度看，如果反应可能同时向几个平行方向发生时，通常在一定条件下催化剂只对一个反应方向起加速作用。选择性强，副反应少，可减少无谓的原料消耗。催化剂选择性的大小常用反应所得的目的产物的物质的量数与某反应物消耗的物质的量数之比来表示。

（3）稳定性。催化剂的稳定性是指操作过程中催化剂保持活力的能力。它包括热稳定性、机械稳定性、抗毒性。催化剂的寿命是反映稳定性的重要指标。正常情况下，催化剂的寿命在 20000~30000h。

从理论上说，催化剂性质不因反应而变，但实际上催化剂会逐渐失活。造成其失活的原因有机械原因、物理原因和化学原因三类。机械原因主要是含尘气体冲刷，引起催化剂磨损，和不能参加反应的颗粒物在催化剂表面的沉积，将其覆盖。物理原因主要是温度过高使催化剂熔化，破坏了多孔物质（即烧结），甚至引起烧蚀。化学原因主要是某些物质（如硫、砷、重金属）与活性中心牢固结合，或者某些重化合物（气体中含有或副反应产生）在催化剂表面积累，而使其活性下降直至失活。前两种原因引起的失活过程称为催化剂衰老，后一种称为催化剂中毒。

由可逆过程引起的失活的催化剂，可经过再生恢复部分或大部分活性。

11.4.3.2 反应器类型

在气态污染物治理工程中应用的催化反应器主要分固定床和流化床两类。流化床反应器是近年来发展起来的一项新技术，它具有传热效率高、温度分布均匀、气固接触面积大和传质速率高等优点，但它的动力消耗也大，催化剂容易磨损流失，因此在污染治理中的实际应用并不多，目前应用最广的仍是固定床反应器。

固定床反应器的优点是轴向返混少，反应速率较快，因而反应器体积小，催化剂用量少；气体在反应器内停留时间可严格控制，温度分布可适当调节，因而有利于提高转化率和选择性；催化剂磨损小；可在高温高压下操作。固定床反应器的主要缺点是传热条件差，不能用细粒催化剂，催化剂更换、再生不方便，床层温度分布不均。

在固定床反应器中，根据换热和要求方式又可分为绝热式和换热式两大类。其中，绝热式反应器分为单段式和多段式；换热式反应器主要是管式反应器，管式反应器又以催化剂的装填部位不同分为多管式和列管式两种。

单段绝热反应器结构简单，造价低，气流阻力小，反应器体积小，利用率高，因此适用于反应热效应较小，反应强度允许波动范围较宽的反应过程。为了保持绝热反应器结构简单的特点，又能在一定程度上调节反应温度，人们发展了多段绝热、在段内绝热和在段间加换热器等方法。

管式反应器属换热式反应器，与外界有热量交换。管式反应器传热效果好，适用于床温分布严格，反应热特别大的情况，但管式反应器的缺点是催化剂的装填困难。在管内装填催化剂，管间通入热载体或冷却剂的为多管式；管内通入热载体或冷却剂，而管间装填催化剂的称为列管式。管式反应器的轴向湿度可以通过调节热载体的流量控制，径向温度差通过选择管径控制，管径越小，径向温度分布越均匀，但设备费用和阻力也越大。

新发展的径向反应器（薄层反应器）可采用细粒催化剂提高催化剂的有效系数，并具有废气通气面积大，压降小的特点，适用于处理大流量废气，是单层绝热反应器的一种特殊形式。

根据物料进入后的混合情况，反应器分为理想置换型、理想混合型和中间型三类。

（1）理想置换型反应器，物料在其中完全无返混，即任意位置的质点均依次流动，所有质点在反应器中停留时间相等。

（2）理想混合型反应器，新物料进入后立即发生瞬时完全混合，物料在反应器内均匀分布，任意位置各种参数（强度、浓度等）均相同。

（3）中间型反应器，介于上述两种理想反应器之间，反应器内有部分物料返混。

严格说，工业上应用的反应器均属于中间型反应器，但固定床反应器接近于理想、置换反应器，流化床反应器接近于理想混合型反应器。

通常污染物净化需要有一定的催化反应强度，所以在系统起动催化反应器时首先需要用预热器加热废气和（或）催化剂，以保证催化反应能顺利进行下去。催化预热方式有电加热，气体、液体燃料燃烧加热等方式。待反应器正常运转，反应热能维护反应进行时，可停止加热，完全依靠反应热来维持反应温度，这种催化反应器称为自热式反应器。

由于预热能耗高，近年来人们不断研究节能的预热方式，其中已经应用的有：远红外辐射加热（外热）和利用金属载体的导电性通电加热（内热）等节能的预热方式。

11.5　其他净化技术

11.5.1　燃烧净化

用燃烧方法来销毁有害气体、蒸气或烟尘，使之变成无害物质叫作燃烧净化。燃烧净化的特点是：仅适用于可燃物质或在高温下分解的有害气体和烟尘；分解的最终产物必须是无毒无害的物质；燃烧净化法不能获得原物质的回收，其产物多为 CO_2、H_2O（气态）和其他简单无毒物质，在燃烧净化中可以回收燃烧氧化过程中的能量。

燃烧净化可以用于各种有机溶剂蒸气及碳氢化合物的净化处理，也经常用于消烟、除臭方面，但燃烧净化不适用于卤化物及可能产生二氧化硫及多氮化合物的场所。

根据有害气体可燃组分的浓度、废气量、化学组分等方面的条件，确定燃烧净化的方法。目前广泛应用的方法主要有直接燃烧、热力燃烧、催化燃烧三种方法。各类燃烧的特点列于表 11-5 中。

表 11-5 各类燃烧的特点

类型	直接燃烧	热力燃烧	催化燃烧
原理	自热至 1100℃ 进行氧化反应	预热至 600~800℃ 进行氧化反应	预热至 200~400℃ 进行催化氧化反应
状态	高温下滞留短时间形成明亮火焰	高温下停留一定时间，不形成火焰	与催化剂接触，不生成火焰
装置	火炬、工业炉与民用窑	工业炉、热力燃烧炉	催化燃烧炉（器）
特点	不需要预热 不能回收废气中热能 只用于高于爆炸极限的气体	预热耗能较多 燃烧不完全时产生恶臭 可用于净化各种可燃气体	预热耗能较少 催化剂较贵 不适用于能使催化剂中毒的气体

A 直接燃烧

直接燃烧，也称为火焰燃烧，就是用可燃有机废气当作燃料来燃烧的办法，适用于有害废气中可燃组分含量高，与空气混合后的浓度接近于燃烧下限，燃烧后放出热量（称为热值）高的气体，其燃烧热能维持燃烧区域最低温度要求，才能继续维持燃烧。多种可燃气体或多种溶剂蒸气混合存在于废气中，只要浓度适宜，也可以直接燃烧。如果可燃组分的浓度高于燃烧上限，可以混入空气后燃烧；如果可燃组分的浓度低于燃烧上限，则可以加入一定数量的辅助燃料维持燃烧。否则，应另选热力燃烧或催化燃烧。

直接火焰燃烧温度通常在 1100℃ 以上进行，燃烧完全的产物为 CO_2、H_2O 和空气组分。直接燃烧系统中，废气中的有机物或溶剂蒸气只作为燃料，并在燃烧中提供主要热量。

直接燃烧一般使用的设备有炉、窑，或用燃烧效率高、能耗低的火炬。火炬用于碳氢化合物的燃烧。在石油工业和石油化学工业中，主要是火炬燃烧，它是将废气连续通入烟囱，在烟囱末端进行燃烧。需要指出，火炬燃烧只是生产工艺过程中的一种安全措施。火炬是敞开式的燃烧器，燃烧是不完全的，它不仅会造成燃料能量的损失，而且还会产生大量有害气体和烟尘以及热辐射。

B 热力燃烧

热力燃烧，是把可燃的有害气体的温度提高到反应温度，使其进行氧化分解的方法。这种方法可用于可燃有机质含量较低的废气净化处理，热值在 37.656~753.12kJ/m³ 的废气都可应用此法。热力燃烧因为有机废气中所含可燃物的浓度极低，燃烧时所产生的热量不足以维持燃烧的进行，所以必须借辅助燃料燃烧产生的热量来提高废气温度。此过程一般在 600~800℃ 进行。由于需要辅助燃料，所以成本较高。

热力燃烧过程分为 3 个步骤：1）辅助燃料燃烧，提供预热能量；2）高温燃气与废气混合达到反应温度；3）废气中可燃有害组成的氧化分解，保持废气于反应温度所需的驻留时间。

热力燃烧设备称为热力燃烧炉，分为配焰燃烧器和离焰燃烧器两类。设备的主体结构有两部分:一是燃烧器,辅助燃料燃烧以产生高温燃气;二是燃烧室,高温燃气与冷废气(旁通废气)在燃烧室中湍流混合,达到反应温度保持所需的驻留时间。被净化的废气中含有大量热量,通过热回收设施(如热交换器)后,经烟囱排空。在我国,还常用锅炉燃烧室或加热炉进行热力燃烧。

热力燃烧炉的优点是结构简单、占用空间小、投资费用少、维修费用低、操作方便,可除去有机气体和超微细粒物质。缺点是操作费用高、有火灾危险、有回火的可能性。

C　催化燃烧

催化燃烧是借助催化剂使废气中可燃物质在较低起燃温度下无焰燃烧,氧化分解成CO_2,和H_2O,同时放出大量热能。

11.5.2　冷凝净化

当气体中含有较多的有回收价值的有机气态污染物时,通过冷凝回收这污染物是最好的方法。该方法是通过将废气冷却,使其温度降低到污染物的露点以下,气相污染物就会凝结析出,这就是废气净化中的冷凝分离方法。在冷凝过程中,被冷凝物质仅发生物理变化而化学性质不变,故可直接回收利用。

11.5.2.1　冷凝原理

冷凝净化法是利用气态污染物在不同温度及压力下具有不同饱和蒸气压这一性质,通过降低系统温度或提高系统压力,使某些污染物凝结出来,以达到净化或回收目的,甚至借助于控制不同的冷凝温度,对污染物进行分离。在空气净化方面,压缩方法未见实用,通常只采用冷却的方法。

采用冷却方法使空气中的蒸气凝结成液体,其极限是冷却温度下的饱和蒸气压。当污染物的蒸气压等于它在该温度下的饱和蒸气压时,废气中的污染物就开始凝结出来。这时该污染物在气相达到饱和,该温度下的饱和蒸气压体现了气相中未冷凝下来、仍残留在气相中的污染物水平。

11.5.2.2　冷凝回收的适用范围和特点

冷凝只适用于蒸气状态的有害物,多用于回收空气中的有机溶剂蒸气,特别适用于高浓度的有机蒸气废气,如焦化厂回收沥青蒸气、氯碱生产中回收汞蒸气均采用冷凝法。冷凝法本身可以达到很高的净化程度,但净化要求越高则所需冷却温度越低,冷凝操作的费用越大。因此,只有空气中所含蒸气浓度比较高时,冷凝回收才能比较有效。

冷凝回收的优点是所需设备和操作条件比较简单,回收得到的物质比较纯净,其缺点是净化程度受温度影响很大。常温常压下,净化程度受很大限制。因而冷凝回收往往用作吸附、燃烧等净化技术的前处理措施,以减轻这些设施的负荷。冷凝操作还可以预先除去影响操作、腐蚀设备的有害组分,或预先回收可以利用的纯物质。

冷凝回收还适用于处理含有大量水蒸气的高温废气。由于大量水蒸气的凝结,废气中有害组分部分溶解在冷凝液中,这样不但减少气体流量,对下一步的燃烧、吸附、袋滤或烟囱排放等净化措施也是有利的。

11.5.2.3　冷凝方式和设备

冷凝法去从废气中分离有害物质有两种基本方法：接触冷凝（直接冷却）和表面冷凝（间接冷却）。故冷凝净化法净化设备可分为接触冷凝器和表面冷凝器。

A　接触冷凝

接触冷凝是被冷凝的气体与冷却剂（通常为冷水）直接接触进行热交换，从而使气体中的有害成分得以冷凝。接触冷凝的优点是有利于强化传热，冷却效果好，设备简单，常用于气体的冷却或含有大量水蒸气的高湿度废气，但要求废气中组分不会与冷却介质发生化学反应，也不能相溶，否则难以分离回收。为防止二次污染，冷凝液要进一步处理。

接触冷凝器是冷却介质与废气直接接触进行换热的设备。气体吸收操作本身伴有冷凝过程，所以几乎所有的吸收设备都可以作为接触冷凝器。常见的接触冷凝设备主要有喷淋塔、填料塔、文氏洗涤器、板式塔、喷射塔等。使用这类设备冷却效果好，但冷凝物质不易回收，且对排水要进行适当处理，否则易造成二次污染。常见的冷凝器有喷射式、喷淋式和塔版式。直接冷凝操作用水量大，一般用于有害物质不必回收，或冷却水中有害物质不需专门处理即可排放的场合。

B　表面冷凝

表面冷凝是使用冷却壁把废气与冷却介质分开，使其不相互接触，通过冷却壁将废气中的热量移除，使其冷却。因而冷凝下来的液体组分较为单一，可直接回收利用。但热交换设备稍复杂，冷却介质用量大。为了避免由于固态物质在热交换表面沉积而妨碍热交换，要求废气不含颗粒物或胶黏物。

表面冷凝常用的冷却介质有空气、水、氟利昂等。表面冷凝采用各种表面冷却器作为冷凝器。常见冷凝装置有列管冷凝器、翅管空冷冷凝器、喷洒式蛇管冷凝器及螺旋板冷凝器。列管冷凝器的应用最普遍，其最突出的特点是单位体积设备所提供的传热面积大、传热效果好、结构坚固、适应性强、操作弹性大。

11.5.3　非平衡等离子体技术

非平衡等离子体技术是利用气体放电产生的具有高度反应活性的电子、原子、自由基与各种有机、无机污染物分子反应，从而使污染物分子分解成为小分子化合物。这一技术的最大特点是可以高效、便捷地对各种污染物进行破坏分解，使用的设备简单，便于移动，适合于多种工作环境。它不仅可以对气相中的化学、生物制剂进行破坏，还可以对液相、固相的化学、放射性废料进行破坏分解；不仅可以对低浓度的有机污染物进行分解，而且对高浓度的有机污染物也有较好的分解效果。当非平衡态等离子体技术与催化技术结合后，可以更加有效地控制反应副产物的生成与分布，免除或减少吸附法的后处理过程。近年来，这一技术在气体环境治理领域受到世界各国的普遍关注。

11.5.3.1　非平衡等离子体空气净化原理

（1）在产生等离子体的过程中，高频放电产生瞬间高能量，打开某些有害气体分子的化学键，使其分解成单质原子或无害分子。

（2）等离子体中包含大量的高能电子、离子、激发态粒子和具有强氧化性的自由基，这些活性粒子的平均能量高于气体分子的键能，它们和有害气体分子发生频繁的碰撞，打开分子的化学键的同时会产生大量的 OH、HO_2、O 等自由基和氧化性极强的 O_3，它们与有害气体分子发生化学反应生成无害产物。

（3）在产生等离子体的同时，也产生大量负离子，若将这些负离子释放到室内，则一方面能调节空气离子平衡；另一方面，还能有效地清除空气中的污染物。高浓度的负离子同空气中的有毒化学物质和病菌悬浮颗粒物相碰撞使其带负电。这些带负电的颗粒物会吸引其周围带正电的颗粒物（包括空气中的细菌、病毒、孢子等），从而积聚增大。这种积聚过程一直持续到颗粒物降落到地面为止。

非平衡等离子体降解污染物是一个十分复杂的过程，而且影响这一过程的因素很多。虽然目前已有大量非平衡等离子体降解污染物机理的研究，但还未形成能指导实践的理论体系，因而深入研究非平衡等离子体降解污染物的机理是其应用研究方向之一。

11.5.3.2　非平衡等离子体的产生

非平衡等离子体的产生方法有很多种，常见的有电子束照射法和气体放电法。电子束照射法是利用电子加速器产生的高能电子束，直接照射待处理气体，通过高能电子与气体中的氧分子及水分子碰撞，使后者离解、电离，形成非平衡等离子体，其中所产生的大量活性粒子（如 OH、HO_2、O 等）可与污染物进行反应，使之氧化去除。利用电子束照射法使气体电离产生等离子体的方法具体有以下几种：（1）利用放射性同位素发出的 α 射线、β 射线、γ 射线；（2）利用 X 射线；（3）利用带电粒子。

11.5.4　负离子净化

11.5.4.1　空气离子的来源和类型

A　空气离子的来源

空气离子是指浮游在空气中的带电荷的微粒。空气是由无数分子、原子组成的。在正常情况下，空气分子或原子显中性。受宇宙射线、紫外线、微量辐射、雷击等自然界电离源作用，会使空气分子失去一部分围绕原子核旋转的电子，这些逸出的自由电子带负电荷，又会与其他中性气体分子结合，使它也带负电荷，这就是空气负离子，而失去电子的空气分子则成为了正离子。自然界中空气离子的主要来源如下：

（1）放射性物质的作用。土壤中存在放射性物质，几乎在地球的全部土壤中都存在微量的铀及其裂解产物。这些放射性物质在衰减过程中，会放出α射线和γ射线。能量大的α射线能使空气离子化，一个 α 质点能在 1cm 的路程中产生 50000 个离子。另外，土壤中的放射性物质也可通过穿透力强的 γ 射线使空气离子化。

（2）宇宙线的照射作用。宇宙线的照射也能使空气离子化，但它的作用只有在离地面几千米以上才较显著。

（3）紫外线辐射及光电效应。短波紫外线能直接使空气离子化，臭氧就是在小于 2×10nm（2000A）的紫外线辐射下氧分离形成的。但如遇到光电敏感物质（包括金属、水、冰和植物等），即使不是短波，紫外线也通过光电效应使这些物质放出电子，与空气中的气体分子结合形成负离子。

（4）电荷分离结果。在水滴的剪切等作用下，空气也能离子化。通常在瀑布、喷泉附近、海边，或者风沙天气，发现空气中的负离子或正离子大量增加，这就是电荷的分离结果。

自然界中从各种来源不断地产生离子，但空气中离子不会无限制地增多。这是因为离子在产生的同时伴随着自行消失的过程。其主要表现为：（1）离子互相结合，呈现不同电性的正、负离子相互吸引，结合成中性分子；（2）离子被吸附，离子与固体或液体活性体表面接触时被吸附而变成中性分子。

总之，自然界中空气离子的产生与消失是一个动态平衡过程，空气离子的浓度及其分布取决于环境条件。

B 空气离子的类型

空气离子按体积大小可分为轻、中、重离子三种。一部分正、负离子将周围 10~15 个中性气体分子吸附在一起形成轻空气离子。轻离子的直径为 10^{-7} m，在电场中运动较快，其运动速度为 $1~2(cm/s)/(V/cm)$。中、重离子多为灰尘、烟雾和小水滴等粒子失去或获得电子所产生，或是一部分轻空气离子与空气中的灰尘、烟雾等结合而形成的。离子的直径约为 10^{-5} cm，在电场中运动较慢，速度仅为 $0.0005(cm/s)/(V/cm)$。中离子大小及活动性介于轻、重离子之间。通常用 N^+ 和 N^- 分别表示正、负重离子，用 n^+ 和 n^- 分别表示正、负轻离子。空气离子的带电量为 $4.8×10^{-10}$ 静电单位。

空气离子的含量通常以 1mL 空气中离子的个数来标定。由于空气离子荷电的极性不同，对人体的生理效应也不同，所以在实际应用中还需分别测定正、负离子的浓度。以 $C_N^+/C_N^-=q$（q 为单极系数）表示正、负离子之比。

通常在大气低层（接近地面）中，每毫升空气含离子 500~3000 个对大气电离层形成的静电场而言，地面是负极，大气是正极。由于空气负离子受地面排斥，而正离子受地面吸引，所以在近地面层大气中，正离子多于负离子，轻离子单极系数（或 C_N^+/C_N^-）平均为 1.2，重离子单极系数（C_N^+/C_N^-）平均为 1.1。空气中离子的数量和单极系数可因环境条件的不同而发生变化如在瀑布、喷泉、激流和海滨等地区，空气离子浓度高，单极系数小；而在影剧院等人多且通风不良的公共场所，空气离子浓度显著降低，单极系数升高。

11.5.4.2 空气负离子与人体健康

空气的清洁度与空气中的负离子的浓度密切相关。在海滨、瀑布和喷泉的附近等负离子浓度高的环境中，人会觉得神清气爽，心情舒畅；相反，空气中过多的正离子则会引起失眠、头疼、心烦、血压升高等反应。如狂风飞沙之日及人群密集、空气污浊的场所，空气正离子骤增，给人以心烦意乱、头疼疲乏之感。

空气负离子无色、无味，不仅能使空气格外清新，还对人体有良好的生理作降低血压、抑制哮喘、对神经系统有镇静作用，并且有利于消除疲劳等。另外，空气负离子在帮助人体恢复正常的平衡、促进人体的生长发育和防治疾病方面还有许多积极的作用。

（1）能改善大脑皮质的功能。

（2）可使凝血时间缩短，血液黏稠度增大，同时可刺激造血功能。

（3）能改善肺的通气功能和换气功能，改善呼吸系统绒毛的清洁工作效率。

（4）吸入负离子，可加速基础代谢，对机体的成长发育起促进作用。

（5）负离子还对支气管疾病、溃疡性口腔炎、慢性鼻炎、高血压、偏头痛、更年期综合征、慢性皮肤病等具有显著的辅助治疗作用，使身体各器官的功能更为有效。

此外，一方面，由于负离子带负电荷，有强烈的吸附特性，能对空气中的微粒物质就近吸附，起到除尘的作用；另一方面使细菌蛋白质表层电性两极发生颠倒，促使细菌死亡，对人体的健康十分有益。正因为负离子对人体具有如此显著的作用，所以空气中的负离子像食物中的维生素一样重要，有"空气维生素""长寿素"和"空气清道夫"等多种美称。

11.5.4.3　空气负离子产生技术

空气负离子对于改善人体健康和室内空气环境均会带来积极的作用，所以人们一直都在空气负离子产生方面做着不懈努力。到目前为止，空气负离子的发生技术主要有三种：电晕放电、水发生和放射发生。

（1）电晕放电虽然能够产生大量的负离子，但同时也产生较多的臭氧和一氧化氮。臭氧和一氧化氮属于氧化剂，浓度高时会重新污染空气而达不到改善空气质量的目的。因此，基于电晕放电的空气负离子发生器的功能与有效改善空气质量的要求还有一定距离。近年来，随着科学技术的不断进步，出现了以导电纤维和加热式电晕极作为电极的负离子发生技术。导电纤维发生技术使用导电纤维代替针状电极，可使起晕电压降低，从而提高负离子的发生浓度；同时由于使用电压较低，减少了臭氧的产生，避免了高电压电场对人体的干扰加热式电晕极的使用。一方面导电纤维发生技术因加热而大幅度地提高了负离子的发生浓度，并分解部分放电产生的臭氧；另一方面也降低了起晕电压。

（2）水动力型负离子发生技术是利用动力设备和高压喷头将水从容器中雾化喷出，雾化后的水滴以气溶胶形式带负电而成为负离子，其发生负离子的浓度取决于水的雾化状况，一般可达 $10^4 \sim 10^5$ 个$/cm^3$。水滴带电则是通过外加力剥离水滴形成水雾（细小水雾），水雾从水滴表面脱离时带上负电荷，与此同时剩余水滴则带上等量的正电荷。水动力型负离子发生器不会产生有害气体，但设备结构较为复杂，成本高，使用环境的湿度大，因此，具有一定的局限性。

（3）放射型负离子发生技术是利用放射性物质或紫外线电离空气产生负离子，其特点是设备简单，产生负离子浓度高，但需要有特殊的防辐射措施，使用不当会对人体产生极大的危害。因此，在一般情况下不宜使用。

11.5.4.4　空气负离子的净化作用

空气负离子借助凝结和吸附作用，附着在固相或液相污染物颗粒上，从而形成大离子并沉降下来，从而降低空气污染物浓度，起到净化空气的作用。与此同时，空气中负离子数目也大量损失。

在污染物浓度高的环境里，若清除污染物所损失的负离子得不到及时补偿，则会出现正负离子浓度不平衡状态，空气正离子浓度偏高，使人感觉不舒服。所以，在这样的环境下，需要人为产生负离子来补偿不断被污染物消耗掉的负离子，在维持正负离子平衡的同时可以不断清除污染物，从而达到改善空气质量的目的。这就是空气负离子净化空气的机理。

11.5.4.5 空气负离子净化空气的局限性

负离子发生器作为净化室内空气的家用产品对人体的生理功能具有某些促进作用,但是,单纯依靠发生器产生的负离子净化空气是片面的。因为空气中的负离子极易与空气中的尘埃结合,成为具有一定极性的污染粒子,即"重离子",而悬浮的重离子在降落过程中,依然被吸附在室内家具、电视机屏幕等物品上,人一旦走动便会使其再次飞扬到空气中,所以负离子发生器只是吸附灰尘,并不能清除空气污染物,或将其排至室外。当室内负离子浓度过高时,还会对人体产生不良影响,如引起头晕、心慌、恶心等。另外,长久使用高浓度负离子会导致墙壁、天花板等蒙上一层污垢。

11.5.5 臭氧净化方法

自从发现臭氧以来,科学家对其进行了大量研究。作为已知的最强氧化剂之一,臭氧具有奇特的强氧化、高效消毒和催化作用。不论在防病方面,还是在治病方面,臭氧都有着奇特的效果。早在 19 世纪,人们利用臭氧的特殊作用,广泛地将其应用于消毒、水处理、医药卫生、食品保鲜等。100 多年来臭氧已深入到人们日常生活的各个方面。

11.5.5.1 臭氧的性质

通过对臭氧的研究发现,臭氧的化学性质极为活泼,它在游离时的能量在瞬间产生强力的氧化作用,可进行杀菌、消毒、解毒工作。然而,臭氧又容易分解。臭氧(化学分子式 O_3)是由一个氧分子(O_2)携带一个氧原子(O)组成的,所以它是氧气的同素异形体,却与氧气的性质有着显著的差异,见表 11-6。臭氧的密度比氧气大,有味、有色,易溶于水,不稳定。由于臭氧多了一个氧原子,决定了它只是一种暂存形态,携带的氧原子除氧化用掉外,剩余的又组合为氧气进入稳定状态。

表 11-6 氧和臭氧的主要性质

项目	分子式	相对分子质量	气味	颜色	稳定性	溶解度
氧	O_2	32	无	无	稳定	49.1 体积/1000 体积水
臭氧	O_3	48	鱼腥味	淡蓝色	易分解	640 体积/1000 体积水

臭氧极易溶解于水,溶在水中具有更强的杀菌能力,是氯气的 600~3000 倍,能迅速将细菌和病毒杀灭。细菌、病毒与臭氧结合后会改变分子结构或能量转移,导致细菌、病毒死亡,大气中适量的臭氧对人体的健康是非常有益的。

臭氧也能分解抽烟产生的尼古丁,防止二手烟对他人的伤害,可以分解农药的毒性,也可以消除煤气和燃煤产生的二氧化硫的毒性,臭氧还能消除一些辐射对人体的伤害。

11.5.5.2 臭氧在空气净化中的作用

臭氧的应用基础是其极强的氧化能力与灭菌性能。臭氧在污染治理、消毒、灭菌过程中,还原成氧和水,故在环境中不存在残留物。臭氧对有害物质可进行分解,使其转化为无毒的副产物,有效地避免残留而造成的二次污染。臭氧产品已在众多领域中得到了广泛的应用,取得了很好的效益。

臭氧应用型产品品种繁多，按用途可分为水处理、化学氧化、仪器加工和医疗四个领域。按应用场合，大致可分为两大类，一类是在空气中应用，另一类是在水中的应用。这里主要讨论其在室内空气中的应用。

臭氧在室内空气净化中的应用是将臭氧直接与室内空气混合或将臭氧直接释放到室内空气中，利用臭氧极强的氧化作用，达到灭菌消毒的目的。臭氧直接释放到空气中，因而消毒灭菌范围广，其工作量也比消毒水喷洒和擦洗消毒小得多，应用方便。

臭氧除具有灭菌消毒作用外，其强氧化性可快速分解带有臭味及其他气味的有机或无机物质，可迅速消除室内各种有机挥发性化合物的毒害。另外，臭氧可以氧化分解果蔬生理代谢作用呼出的催熟剂——乙烯气体，所以还具有消除异味、防止老化和保鲜的作用。有研究表明，臭氧可使食品、饮料和果蔬的贮藏期延长 3~10 倍。

11.5.5.3　臭氧技术在空气应用中的注意事项

对于空气型臭氧发生器，在使用时一般要注意以下几点：

（1）放置高处。因为臭氧密度比空气大，将臭氧发生器放置高处有利于臭氧的下沉散播。

（2）湿度要适当。在相对湿度为 50%~80% 的条件下臭氧的灭菌效果最理想，因为病毒、细菌在高湿条件下细胞壁较疏松，易被臭氧穿透杀灭；在相对湿度低于 30% 时效果较差。

（3）控制臭氧浓度，浓度掌握是空气型臭氧发生器使用的关键，不同用途应有不同的浓度和时间来配合。例如，用于一般的除味、除臭、吸臭、氧化空气以及保健时，浓度一般不要超过 $0.098mg/m^3$；如果用于室内灭菌消毒，则一般控制浓度在 $0.196~1.96mg/m^3$；如果用于食品保鲜或物体表面的消毒，则需要浓度为 $1.96~9.8mg/m^3$。需要注意的是，臭氧发生器的工作时数与效果是成正比的，特别是臭氧在高温环境下短期内就进入衰减期，必须依靠边发生边应用的原则，保证持续的臭氧供应才能达到完美的效果。短期的臭氧供应即使浓度高，也会收效不佳。

（4）臭氧具有强氧化性，其浓度过高会危害人体健康，引起上呼吸道的炎症病变，削弱上呼吸道的抵抗力。因此长时间接触臭氧还易继发上呼吸道感染。当臭氧浓度为 $3.92mg/m^3$ 时，短时间接触即可出现呼吸道刺激症状、咳嗽、头疼，严重的会导致人体皮肤癌变和肺气肿。我国《室内空气质量标准》（GB/T 18883—2002）规定，室内臭氧浓度限值为 $0.16mg/m^3$（1h 平均最高容许浓度）。

11.5.6　生物法

生物法作为一种新型的气态污染物的净化工艺在国外已得到越来越广泛的研究与应用，废气的生物处理时利用微生物生命过程把废气中的气态污染物分解转化成少害甚至无害物质。自然界中存在各种各样的微生物，几乎所有无机的和有机的污染物都能被转化。生物处理不需要再生和其他高级处理过程，与传统的物理化学净化方法相比，具有设备简单、能耗低、安全可靠、无二次污染等优点，但不能回收利用污染物质。

11.5.6.1　基本原理

与废水生物处理工艺相似，气态污染物的生物净化过程的实质是利用微生物的生命活动将废气中的有害物质转化为简单的无机物如水、二氧化碳等以及细胞质。由于这一过程在气相中难以进行，所以废气生物净化过程与废水生物处理过程的最大区别在于：气态污染物首先要经历由气相转移到液相或固相的液膜中的传质过程，然后才在液相或固相表面被微生物吸附降解。图 11-10 为气体生物净化过程示意图。

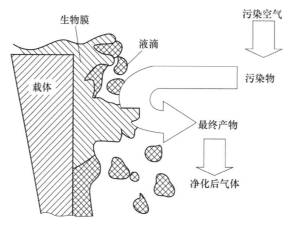

图 11-10　气体生物净化过程示意

生物法处理气态污染物基本原理是将过滤器中的多孔填料表面覆盖生物膜，废气流经填料床时，通过扩散过程，将污染成分传递到生物膜，并与膜内的微生物接触而发生生物化学反应，使废气中的污染物得到降解。

目前适合于生物处理的气态污染物主要有乙醇、硫醇、酚、甲酚、吲哚、脂肪酸，乙醛、酮、二硫化碳、氨和胺等，特定的待处理成分都有其特定的合适的微生物群落，在某些情况下起净化作用的多种微生物在相同条件下均可正常繁殖，因此在一个装置中可同时处理多种成分的气体。

与废水的生物处理一样，气态污染物的微生物降解过程是一个自然过程，人类所进行的技术开发是强化和优化该过程，主要从强化传质和控制有利转化反应过程的条件两方面着手。这一过程的速度取决于：（1）气相向液固相的传质速率（这与污染物的理化性质和反应器的结构等因素有关）；（2）能起降解作用的活性生物质量；（3）生物降解速率（与污染物的种类，生物生长的环境条件、抑制作用等有关）。

11.5.6.2　影响微生物降解的主要环境因素

微生物除了需要营养外，还需要合适的环境条件才能生存，这类环境因素主要是温度、pH 值、溶解氧、湿度等。

（1）温度。温度是微生物生存的重要环境因素。任何微生物只能在一定温度范围内生存，在此温度范围内，微生物能大量生长繁殖。在适宜的温度范围内随着温度的升高，微生物的代谢速率和生长速率均相应提高，到达最高值后温度再提高对微生物有致死作用。因此工程上通常根据微生物种类选择最适宜的温度。

（2）pH 值。微生物的生命活动、物质代谢都与 pH 值有密切联系，每种微生物都有不同的 pH 值要求大多数细菌、藻类和原生物对 pH 值的适应范围在 4～10 之间，最佳 pH

值为 6.5~7.5。

pH 值过高或过低对微生物生长都不利：1）pH 值的变化引起微生物体表面的电荷改变，进而影响微生物对营养元素的吸收；2）影响培养基中有机化合物的离子化作用，从而影响这些物质进入细胞；3）酶的活性降低，影响微生物细胞内的生物化学过程；4）降低微生物对高温的抵抗能力。

（3）溶解氧。根据微生物的呼吸与氧的关系，微生物可分为好氧微生物、兼性厌氧（或兼性好氧）微生物和厌氧微生物。好氧微生物需要供给充足的氧；兼性微生物具有脱氢酶和氧化酶，既可在无氧条件下，也可在有氧条件下生存；厌氧微生物只有在无氧条件下才能生存，它们进行发酵或无氧呼吸。

（4）湿度。在生物过滤废气中，湿度是一个重要的环境因素。首先它控制氧的水平，决定是好氧还是厌氧条件。如果滤料的微孔中 80%~90% 充满水，则可能是厌氧条件。其次，大多数微生物的生命活动都需要水，而且只有溶解于水相中的污染物才能被微生物所降解。

如果填料的湿度太低，将使微生物失活，填料也会收缩破裂产生气流短流；如填料湿度太高，不仅会使气体通过滤床的压降增高、停留时间降低，而且由于空气/水界面的减少引起氧供应不足，形成厌氧区域，从而产生臭味并使降解速率降低。

11.5.6.3　生物法治理气态污染物的应用及发展趋势

生物法治理过程中，微生物存在的形式主要有两种：悬浮生长系统和附着生长系统。悬浮生长系统即微生物和营养物配料存在于液体中，气体污染物通过与悬浮液接触后转移到液体中被微生物所降解，典型的形式有喷淋塔、鼓泡塔及穿孔板塔等生物洗涤器；附着生长系统中的微生物附着生长在固体介质上，废气通过由介质构成的固定床层被吸附、吸收，最终被微生物所降解，典型的形式有土壤、堆肥等材料构成的生物过滤器；生物滴滤器则同时具有悬浮生长系统和附着生长系统的特性。

气体生物净化反应器可以按照它们的液相是否流动以及微生物群落是否固定，分为三种类型：生物过滤器、生物洗涤器和生物滴滤器，它们之间的区别和联系如表 11-7 所示。

表 11-7　生物净化反应器类型及特点

类　型	微生物群落	液相状态
生物过滤器	固着	静止
生物洗涤器	分散	流动
生物滴滤器	固着	流动

生物过滤器的液相和微生物群落都固定于填中；生物洗涤器的液相连续流动，其微生物群落也自由分散在液相中；生物滴滤器的液相是流动或间歇流动的，而微生物群落则固定在过滤床层上。这三种装置的典型流程示意如图 11-11 所示。

（1）生物过滤器是最早开始研究和应用的一类生物气体净化设备，通常主要由开口或密闭的过滤床构成。过滤材料一般由泥炭、堆肥、土壤、树皮、枝杈等天然材料构成，近

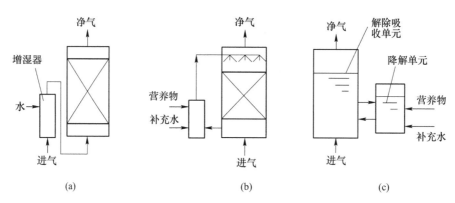

图 11-11 气态污染物生物净化设备的典型流程示意

(a) 生物过滤器；(b) 生活洗涤器；(c) 生物滴滤器

来人们还开始在滤料中添加塑料介质、颗粒活性炭、陶瓷介质等以提高处理效果。生物过滤床内的水分通常是通过润湿进气保持的，而生物生长所需的营养物质一般由过滤介质本身提供。通常由于滤料所含营养物质的减少和某些酸性反应产物积累导致滤料酸化，过滤器的净化效果会逐渐变差，一般需要每隔一定时间更换新的滤料。

（2）生物滴滤器是在生物过滤基础上发展起来的一种净化设备，近年来有关生物滴滤器的研究非常活跃。它的结构与生物过滤器相似，不同之处在于其顶部设有喷淋装置，而且生物滴滤器所用的滤料通常由不含生物质的惰性材料构成，一般也不需要更换。生物滴滤器使用的填料主要作为生物挂膜的载体，要求具有较好的布水布气的作用，有比较高的空隙率，并且在高负荷情况下不容易发生堵塞现象。有关滴滤器填料的研究和开发也是研究的热点之一。滴滤器内的喷淋装置能够比较容易地控制滤料层内的湿度，而且喷淋液中往往还添加微生物生长所需的营养物质（如 N、P 和 S、K、Ca、Fe 等微量元素）和 pH 值缓冲剂。

生物滴滤器为微生物的生长和繁殖创造了比较好的环境，它具有净化效率高、操作弹性较强等优点，适合处理污染负荷相对较高的非亲水性 VOCs 污染物，也适合处理卤代烃类降解过程产酸（及其他对微生物有毒害物质）的污染物，是一种具有良好发展前途的生物净化设备。

（3）生物洗涤器可分为鼓泡式和喷淋式两种。喷淋式洗涤器与生物滴滤器的结构相仿，其区别在于洗涤器中的微生物主要存在于液相中，而滴滤器中的微生物主要存在于滤料介质表面的生物膜中。鼓泡式的生物洗涤器则是一个三相流化床，与上述两类设备有很大的差别，最典型的形式如图 11-11（c）所示。它由两个互连的反应器构成，第一个反应器是吸收单元，通过将气体鼓泡的方式与水、填料和生物质的混合液接触，从而将污染物由气相转移到液相。第二个反应器是生物降解单元，污染物在此进行生物降解，有时这两个反应器被合并成一个设备在这类装置中，采用活性炭作为填料能有效地提高污染物的去除速率。

三类典型的气态污染物生物净化装置优缺点比较如表 11-8 所示。

表 11-8　三类典型的气态污染物生物净化装置优缺点比较

净化装置	生物过滤器	生物滴滤器	生物洗涤器
优点	操作简便； 投资少； 运行费用低； 对水溶性低的污染物有一定去除效果； 适合于去除恶臭类污染物	操作简便； 投资少； 运行费用低； 适合于中等浓度污染气体净化； 可控制 pH 值； 能投加营养物质	操作控制弹性强； 传质好； 适合于高浓度污染气体的净化； 操作稳定性好； 便于进行过程模拟； 便于投加营养物质
缺点	污染气体的体积负荷低； 只适合于低浓度气体的处理； 工艺过程无法控制； 滤料中易形成气体短流； 滤床有一定的寿命期限； 过剩生物质无法去除	有限的工艺控制手段； 可能会形成气流短流； 滤床会由于过剩生物质较难去除而堵塞失效	投资费用高； 运行费用高； 过剩生物质量可能较大； 需处置废水； 吸附设备可能会堵塞； 只适合处理可溶性气体

11.5.7　膜分离法

膜分离法是使含气态污染物的废气在一定的压力梯度下透过特定的薄膜，利用不同气体透过薄膜的速度不同，将气态污染物分离除去的方法。膜分离法过程简单，控制方便，操作弹性大，并能在常温下操作，能耗低。因此，国内外对该法分离废气中的 SO_2、NO、苯、二甲苯等进行了研究。尽管目前膜的生产技术水平及现有分离膜的性能还未使膜分离法广泛应用，但该法将是一种很有前途的方法。目前膜分离法已用于石油化工、合成氨尾气中氢气的回收、天然气的净化、空气中氧的富集以及 CO_2 的去除与回收。

11.5.7.1　气体膜分离的机理

气体膜分离的基本原理是根据混合气体中各组分在压力梯度（压力差）的推动下，透过特定薄膜的传递速率不同，从而达到分离目的。这一类分离过程又称速度分离过程，如图 11-12 所示。

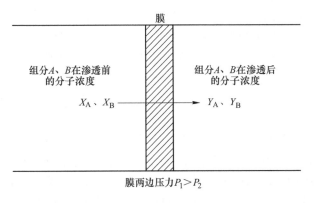

图 11-12　气体膜分离过程

不同结构的膜，分离的气态污染物不同。根据构成膜的物质不同，气体分离膜主要有固体膜和液体膜两种。

液体膜技术是近 20 年发展起来的，它可以分离废气中的 SO_2、NO、H_2S 及 CO 等。目前一些工业部门应用的主要是固体膜。固体膜又有以下几种：（1）按膜空隙率的大小可分为多孔膜和非多孔膜；（2）按膜的结构又可分为均质膜与复合膜（如图 11-13 所示）；（3）按膜的形状又可分为平板式、管式、中空纤维式以及螺旋式等；（4）按膜的制作材料可分为无机膜和高分子膜。

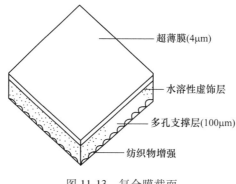

图 11-13 复合膜截面

对不同结构的膜，气体通过膜的传递扩散方式不同，因而分离机理也各异。目前常见的气体通过膜分离的机理有两种：气体通过多孔膜的微孔扩散机理和气体通过非多孔膜的溶解–扩散机理。

A 微孔扩散机理

多孔介质中气体传递机理包括分子扩散、黏性流动、努森扩散及表面扩散等。由于多孔介质孔径及内孔表面性质的差异使得气体分子与多孔介质之间的相互作用程度有所不同，从而表现出不同的传递特征。

（1）努森扩散。在微孔的直径（d_p）比气体分子的平均自由程（λ）小很多的情况下，气体分子与孔壁之间的碰撞概率远大于分子之间的碰撞概率，此时气体通过微孔传递过程属努森（Knudsen）扩散，又称自由分子流；在 d_p 远大于 λ 的情况下，气体分子与孔壁之间的碰撞概率远小于分子之间的碰撞概率，此时气体通过微孔的传递过程属黏性流机制；当 d_p 与 λ 相当时，气体通过微孔的传递过程为努森扩散和黏性流并存，属平滑流机制。

（2）表面扩散。气体分子可与介质表面发生相互作用，即吸附表面可沿表面运动。当存在压力梯度，分子在表面的占据率是不同的，从而产生沿表面的浓度梯度和向表面浓度递减方向的扩散。表面扩散通量与膜孔径有较大的关系，通常孔径越大，表面扩散量越小。

混合气体通过多孔膜的分离过程主要以分子流为主。基于此，分离过程应尽可能地满足下列条件：1）多孔膜的微孔孔径必须小于混合气体中各组分的平均自由程，一般要求多孔膜的孔径在 50×10^{-10} m ~ 300×10^{-10} m；2）混合气体的温度应足够高，压力应尽可能低。高温、低压都可提高气体分子的平均自由程，同时还可避免表面流动和吸附现象发生。表 11-9 说明了在不同的操作条件下气体透过多孔膜的情况。

表 11-9　不同的操作条件下气体透过多孔膜的情况

操作条件	气体透过膜的流动情况	操作条件	气体透过膜的流动情况
低压、高温 （200~500℃）	气体的流动服从分子扩散， 不产生吸附现象	常压、低温 （0~20℃）	吸附效应为主，可能有滑动流动
低压、中温 （30~100℃）	吸附起作用， 分子扩散加上吸附流动	高压（4MPa以上） 低温（−30~0℃）	吸附效应控制，可产生层流
常压、中温 （30~100℃）	增大了吸附作用， 而分子扩散仍存在		

B　溶解-扩散机理。

气体通过非多孔膜的传递过程一般用溶解-扩散机理描述，气体透过膜的过程由下列三步组成：

（1）气体在膜的上游侧表面吸附溶解，是吸着过程。

（2）吸附溶解在膜上、下游侧表面的气体在浓度差的推动下扩散透过膜，是扩散过程。

（3）膜下游侧表面的气体解吸，是解吸过程。

一般来说，气体在膜表面的吸着和解吸过程都能较快地达到平衡，而气体在膜内的扩散过程可用费克定律来描述。稳态时，气体透过膜的渗透流率为：

渗透流率＝渗透数×膜两侧的压力梯度

通常渗透数（即扩散系数×溶解度系数）与膜材料性质、气体性质以及气体的温度和压力（浓度）有关。

11.5.7.2　气体的膜分离设备

A　Prism 气体分离器

如图 11-14 所示的膜分离器是用于分离合成氨中氢气的回收装置。这种分离器采用聚砜中空纤维为原料，在其表面涂上一层涂料，涂料为可硬化的聚二甲基硅烷。这种分离膜具有较高的渗透能力和选择性。

该装置构造基本与热交换器相仿，主要由外壳、中空纤维和纤维两头的管板组成。使用时，原料气体进入外壳，易渗透组分经过纤维膜透入中心而流出，难渗组分则从外壳出口流出。

B　平板旋卷式膜分离器

如图 11-15 所示。其中有一种多孔管，膜和支撑物卷在多孔渗管外，高压原料气进入"高压道"，而经过膜渗出来的气体流经"渗透道"从渗透管中心流出。剩余气体则从管外流道流出。膜和支撑物组成膜叶，其三面封闭，使原料气与渗透气隔开。

该装置构造基本与热交换器相仿，主要由外壳、中空纤维和纤维两头的管板组成。使

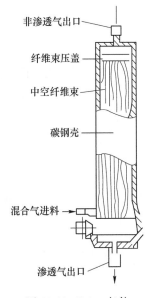

非渗透气出口

纤维束压盖

中空纤维束

碳钢壳

混合气进料

渗透气出口

图 11-14　Prism 气体
分离器结构

用时，原料气体进入外壳，易渗透组分经过纤维膜透入中心而流出，难渗组分则从外壳出口流出。

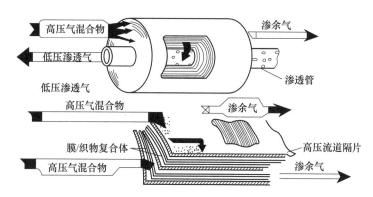

图 11-15　平板旋卷式气体分离器的膜片组件

C　膜分离法烟气脱硫脱硝

液膜法净化烟气工艺流程如图 11-16 所示。液膜为含水液体，置于两组多微孔憎水的中空纤维管之间，构成渗透器。烟气中 SO_2 和 NO 经过中空纤维管时被液膜吸收，使烟气得到净化。SO_2 和 NO 从液膜中解吸出来，成为高浓度的气体，被送去综合利用，如高浓度的 SO_2 可加工成液体 SO_2、S 和比 H_2SO_4。

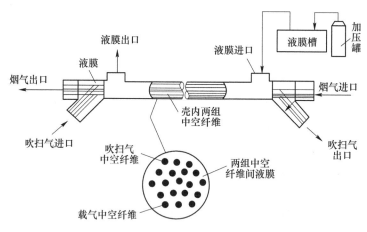

图 11-16　液膜法净化烟气工艺流程

思考题及习题

11-1　有害气体和蒸气的净化方式有哪些？

11-2　摩尔分数和比摩尔分数的物理意义有何差别？为什么在吸收计算中常用比摩尔浓度？

11-3   双膜理论的基本点是什么？根据双膜理论分析提高吸收率及吸收速率的方法。

11-4   吸收法和吸附法各有什么特点？它们各适用于什么场合？

11-5   影响光催化净化的主要因素是什么？提高光催化作用能力的方法是什么？

11-6   非平衡等离子体空气净化的过程影响净化效果的因素？

11-7   空气负离子的净化原理与作用是什么？

参 考 文 献

[1] 马中飞, 沈恒根. 工业通风与除尘 [M]. 北京: 中国劳动社会保障出版社, 2009.

[2] 唐中华. 通风除尘与净化 [M]. 北京: 中国建筑工业出版社, 2009.

[3] 向晓东. 除尘理论与技术 [M]. 北京: 冶金工业出版社, 2013.

[4] 马中飞. 工业通风与除尘 [M]. 北京: 化学工业出版社, 2006.

[5] 张国枢. 通风安全学 (第二版) [M]. 徐州: 中国矿业大学出版社, 2011.

[6] 赵淑敏. 工业通风空气调节 [M]. 北京: 中国电力出版社, 2010.

[7] 郝吉明, 马广大, 王书肖. 大气污染控制工程 (第三版) [M]. 北京: 高等教育出版社, 2010.

[8] 孙一坚, 沈恒根. 工业通风 (第四版) [M]. 北京: 中国建筑工业出版社, 2010.

[9] 薛勇. 滤筒除尘器 [M]. 北京: 科学出版社, 2014.

[10] 王德明. 矿井通风与安全 [M]. 徐州: 中国矿业大学出版社, 2005.

[11] 张殿印, 王纯. 脉冲袋式除尘器手册 [M]. 北京: 化学工业出版社, 2010.

[12] 张殿印, 王纯. 除尘器手册 [M]. 北京: 化学工业出版社, 2014.

[13] 陈蔷, 王生. 职业卫生概论 [M]. 北京: 中国劳动社会保障出版社, 2008.

[14] 刘小真. 职业卫生学 [M]. 北京: 科学出版社, 2021.

[15] 王志. 工业通风与除尘 [M]. 北京: 中国质检出版社, 2015.

[16] 王海桥. 空气洁净技术 [M]. 北京: 机械工业出版社, 2017.

[17] 季学李, 羌宁. 空气污染控制工程 [M]. 北京: 化学工业出版社, 2005.

[18] 上官炬, 常丽萍, 苗茂谦. 气体净化分离技术 [M]. 北京: 化学工业出版社, 2012.

[19] 日本空气净化协会. 室内空气净化原理与实用技术 [M]. 杨小阳, 译. 北京: 机械工业出版社, 2016.